普通高等教育软件工程专业教材

Java Web 项目化设计实践教程

主 编 邱 云 曾陈萍

副主编 李 军 陈世琼

中国水利水电出版社
www.waterpub.com.cn
·北京·

内 容 提 要

本书以 Spring Boot 2 和 Vue 3 框架开发的 RealWorld 博客项目为主线，采用前后端分离设计模式，前端选择流行的 Vue 3 框架进行开发，加深学生对前端技术栈的理解；后端选择 Spring Boot 2 进行开发，重点聚焦后端架构设计、数据库设计、API 接口设计等。本书分为四部分，共 20 章，第一部分是 RealWorld 项目简介与设计；第二部分介绍用 Vue 3 实现 RealWorld 项目的前端，主要内容包括组合式 API 及响应式数据、项目前端开发准备、前端路由、链接组件、调用后端接口、全局状态管理、文章与个人中心、使用组合式函数、三级组件；第三部分介绍用 Spring Boot 实现 RealWorld 项目后端，主要包括项目后端功能概览，搭建 Spring Boot 后端开发环境，统一异常封装，Spring Security 在项目中的应用，用户及认证，用户及关注，标签、文章及评论；第四部分介绍 RealWorld 项目打包和部署，主要包括跨域、打包和部署。项目各章节相互关联，通过不断迭代完成 RealWorld 博客项目，让读者充分了解该技术在实际项目开发中的应用。

本书主要面向大中专院校具有 Java 基础或 JavaScript 基础的学生、以 Java 和 Vue 技术就业的软件开发求职者、具有 Spring Boot 基础的 Java 开发求职者、具有 Vue 基础的软件 Web 前端开发求职者。

图书在版编目（ＣＩＰ）数据

Java Web项目化设计实践教程 / 邱云，曾陈萍主编
. -- 北京 ：中国水利水电出版社，2024.3
普通高等教育软件工程专业教材
ISBN 978-7-5226-2393-1

Ⅰ. ①J… Ⅱ. ①邱… ②曾… Ⅲ. ①JAVA语言－程序
设计－高等学校－教材 Ⅳ. ①TP312.8

中国国家版本馆CIP数据核字(2024)第053568号

策划编辑：寇文杰　　责任编辑：鞠向超　　加工编辑：刘瑜　　封面设计：苏敏

书　　名	普通高等教育软件工程专业教材 Java Web 项目化设计实践教程 Java Web XIANGMUHUA SHEJI SHIJIAN JIAOCHENG
作　　者	主　编　邱　云　曾陈萍 副主编　李　军　陈世琼
出版发行	中国水利水电出版社 （北京市海淀区玉渊潭南路 1 号 D 座　100038） 网址：www.waterpub.com.cn E-mail：mchannel@263.net（答疑） 　　　　sales@mwr.gov.cn 电话：（010）68545888（营销中心）、82562819（组稿）
经　　售	北京科水图书销售有限公司 电话：（010）68545874、63202643 全国各地新华书店和相关出版物销售网点
排　　版	北京万水电子信息有限公司
印　　刷	三河市鑫金马印装有限公司
规　　格	184mm×260mm　16 开本　19.25 印张　493 千字
版　　次	2024 年 3 月第 1 版　2024 年 3 月第 1 次印刷
印　　数	0001—1000 册
定　　价	58.00 元

前　言

  本书通过调研软件企业 Java Web 的发展，对标互联网行业用人需求，以 OBE 理念为指导、实践动手能力培养为核心、就业驱动为导向，打破传统教材注重课程理论知识体系的特点，强化学生动手实践能力，以一个完整的项目案例贯穿 Java Web 工程师全产业链的实践能力培养，提升学生 Java Web 的职业能力素养，培养具备解决生产实际问题的 Java Web 工程师、系统运维工程师等软件技术类专门人才，提升学生就业竞争力。

  本书以一个完整的 RealWorld 博客全栈应用项目为基础，基于前后端分离架构实现项目的需求分析、项目整体架构设计、前端架构设计、服务端架构设计、数据库设计、代码编写、测试、部署等。本书分为 20 章，根据 RealWorld 博客全栈应用项目的规模、应用场景进行架构设计和技术选型，各章节聚焦 Spring Boot 2 和 Vue 3 开发主线，让读者充分了解该技术在项目开发中的实际应用。通过学习本书，读者将掌握 Vue 3 的前端开发和 Spring Boot 2 的后端开发经验，为未来的职业生涯打下坚实的基础。

  本书对标软件行业发展需求，以实践环境和真实项目历练为目标，以一个完整的 RealWorld 博客全栈应用项目为基础，引导学生对当前 Java Web 软件项目中使用的 Spring Boot 2 框架和 Vue3 框架进行设计和开发。

  本书由西昌学院资助出版，西昌学院邱云、曾陈萍任主编，负责全书的统稿、修改、定稿工作，西昌学院李军、陈世琼任副主编。主要编写人员分工如下：邱云编写第 12、13、14、15、16、17、18、19 章，曾陈萍编写第 1、2、3、4、5、6、20 章，李军编写第 7、8、9、10、11 章，陈世琼、钟黔川负责全书的校对工作。四川华迪信息技术有限公司、北京华清远见科技发展有限公司行业工程师团队对本书的架构设计、应用技术等方面提出了指导意见，为本书资源建设提供了支持。中国水利水电出版社对本书的出版给予了大力支持。在本书编写过程中使用了 Github 开源网站的项目，在此，谨向这些著作者以及为本书出版付出辛勤劳动的同志表示感谢！

编　者

2023 年 11 月

目　　录

第三部分　用 Spring Boot 实现 RealWorld 项目后端

第四部分　RealWorld 项目打包和部署

第一部分　RealWorld 项目简介与设计

本部分将对 RealWorld 项目进行简要的介绍，并深入探讨 RealWorld 项目的架构和前后端设计。本部分参考了 Thinkster 托管在 GitHub 的开源项目 gothinkster/realworld。

本部分包括第 1~2 章，具体如下：
- 第 1 章　RealWorld 项目简介
- 第 2 章　RealWorld 项目设计

第 1 章　RealWorld 项目简介

RealWorld
项目简介

本章将向读者介绍 RealWorld 项目的设计初衷、特点和主要功能，并分析 RealWorld 项目对于前端和后端学习者的意义。RealWorld 项目是一个规模和难度适中且功能相对全面的开源示例应用程序，旨在通过一个开源博客应用展示如何构建一个符合现代软件开发实践的完整 Web 应用程序。通过参与和学习 RealWorld 项目，前端学习者将可以掌握实际应用开发的技巧和流程，加深对前端技术栈的理解。后端学习者则可以通过该项目了解和实践后端开发的各个方面，包括数据库设计、API 开发等。

本章要点

- RealWorld 项目是一个开源博客应用，旨在展示现代软件开发的最佳实践。
- RealWorld 项目的起源和功能。
- RealWorld 项目采用前后端分离的设计模式。
- RealWorld 项目对于前端学习者的意义。
- RealWorld 项目对于后端学习者的意义。

1.1　RealWorld 项目说明

RealWorld 项目的设计初衷是制定一个前后端分离的 Web 系统设计规范，让 Web 应用开发者基于这个规范去实现自己的博客项目。为此，RealWorld 团队发布了符合 RESTful 风格的 API 规范，使用 JSON 格式传输数据，所有请求和响应都包含 Content-Type: application/json 头部。

RealWorld 团队还基于该规范实现和部署了一个博客应用 conduit，其展示了如何使用最佳实践和现代工具从头到尾构建一个功能完整的 Web 全栈应用程序，其目的是给 Web 开发者提供一个可以参考和借鉴的模板。

RealWorld 项目有应用导航、发布/修改文章、添加标签、评论和点赞文章、关注作者、个人中心及账户管理等功能，其中融入了 Web 开发常用的基础业务，如注册、登录、鉴权、数据库设计、通用功能的封装、数据的增查改删（Create Read Update Delete，CRUD）和持久化。

RealWorld 项目并不限制前后端使用何种技术，因此前后端开发者在遵守相同开发规范的基础上，可以独立选择开发语言和技术框架并行地进行开发和测试。

1.2　RealWorld 项目对于前端学习者的意义

在前后端开发模式下，Web 前端不仅承接了后端转移过来的视图层，还参与了部分业务逻辑的实现。随着前端数据展示越来越炫酷、交互体验越来越灵活，对前端开发人员的要求也越来越高。

作为前端学习者，开发项目时，往往会遇到以下两个痛点。

（1）没有现成的后端接口可用，获取数据实现业务要么需要自己写一个后端，要么需要模拟一个后端。前者超出了前端学习的范畴，后者又受限于模拟数据的功能，不能完全复原后端接口调用的真实场景。

（2）没有现成的 UI 设计稿和交互稿可用，需要花费大量时间考虑界面和交互细节，往往还没有开始编码就被劝退了。

RealWorld 项目恰好解决了前端学习者可以遇到的上述两个痛点。它是一个用于展示不同前端和后端技术的全栈应用，提供了规范的后端 API，并部署了可供前端调用的参考实现，同时还解决了跨域问题，让前端开发者可以自由调用。RealWorld 项目在前端规范中提供了页面模板，方便了 UI 设计。conduit 博客应用则让 UI 和交互细节都在用户的使用过程中展现出来，大大简化了 UI 交互设计的难度。该项目的首页如图 1-1 所示。

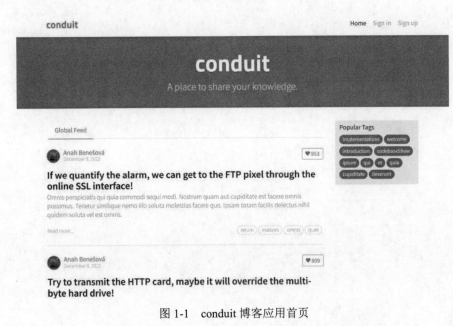

图 1-1　conduit 博客应用首页

1.3　RealWorld 项目对于后端学习者的意义

现在的互联网应用中，后端经常面临大数据和高并发场景，系统对高可用、高性能和高扩展性等特性的要求愈加严苛。后端技术毕竟和前端在两个不同的赛道，如何聚焦后端的问题就凸显出来。

RealWorld 项目采用了前后端分离的架构设计，发布了符合 RESTful API 规范的接口文档，后端开发者可以集中精力完成 API 的功能实现、性能优化和安全防护，不用再花费时间和精力跟页面打交道。

RealWorld 项目要求开发者实现用户认证和授权机制。这让开发者可以学习如何使用常见的身份验证和授权机制，如 JWT、OAuth2 等。

RealWorld 项目并不限制后端开发者用什么语言和技术栈去实现，也不限制数据库的使用。因此，除官方的参考实现之外，还涌现了很多优秀的第三方开源实现，我们在学习 Web 应用开发时，可以通过阅读这些优秀的开源代码，尽快掌握目前最流行的开发技术和框架。

第 2 章　RealWorld 项目设计

本章导读

　　RealWorld 项目采用前后端分离的设计模式，不限制前端和后端使用的语言和框架。本书选择了流行的 Vue 3 框架作为前端开发工具，并使用 Java Web 编程常用的 Spring Boot 2 作为后端开发框架。本章将详细介绍 RealWorld 项目的整体设计，包括前端 Vue.js 架构、后端 Spring Boot 架构以及前后端分离的架构流程。通过学习本章内容，读者将对基于 Vue 3+Spring Boot 2 的 RealWorld 项目的整体设计有一个清晰的认识，并能够为后续的开发工作做好充分的准备。无论是前端还是后端开发者，本章的学习将对实现 RealWorld 项目具有重要的参考和指导意义。

本章要点

任务 1　RealWorld 项目架构
- 前后端分离。
- API 文档。
- Vue 3 架构及生态：Vue 3、Pinia、Vue Router、Fetch 及 Vite 等。
- Spring Boot 2 架构及生态：Spring Boot 2、Spring Data JPA、Spring Security、JWT 及 RESTful API。

任务 2　RealWorld 项目前端设计
- 前端的功能需求。
- 前端 UI 设计。

任务 3　RealWorld 项目后端设计
- 后端接口概览。
- RESTful 风格的后端接口。
- RESTful 与 CRUD 操作的关系。
- RealWorld 项目数据库设计。

任务 1　RealWorld 项目架构

　　RealWorld 项目采用了前后端分离的架构，这意味着前端和后端是独立的，二者通过 API 进行通信。采用这种架构有许多优点。

　　首先，前后端分离的架构具有松耦合、可伸缩性和可维护性等优点。前端和后端各自独立，通过 API 进行通信，可以避免紧密耦合的问题，从而提高应用程序的可扩展性和可维护性。

其次，采用前后端分离的架构可以使开发团队更自由地选择技术栈，因为前后端可以采用不同的技术栈来开发，以满足项目需求和个人偏好。这种自由选择技术栈的方式，可以提高开发团队的效率和创造力。

最后，前后端分离的架构还能更好地分离前后端开发工作。由于前后端各自独立，所以可以更加专注于各自的领域，避免开发任务的重叠和冲突。这样，开发团队可以更加高效地开发应用程序，并提高应用程序的质量和稳定性。

值得注意的是，前后端分离的架构需要特别关注 API 设计和文档编写、安全性和测试等问题。API 设计和文档编写，可以帮助开发者更好地理解和使用 API，降低沟通成本和错误发生的可能性。安全问题的解决，可以帮助保护应用程序的安全和用户的隐私。测试的实施，则可以帮助开发者及时发现和解决问题，确保应用程序的正确性和稳定性。

本书详细讲解了 Vue 3 和 Spring Boot 2 这两个优秀的前后端框架在 RealWorld 项目开发中的应用方法。

2.1.1　前端 Vue 3 架构及生态

（1）Vue 3：Vue.js 是一个开发 Web 前端应用程序的轻量级 JavaScript 框架，由尤雨溪开发，与 React 和 Angular 并称为 Web 前端开发三大框架。Vue 3 于 2020 年发布，截至 2023 年 5 月已更新到版本 3.3.4。Vue 3 保留了 Vue 2 的优点，如轻量级框架、简单易学、双向数据绑定、组件化、虚拟 DOM 等，同时还带来了更高的性能、更佳的 TypeScript 支持、更灵活的组件 API、更方便的逻辑复用以及更顺畅的开发体验。

（2）Pinia：Pinia 是 Vue 3 官方推荐的状态管理方案，它采用了类似于 Vue 3 的组合式 API（Composition API）的方式，可以方便地编写可复用、可测试和易于维护的状态逻辑。由于其优秀的设计和性能，Pinia 在 Vue 3 生态系统中得到了越来越多的关注和应用。

（3）Vue Router：Vue Router 是 Vue.js 官方的路由管理库，它提供了一种简单、易用的方式来管理应用程序的路由。Vue Router 4 支持 Vue 3，并提供了一些新特性，如更好的类型支持和对组合式 API 的完整支持。

（4）Fetch：Fetch 是一个基于 Promise 的 HTTP 客户端，它提供了一种简单、易用的方式来发送 HTTP 异步请求。

（5）Vite：Vite 是一款快速的前端构建工具，特别适合现代化的前端框架，如 Vue.js。在基于 Vue.js 的前端架构中，Vite 可以作为主要的构建工具来打包和编译 Vue.js 应用程序。通过 Vite，可以实现开发时零配置、快速的冷启动和热模块替换，大大提高了前端开发效率和开发体验。

2.1.2　后端 Spring Boot 2 架构及生态

（1）Spring Boot 2：Spring Boot 是一个基于 Spring Framework 的快速开发应用程序的框架，它提供了很多自动化的配置和工具，使开发者可以快速地搭建出功能丰富、高效的 Web 应用程序。Spring Boot 2 相对于 Spring Boot 1 提供了更多的功能和改进，包括 JDK 版本升级到 1.8 及以上、Spring Framework 版本升级到 5.x、对 Starter 依赖进行了改进和优化、对自动配置进行了增强以及改进了 Actuator 的功能。这些改进使开发者能够更好地利用新的 Java 特性和 Spring 框架的新功能，构建更高效、可靠和可维护的应用程序。

（2）Spring Data JPA：Spring Data JPA 是 Spring Framework 的一部分，它提供了一种简单、易用的方式来管理应用程序与数据库的交互。

（3）Spring Security：Spring Security 是 Spring Framework 的安全框架，它提供了一种集成式的安全管理方式，使开发者可以快速地保护应用程序免受攻击。

（4）JWT：JWT（JSON Web Token）是一种轻量级的身份验证和授权协议，它提供了一种简单、易用的方式来管理用户的身份验证和授权信息。

（5）RESTful API：后端 Spring Boot 应用程序通过 RESTful API 来向前端或客户端应用程序提供数据。

2.1.3　前后端分离架构流程

图 2-1 展示了基于 Vue.js 和 Spring Boot 的前后端分离的 RealWorld 博客项目的架构流程。该架构采用 RESTful API 进行通信，前后端各自独立开发，使开发团队可以选择适合自己的技术栈，并且可以更加自由地进行升级和维护。

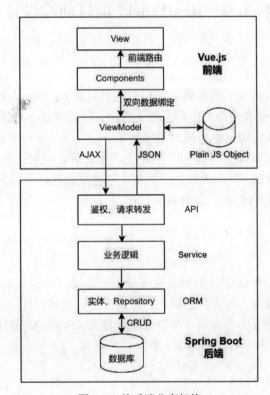

图 2-1　前后端分离架构

基于 Vue.js 和 Spring Boot 的前后端分离的 RealWorld 博客项目的架构流程如下。

（1）用户在前端页面进行交互，触发事件。

（2）前端 Vue.js 应用程序将交互事件转换为操作请求，通过前端路由将请求发送给相应的组件。

（3）组件将 AJAX 请求发送给后端 Spring Boot 应用程序的 RESTful API，并等待数据响应。

（4）后端 Spring Boot 应用程序进行鉴权处理，若请求未通过鉴权，则返回未授权错误。

（5）后端 Spring Boot 应用程序进行请求转发，根据请求的 URL 转发给相应的业务逻辑处理方法。

（6）业务逻辑处理方法从前端发送的请求中获取参数，调用相应的实体（Entity）和 Repository 类进行数据库操作。

（7）实体类封装了业务数据，Repository 类负责对数据库进行读写操作。

（8）后端 Spring Boot 应用程序将处理后的数据以 JSON 格式返回给前端 Vue.js 应用程序。

（9）前端 Vue.js 应用程序将得到的数据更新到组件的 ViewModel 并渲染到用户界面上，呈现给用户最新的页面状态，从而完成整个请求响应的流程。

在这个流程中，Vue.js 应用程序会通过前端路由、组件中的 ViewModel 和双向绑定来管理和更新视图（View）。模型（Model）的数据既可以保存在组件的局部状态中，也可以通过 Pinia 保存在应用程序的全局状态中，并通过 Pinia 进行管理和更新，从而实现数据在不同组件之间的共享和同步。

任务 2　RealWorld 项目前端设计

RealWorld
项目前端设计

2.2.1　了解前端功能

前端是用户与应用直接交互的界面，用户在这里完成 RealWorld 博客功能的使用和体验。

RealWorld 博客项目前端为用户提供了用于身份认证的注册、登录功能，在登录后可进入设置页面编辑个人信息和头像，也可随时退出系统。

登录系统前，用户可以浏览博客列表和详情。登录后，用户还可以浏览其他用户发表的文章，对文章进行点赞等操作。另外，登录用户在创建文章时，可以为其指定标签（Tag），用于按 tag 查找文章，极大地提高了查找效率。

2.2.2　前端 UI

1. 全局页头

全局页头存在于每个页面中，承担着应用导航的作用。注意其右侧的导航链接，在已登录和未登录的时候显示的内容不同。登录前，按钮分别为首页（Home）、登录（Sign in）、注册（Sign up），如图 2-2 所示。登录后，按钮分别为首页（Home）、创建新文章（New Article）、用户配置（Settings）、个人中心，如图 2-3 所示。

conduit　　　　　　　　　　　　Home　Sign in　Sign up

图 2-2　登录前的页头

conduit　　　　　　　Home　New Article　Settings　gaspar08

图 2-3　登录后的页头

2. 首页

首页顶部是刚才提到的全局页头，即全局导航栏，它的下面是一个横幅（Banner），如

图 2-4 所示。全局导航栏贯穿整个应用，其右边的链接会随着用户状态的变化而改变，用户可以在这里随时切换功能。

图 2-4　全局导航栏及横幅

首页主体部分如图 2-5 所示，分为左侧的文章列表和右侧的热门标签（Popular Tags）。文章列表的顶部是选项卡式的导航栏，包含 Global Feed 和 Your Feed 两个标签，用来切换所有作者发布的文章和用户关注的作者发布的文章。未登录时，文章列表顶部只显示 Global Feed，登录后才能显示 Your Feed。

图 2-5　首页主体部分

单击右侧热门标签中的某个标签后，文章列表顶部的导航栏会显示该标签的链接，并自动跳转到包含该标签的文章列表选项卡，如图 2-6 所示。

图 2-6　标签对应的文章列表选项卡

注意，每个文章列表最下方都是分页查询栏，如图 2-7 所示。

图 2-7　分页查询栏

3．文章的预览信息

文章列表中的条目是文章的预览信息，如图 2-8 所示。如果一个文章设置了标签，那么该标签会显示在右下角，没有则不显示。

图 2-8　文章的预览信息

文章的预览信息，从上到下包括以下元素。

● 作者名字、头像和发布日期。

● 点赞按钮及点赞数（需要登录才能操作）。

● 文章标题。

● 文章描述。

● 阅读链接。

● 标签（有则显示）。

4．文章详情页

文章详情页如图 2-9 所示，自己的文章和别人的文章在显示上略有区别。

图 2-9　文章详情页

文章详情页从上到下包括以下元素。

● 标题区：最上面黑色部分，自己的文章会显示编辑按钮（Edit Article）和删除按钮（Delete Article），否则显示关注作者和点赞文章。

● 正文区：包括正文内容以及标签，还有另一个用户信息显示。

● 评论区：自己的评论后面会显示删除图标。

5．个人资料页

个人资料页如图 2-10 所示。

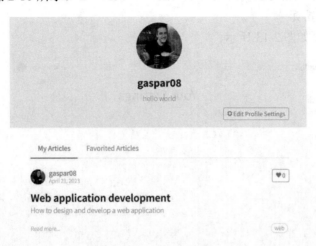

图 2-10　个人资料页

个人资料页从上到下包括以下元素。

● 标题区：如果是自己的个人资料，右下角就会显示个人资料设置按钮，如图 2-10 所
  示。如果用户未登录，这里显示的是关注/取关按钮，如图 2-11 所示，以便用户对当
  前文章作者进行关注或取消关注操作。

● 正文区：包含我的文章（My Articles）和我点赞的文章（Favorited Articles）两个选项卡。

> **+ Follow Ryan Ramírez**

图 2-11　关注按钮

6．新建/编辑文章页

新建/编辑文章页如图 2-12 所示。

conduit　　　　　　　　　Home 🖉 **New Article** ⚙ Settings 👤 gaspar08

> Article Title
>
> What's this article about?
>
> Write your article (in markdown)
>
> Enter tags
>
> **Publish Article**

图 2-12　新建/编辑文章页

这个页面包含一个 form 表单，可以在其中分别添加标题、简介、正文和标签，注意标签文本框处输入的是字符串，按 Enter 键生效。用户可以设置多个标签（最后上传要以数组形式上传）。单击编辑文章按钮时也会跳到这个页面，不过应该先获取文章详情然后填充到表单里。

7. 个人信息设置页

个人信息设置页如图 2-13 所示。

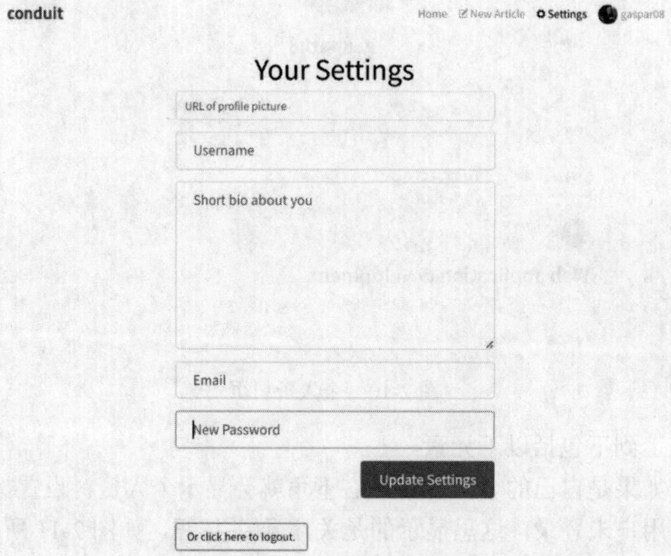

图 2-13 个人信息设置页

这个页面从上到下包括以下元素：头像链接输入框、用户名、个人简介、Email、密码、提交按钮、退出按钮。

8. 注册/登录页

注册页和登录页分别如图 2-14 和图 2-15 所示。

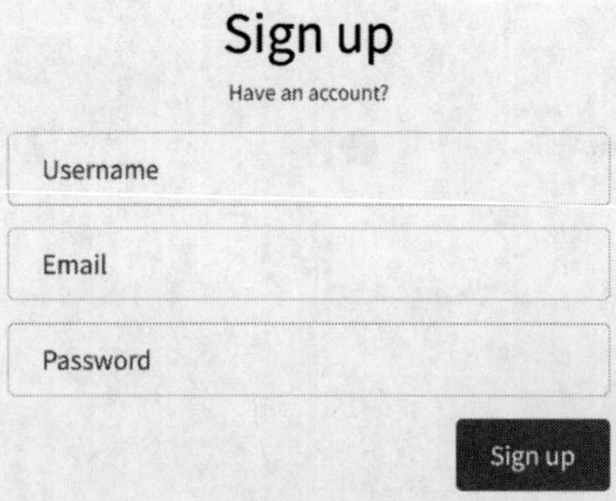

图 2-14 注册页 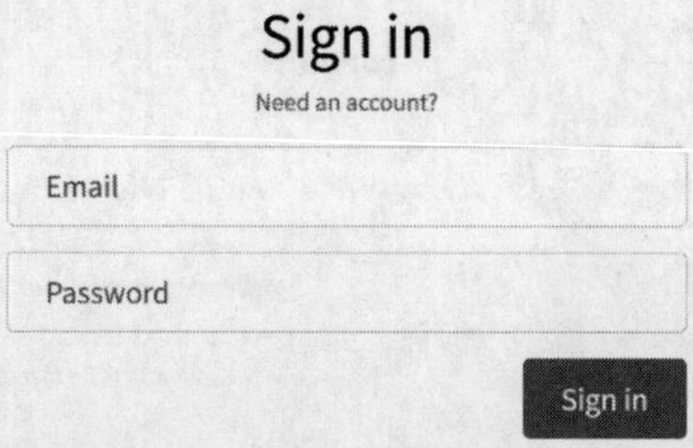   图 2-15 登录页

这两个页面类似，只不过注册页比登录页多了一个"用户名"字段，注册页的标题"Sign up"和登录页的标题"Sign in"下面都有一个链接，通过它们可以在注册页和登录页间相互跳转。

其中最重要的是，当表单提交后如果有异常返回，应该将其显示出来，如图 2-16 所示。需要注意的是，上文中所有的表单提交都需要类似的异常显示逻辑，包括文章编辑和用户信息编辑。

Sign up

Have an account?

- email has already been taken
- username has already been taken

gaspar

69740344@qq.com

••••••••

Sign up

图 2-16　提交表单显示错误信息

任务 3　RealWorld 项目后端设计

2.3.1　后端接口概览

RealWorld 博客系统 API 规范共有 19 个 API，按照 RESTful 风格进行设计，分为 4 类：articles、users、profiles 和 tags。我们将每类接口汇总到一个单独的表格中，共计 4 个表格，分别为表 2-1、表 2-2、表 2-3 和表 2-4。

表 2-1　articles API

HTTP 方法	资源路径	功能
GET	/api/articles	获取文章列表
GET	/api/articles/feed	获取关注文章列表
GET	/api/articles/:slug	获取文章
GET	/api/articles/:slug/comments	获取文章的评论列表
PUT	/api/articles/:slug	更新文章
POST	/api/articles	新建文章
POST	/api/articles/:slug/comments	新建文章评论
POST	/api/articles/:slug/favorite	点赞文章
DELETE	/api/articles/:slug	删除文章
DELETE	/api/articles/:slug/comments/:id	删除文章的单条评论
DELETE	/api/articles/:slug/favorite	取消对文章的点赞

表 2-2　users API

HTTP 方法	资源路径	功能
GET	/api/user	获取当前用户信息
PUT	/api/user	更新当前用户信息
POST	/api/users	注册新用户
POST	/api/users/login	用户登录

表 2-3　profiles API

HTTP 方法	资源路径	功能
GET	/api/profiles/:username	获取用户资料
POST	/api/profiles/:username/follow	关注用户
DELETE	/api/profiles/:username/follow	取消关注用户

表 2-4　tags API

HTTP 方法	资源路径	功能
GET	/api/tags	获取标签列表

2.3.2　RESTful

REST 全称是表述性状态转移（Pepresentational State Transfer），那究竟指的是什么的表述呢？其实指的是资源。任何事物，只要有被引用的必要，它就是一个资源。资源既可以是实体（如手机号码），也可以只是一个抽象概念（如价值）。下面是一些资源的例子：

- 某用户的手机号码。
- 某用户的个人信息。
- 最多用户订购的 4G 套餐。
- 两个产品之间的依赖关系。
- 某用户可以办理的优惠套餐。
- 某手机号码的潜在价值。

要让一个资源可以被识别，需要有个唯一标识，在 Web 中这个唯一标识就是统一资源标识符（Uniform Resource Identifier，URI）。

URI 既可以看成资源的地址，也可以看成资源的名称。如果某些信息没有使用 URI 来表示，那么它就不能算是一个资源，只能算是资源的一些信息而已。URI 的设计应该遵循可寻址性原则，具有自描述性，需要在形式上给人以直觉上的关联。

2.3.3　RESTful 与 CRUD

RESTful CRUD 即 CRUD 满足 RESTful 风格架构，其 URI 的标准格式为：资源名称/资源标识。

- 普通 CRUD：通过 URI 来区分对资源进行的不同类型的 CRUD 操作。
- RESTful CRUD：通过特定格式的 URI 和请求方式来区分对资源进行的不同类型的 CRUD 操作。

两种 CRUD 对比如表 2-5 所示。

表 2-5　两种 CRUD 对比

普通 CRUD	RESTful CRUD
getStudent	GET：student
addStudent	POST：student
updateStudent	PUT：student/{id}
deleteStudent	DELETE：student/{id}

以表 2-5 中的"student/{id}"为例，资源名称是"student"，表示学生资源；资源标识是具体的 ID，用于唯一标识每个学生。通过这样的 URI 构建方式，我们可以轻松地找到和访问特定的资源，而不需要使用复杂的查询参数或其他方式来定位资源。

2.3.4　数据库设计

根据上述 API，结合博客功能需求，设计了 6 个表，分别是 articles、comments、follows、favorites、tags 和 users。这 6 个表及其表间关系，如表 2-6 至表 2-11 所示。

表 2-6　articles 表

列名	数据类型	约束条件	备注
id	BIGINT	PRIMARY KEY, AUTO_INCREMENT	主键
created_at	TIMESTAMP	NOT NULL	创建时间
updated_at	TIMESTAMP	NOT NULL	更新时间
slug	VARCHAR(255)	NOT NULL	文章的短链接
title	VARCHAR(255)	NOT NULL	文章的标题
description	VARCHAR(1024)	NOT NULL	文章的描述
body	TEXT	NOT NULL	文章的正文
author_id	BIGINT	NOT NULL, FOREIGN KEY REFERENCES users(id)	文章作者的 ID

表 2-7　comments 表

列名	数据类型	约束条件	备注
id	BIGINT	PRIMARY KEY, AUTO_INCREMENT	主键
created_at	TIMESTAMP	NOT NULL	创建时间
updated_at	TIMESTAMP	NOT NULL	更新时间
body	TEXT	NOT NULL	评论的内容
author_id	BIGINT	NOT NULL, FOREIGN KEY REFERENCES users(id)	评论作者的 ID
article_id	BIGINT	NOT NULL, FOREIGN KEY REFERENCES articles(id)	评论所属文章的 ID

表 2-8　follows 表

列名	数据类型	约束条件	备注
id	BIGINT	PRIMARY KEY, AUTO_INCREMENT	主键
created_at	TIMESTAMP	NOT NULL	创建时间
updated_at	TIMESTAMP	NOT NULL	更新时间
follower_id	BIGINT	NOT NULL, FOREIGN KEY REFERENCES users(id)	粉丝用户的 ID
followed_id	BIGINT	NOT NULL, FOREIGN KEY REFERENCES users(id)	被关注用户的 ID

注意：follower_id 和 followed_id 分别是关注者和被关注者的用户 ID，且这两个字段作为联合唯一约束，保证了一个用户只能关注另一个用户一次。

表 2-9   favorites 表

列名	数据类型	约束条件	备注
id	BIGINT	PRIMARY KEY, AUTO_INCREMENT	主键
created_at	TIMESTAMP	NOT NULL	创建时间
updated_at	TIMESTAMP	NOT NULL	更新时间
user_id	BIGINT	NOT NULL, FOREIGN KEY REFERENCES users(id)	点赞用户的 ID
article_id	BIGINT	NOT NULL, FOREIGN KEY REFERENCES articles(id)	被点赞文章的 ID

表 2-10   tags 表

列名	数据类型	约束条件	备注
id	BIGINT	PRIMARY KEY, AUTO_INCREMENT	主键
created_at	TIMESTAMP	NOT NULL	创建时间
updated_at	TIMESTAMP	NOT NULL	更新时间
tag	VARCHAR(255)	NOT NULL, UNIQUE	标签的名称
artcle	BIGINT	NOT NULL, FOREIGN KEY REFERENCES articles(id)	文章的 ID

表 2-11   users 表

列名	数据类型	约束条件	备注
id	BIGINT	PRIMARY KEY, AUTO_INCREMENT	主键
created_at	TIMESTAMP	NOT NULL	创建时间
updated_at	TIMESTAMP	NOT NULL	更新时间
username	VARCHAR(255)	NOT NULL, UNIQUE	用户名
email	VARCHAR(255)	NOT NULL, UNIQUE	邮箱
password	VARCHAR(255)	NOT NULL	密码
bio	VARCHAR(1024)		个人简介
image	VARCHAR(255)		头像链接

这 6 个表的表间关系如下。

（1）users 表与 articles 表是一对多的关系，一个用户可以对应多篇文章，一篇文章只能对应一个作者。

（2）articles 表与 comments 表是一对多的关系，一篇文章可以有多个评论，一个评论只能对应一篇文章。

（3）articles 表与 favorites 表是多对多的关系，一篇文章可以被多个用户点赞，一个用户可以点赞多篇文章。

（4）users 表与 favorites 表是多对多的关系，一个用户可以点赞多篇文章，一篇文章可以被多个用户点赞。

（5）users 表与 follows 表是多对多的关系，一个用户可以关注多个用户，一个用户也可以被多个用户关注。

（6）articles 表与 tags 表是多对多的关系，一篇文章可以有多个标签，一个标签也可以被多篇文章使用。

第二部分　用 Vue 3 实现 RealWorld 项目的前端

　　本部分将深入研究 RealWorld 项目的前端实现。根据第 2 章中对 RealWorld 项目前端架构的详尽分析，我们选择了 Vue 3 框架来实现前端功能。在 GitHub 上，涌现了许多优秀的开源实现供我们选择，而在前端实现方面，最终选择了 RealWorld 官方推荐的项目，即 mutoe/vue3-realworld-example-app。这个项目完美地契合了所构思的前端架构设计和技术栈要求。值得注意的是，该项目由 Dongsen 开发，遵循 MIT 许可证（Massachusetts Institute of Technology License，麻省理工学院许可证），完全符合开源规范。

　　本部分将引导读者逐步完成 RealWorld 项目的前端实现。通过实践 mutoe/vue3-realworld-example-app 项目，本部分旨在帮助读者更好地理解和掌握实际应用开发中的前端技术。本部分会详细解析项目的各个方面，将复杂的技术概念转化为实际可行的步骤，以便帮助读者提高前端开发能力。

　　总体而言，本部分将为读者提供一份具体且深入的实用指南，通过实际操作巩固之前所学的知识，使其在前端技术领域迈上一个更高的台阶。通过学习本部分内容，读者将能够在实际开发中更加自信地运用 Vue 3 框架，将设计变为现实。

　　本部分包括第 3 ~ 11 章，具体如下：
- 第 3 章　组合式 API 及响应式数据
- 第 4 章　项目前端开发准备
- 第 5 章　前端路由
- 第 6 章　链接组件
- 第 7 章　调用后端接口
- 第 8 章　全局状态管理
- 第 9 章　文章与个人中心
- 第 10 章　使用组合式函数
- 第 11 章　三级组件

第 3 章　组合式 API 及响应式数据

本章导读

本章将重点介绍 Vue 3 的组合式 API 和响应式数据的使用。通过学习本章内容，读者将了解到组合式 API 的基本概念和使用方法，以及 Vue 3 中的响应式数据的原理和 API 的详细介绍。本章还将介绍 reactive 函数和 ref 函数的使用，以及 toRef() 和 toRefs() 的应用场景和使用方法。最后，本章还会详细讲解计算属性的概念和使用方法。

本章要点

任务 1　了解组合式 API
- 使用 setup 函数来组织组合式逻辑。
- 使用 <script setup> 语法简化组合式 API 的编写。
- 引入 TypeScript 以增强代码的类型安全性。

任务 2　用 reactive 设置响应式数据
- 学习响应式数据的概念和原理。
- 深入了解 Vue 3 中的响应式 API。
- 研究 reactive 函数的原理和注意事项。
- 使用 reactive 函数创建响应式数据。

任务 3　用 ref 设置响应式数据
- 介绍使用 ref 设置响应式数据的方式。
- 理解 ref 的原理和使用注意事项。
- 使用 ref 函数创建和使用响应式数据。

任务 4　toRef 函数与 toRefs 函数
- 学习 toRef 函数的使用场景。
- 深入了解 toRefs 函数的使用场景。
- 理解 toRef 函数和 toRefs 函数在响应式数据中的作用。

任务 5　computed 与计算属性
- 理解计算属性的基本概念。
- 学习使用 computed 函数创建和使用计算属性。

了解组合式 API

任务 1　了解组合式 API

当使用 Vue 2 的 Options API 进行大型项目开发时，可能会遇到代码复杂度高、难以维护的问题。为了解决这个问题，Vue 3 提供了一种新的组件编写方式：组合式 API 和 setup 函数。组合式 API 允许按照逻辑组织代码，而不是按照生命周期函数或选项来组织代码，从而提高了代码的可读性和可维护性。setup 函数在组件创建和挂载之前运行，用于设置组件的响应式数据、计算属性、方法和监听器等。在 setup 函数中，使用 Vue 3 的组合式 API（如 ref、reactive、computed、watch、watchEffect、onMounted、onUpdated、onUnmounted 等）实现组件的逻辑，能更好地组织项目代码。

3.1.1 使用 setup 函数

Vue 3 中的 setup 函数是使用组合式 API 编写组件的入口函数，它会在组件实例创建之前被调用。

在 setup 函数内部，可以通过使用 Vue 3 提供的一系列组合式 API 来定义组件的响应式数据、计算属性、方法等，并将它们返回给组件的模板使用。setup 函数返回的对象会被用作组件实例的数据对象，可以在模板中直接访问。

以下是一个简单的单文件组件 CounterReactive.vue，演示了如何使用 Vue 3 的 setup 函数和 reactive 函数来创建一个响应式的计数器组件：

```
<template>
    <div>
        <p>当前计数：{{ state.count }}</p>
        <button @click="increment">+ 1</button>
    </div>
</template>

<script>
import { reactive } from 'vue'

export default {
    setup() {
        const state = reactive({
            count: 0
        })

        const increment = () => {
            state.count++
        }
        return {
            state,
            increment
        }
    }
}
</script>
```

在上述代码中，首先引入了 Vue 3 提供的 reactive 函数，用于创建响应式对象。在 setup 函数中，使用 reactive 函数创建了一个名为 state 的响应式对象，包含了一个 count 属性。接着，定义了一个名为 increment 的方法，用于将 state 对象的 count 属性加 1。最后，将 state 和 increment 作为对象返回，供模板中使用。

由于使用了 reactive 函数，state 对象是响应式的，所以它的值会自动更新到模板中。当 state.count 属性更新时，模板中的数据也会更新。

同样的响应式也可以通过 ref()实现，对应的单文件组件 CounterRef.vue 如下：

```
<template>
    <div>
        <p>当前计数：{{ count }}</p>
        <button @click="increment">+1</button>
    </div>
</template>
<script>
import { ref } from 'vue'
export default {
    setup() {
        const count = ref(0)
        const increment = () => {
            count.value++
        }
        return {
            count,
            increment
        }
    }
}
</script>
```

由于 setup 函数的执行时机早于 Vue 2 中的 created 钩子函数，可以在其中进行一些更早的初始化操作，提高组件的性能。

总之，setup 函数是 Vue 3 中使用组合式 API 编写组件的重要入口函数，通过它可以更加自由地组织组件的逻辑，使代码更加清晰易懂。

3.1.2　使用<script setup>

<script setup>是在单文件组件（Single File Component，SFC）中使用组合式 API 的编译时语法糖，用于简化组件的编写和组织。当同时使用 SFC 与组合式 API 时，该语法是默认推荐。它允许在一个<script>标签内使用组合式 API，而不需要定义 setup 函数或返回语句。它还提供了一些额外的功能，如自动导入和导出组件属性、响应式声明、类型推断等。使用<script setup>可以让组件的代码更加清晰和高效。相比于普通的<script>语法，它具有更多优势：

● 更少的样板内容，更简洁的代码。

● 能够使用纯 TypeScript 声明 props 和自定义事件。

● 更好的运行时性能（其模板会被编译成同一作用域内的渲染函数，避免了渲染上下文代理对象）。

● 更好的集成开发环境（Integrated Development Environment，IDE）类型推导性能（减少了语言服务器从代码中抽取类型的工作）。

下面是一个使用<script setup>的示例组件：

```
<template>
  <div>
    <h1>{{ title }}</h1>
    <button @click="increment">Count: {{ count }}</button>
  </div>
</template>

<script setup>
import { ref } from 'vue'
// 自动导出为组件属性
const title = 'Hello Vue 3'
// 响应式声明
const count = ref(0)
// 普通函数
function increment() {
  count.value++
}
</script>
```

用<script setup>语法糖改写 CounterRef.vue，得到的 CounterRefSetup.vue 代码如下：

```
<template>
  <div>
    <p>当前计数：{{ count }}</p>
    <button @click="increment">+1</button>
  </div>
</template>

<script setup>
import { ref } from 'vue'
const count = ref(0)
const increment = () => {
  count.value++
}
</script>
```

可见，在<script setup>中不用再写 setup 函数了，定义的变量和函数会自动暴露给模板，并且不需要再用 return 语句将它们导出。这样可以更简洁地编写 Vue 组件。

3.1.3　引入 TypeScript

在创建 Vue 3+Vite 项目时，如果已经选择并安装了"Add TypeScript"，那么就可以采用 TypeScript 编写组件，CounterRefSetup.vue 中的代码用 TypeScript 可以改写为：

```
<template>
  <div>
    <p>当前计数：{{ count }}</p>
    <button @click="increment">+1</button>
```

```
      </div>
    </template>

    <script setup lang="ts">
    import { ref } from 'vue'

    const count = ref<number>(0)

    const increment = () => {
      count.value++
    }
    </script>
```

<script setup>中的脚本可以使用 TypeScript 或 JavaScript 编写。这里我们写成<script setup lang="ts">，其中 lang="ts"是告诉 Vue 3，该组件的脚本使用 TypeScript 编写。使用 TypeScript 可以提供更好的类型检查和代码提示，以及更好的代码可维护性和可读性。根据在 lang 属性中指定的语言类型，Vue 3 会相应地对组件进行编译处理。没有指定 lang 属性，则默认使用 JavaScript 编写脚本。

在这里，ref<number>(0)表示将数字类型的值 0 转换为响应式对象。<number>是 TypeScript 中的类型注解，用于指定 count 的类型为数字。这样在开发过程中，如果不小心给 count 赋予非数字类型的值，TypeScript 编译器就会提示错误。

注意：该 realworld 项目的前端部分全部采用<script setup lang="ts">语法进行单文件组件开发。

任务 2　用 reactive 设置响应式数据

3.2.1　响应式

所谓响应式，就是当用户修改数据后，系统可以自动做某些事情；对应到组件的渲染，就是修改数据后，能自动触发组件的重新渲染。这其实是一种状态驱动，是让用户界面随着数据变化而自动更新的编程范式。响应式的核心思想是将数据和视图绑定在一起，当数据发生变化时，视图也会相应地变化，而不需要手动操作 DOM 元素。响应式的优点是可以降低前端开发的复杂度，提高用户体验和性能，避免不必要的重绘和重排。响应式的实现方式有多种，如使用观察者模式、发布订阅模式、虚拟 DOM 等。响应式的代表框架有 React、Vue.js、Angular 等。

3.2.2　Vue 3 的响应式原理

Vue 3 的响应式原理是基于 ES6（ECMAScript 6）的 Proxy 和 Reflect 特性实现的，它可以对对象的各种操作进行拦截和处理，从而实现数据和视图的双向绑定。响应式原理的本质是劫持了数据对象的读写。当我们访问数据时，会触发 getter 执行依赖收集；修改数据时，会触发 setter 派发通知。

Vue 3 的响应式原理主要包括以下几个步骤：

（1）创建一个响应式对象，使用 Proxy 对目标对象进行代理，拦截它的 get 和 set 操作，同时使用 Reflect 对操作进行反射，保证原对象的行为不受影响。

（2）在 get 操作中，收集依赖，即将当前的渲染函数或副作用函数添加到目标对象的依赖集合中，这样当目标对象发生变化时，就可以通知这些函数进行更新。

（3）在 set 操作中，触发更新，即遍历目标对象的依赖集合，调用其中的函数，让它们重新执行，从而更新视图或产生其他效果。

（4）重复以上步骤，实现数据和视图的动态响应。

Vue 3 的响应式原理相比于 Vue 2 的 Object.defineProperty 方式，有以下优势。

● 可以拦截更多的操作，如 delete、has、ownKeys 等，提高了灵活性和兼容性。

● 可以对数组和嵌套对象进行响应式处理，不需要额外的处理逻辑。

● 可以避免原对象被污染，保持了数据的纯净性。

● 可以提高性能，减少了不必要的依赖收集和更新触发。

3.2.3　Vue 3 的响应式 API

Vue 3 的响应式 API 是一组新的功能，用于创建和管理响应式数据。它们可以让用户在组件中更灵活地组织和复用逻辑，也可以与其他 Vue 特性（如计算属性、监听器、生命周期钩子等）配合使用。Vue 3 的响应式 API 主要包括以下几个部分。

（1）ref：用于创建一个响应式的值，可以是基本类型或对象类型。ref 返回一个包含.value 属性的对象，通过这个属性可以访问或修改原始值。ref 也可以用于绑定模板中的 DOM 元素，通过.value 获取元素的引用。

（2）reactive：用于创建一个响应式的对象，可以是普通对象、数组或类实例。reactive 返回一个代理对象，通过这个对象可以访问或修改原始对象的属性。reactive 不会改变原始对象的结构和身份，只是在访问和修改时触发响应式效果。

（3）computed：用于创建一个响应式的计算属性，可以根据其他响应式数据（如 ref 或 reactive）动态地计算出一个值。computed 返回一个包含.value 属性的对象，通过这个属性可以访问计算出的值。computed 也可以接收一个包含 get 和 set 函数的对象，实现可写的计算属性。

（4）watch：用于监听一个或多个响应式数据（如 ref 或 reactive）的变化，并执行相应的回调函数。watch 可以接收一个源数据或一个返回源数据的函数作为第一个参数，以及一个回调函数作为第二个参数。watch 也可以接收一个包含多个源数据和回调函数的数组作为参数，实现同时监听多个数据。

（5）watchEffect：用于监听一个副作用函数中使用到的所有响应式数据的变化，并重新执行该函数。watchEffect 接收一个副作用函数作为参数，该函数会在首次调用时立即执行，并在后续任何依赖数据变化时重新执行。

（6）toRefs：用于将一个响应式对象（如 reactive）转换为一个普通对象，该对象的每个属性都是一个 ref，指向原始对象的对应属性。toRefs 可以保持原始对象的响应性，同时避免解构时丢失响应性。

（7）toRaw：用于将一个响应式对象（如 reactive）转换为原始对象，取消其响应性。toRaw 可以在需要直接操作原始对象而不触发响应式效果时使用。

这里，先介绍 reactive 的使用及注意事项。

3.2.4 reactive 函数的原理及注意事项

在 Vue 3 中，我们可以使用组合式 API 中的 reactive 函数来构建响应式对象。这个函数接收一个普通对象作为参数，并返回一个响应式代理对象。这个代理对象包含了原始对象的所有属性，并且这些属性都是响应式的。当用户访问代理对象的属性时，实际上是在访问原始对象的属性，因此会触发 getter 执行依赖收集。当用户修改代理对象的属性时，实际上是在修改原始对象的属性，因此会触发 setter 派发通知。这种方式比 Vue 2 中使用的 Object.defineProperty()实现响应式更加高效和灵活。

在使用 reactive 时，需要注意以下几点。

- 只有在组件的 setup 函数中才能使用 reactive 函数。
- 只有通过 reactive 函数创建的对象才是响应式数据对象，直接修改普通 JavaScript 对象的属性不会触发视图更新。
- reactive 函数只能处理对象类型数据，如果需要处理其他类型数据，可以使用 ref 函数。
- reactive 返回的是一个 Proxy 对象，而不是原始对象。
- reactive 返回的 Proxy 对象可以直接访问原始对象的属性和方法。
- reactive 返回的 Proxy 对象可以直接修改原始对象的属性和方法。
- reactive 返回的 Proxy 对象可以直接监听原始对象的变化。
- 在模板中使用响应式对象的属性时，需要使用{{ }}语法来绑定数据，如{{state.list}}。
- 响应式对象的属性需要在对象创建时就定义好，不能在后面动态添加或删除属性。如果需要动态添加或删除属性，可以使用 reactive 函数创建一个新的响应式对象。
- 在开发时，建议使用 toRefs 函数将响应式对象转换成普通对象的引用。这可以使代码更加清晰易懂，同时也能避免一些潜在的问题。
- 如果响应式对象的属性值是一个对象，需要使用 reactive 函数将其转换成响应式对象，否则其属性变化不会触发视图更新。

3.2.5 reactive 的使用案例

1. 将 reactive 作用于普通的 JavaScript 对象

reactive 的使用案例

在 Vue 3 中，reactive 函数可以将一个普通的 JavaScript 对象转换成一个响应式数据对象，使对象的属性变化可以被监听到并且自动更新视图。下面是 reactive 作用于对象的示例代码：

```
<template>
    <button @click="changeName">修改 name</button><br>
    <button @click="changeAge">修改 age</button><br>
    <button @click="changeGender">修改 gender</button><br>
    {{ state.person.name }} - {{ state.person.age }} - {{ state.person.gender }}
</template>
<script setup>
import { reactive } from 'vue'
const state = reactive({
    person: {
        name: 'Tom',
```

```
            age: 18,
            gender: 'male'
        }
})
// 修改响应式对象的 name
function changeName() {
    state.person.name = "Linda";
    console.log(state.person.name) // 输出 Linda
}

// 修改响应式对象的 age
function changeAge() {
    state.person.age++
    console.log(state.person.age) // 输出 19
}
// 修改响应式对象的 gender
function changeGender() {
    state.person.gender = "female"
    console.log(state.person.gender) // 输出 female
}
</script>
```

2. 将 reactive 作用于数组

在 Vue 3 中，reactive 函数也可以将一个普通的 JavaScript 数组转换成一个响应式数组，使数组元素的变化可以被监听到并且自动更新视图。下面是一个 reactive 作用于数组的示例代码：

```
<template>
    <button @click="change">修改元素</button><br>
    <button @click="add">添加元素</button><br>
    <button @click="del">删除元素</button><br>
    {{ state.list }}
</template>

<script setup>
import { reactive } from 'vue'
const state = reactive({
    list: ['apple', 'banana', 'orange']
});

// 修改响应式数组的元素
function change() {
    state.list[0] = 'pear'
    console.log(state.list)    // 输出 Proxy(Array) {0: 'pear', 1: 'banana', 2: 'orange'}
}
// 向响应式数组中添加元素
function add() {
```

```
        state.list.push('grape')
        console.log(state.list)    // 输出 Proxy(Array) {0: 'pear', 1: 'banana', 2: 'orange', 3: 'grape'}
    }
    // 从响应式数组中删除元素
    function del() {
        state.list.splice(1, 1)
        console.log(state.list)    // 输出 Proxy(Array) {0: 'pear', 1: 'orange', 2: 'grape'}
    }
</script>
```

注意事项：

- 响应式数组的元素操作需要使用 JavaScript 数组的操作方法，如 push()、pop()、shift()、unshift()、splice()等。
- 对响应式数组的操作会自动触发视图更新，无须手动调用。
- 若直接修改响应式数组的长度，如 state.list.length = 2，则会导致视图无法更新，需要使用数组的操作方法进行操作。
- 对响应式数组进行操作时，需要保证操作前后引用的是同一个数组对象，否则会导致视图无法更新。例如，不要使用 state.list=[]的方式清空数组，而应该使用 state.list.splice(0, state.list.length)的方式清空数组。

任务 3　用 ref 设置响应式数据

3.3.1　ref 的原理及注意事项

在 Vue 3 中，ref 是一个函数，用于创建一个响应式数据对象，它可以将一个普通的 JavaScript 值转换成一个响应式数据对象，并提供了对该数据对象的访问和修改方法，使修改该对象的值可以自动触发视图更新。ref 是基于 reactive 实现的。具体来说，ref 函数接收一个普通值作为参数，内部会使用 reactive 创建一个响应式对象来包裹这个值。当我们通过.value 访问 ref 对象时，实际上是访问这个内部的响应式对象的值。

举个例子，以下代码展示了 ref 的实现原理：

```
import { reactive } from 'vue'

function ref(value) {
    const obj = reactive({ value })
    return {
        get value() {
            return obj.value
        },
        set value(newValue) {
            obj.value = newValue
        }
    }
}
```

上面的代码中，ref 函数接收一个值作为参数，并使用 reactive 函数创建了一个包含该值的响应式对象 obj，然后返回一个包含 get 和 set 方法的对象，这两个方法用来获取和设置 obj.value 属性的值。当用户访问 ref 对象时，实际上是在访问这个对象的 value 属性，这个属性通过 get 方法返回 obj.value。当用户修改 ref 对象的值时，实际上是在修改这个对象内部响应式对象的值，这个操作通过 set 方法实现。

因此，可以说 ref 是基于 reactive 实现的，它们都是 Vue 3 中用于创建响应式数据对象的重要函数。

在 Vue 3 中既然有了 reactive，为何还要 ref 呢？当用户只想让某个变量实现响应式的时候，采用 reactive 就会比较麻烦，因此 Vue 3 提供了 ref 方法进行简单值的监听，但并不是说 ref 只能传入简单值，它的底层是 reactive，所以 reactive 有的，ref 都有。

请牢牢记住：

- ref 本质也是 reactive，ref(obj)等价于 reactive({value: obj})。
- 在 Vue 组件的<script>...</script>标签中使用 ref 的值，必须通过.value 获取。
- 在 Vue 组件的<template>...</template>标签中直接使用 ref 的值，不用也不能通过.value 获取。

3.3.2 ref 的使用案例

将前面用 reactive 实现的代码改为用 ref 再实现一次：

ref 的使用案例

```
<template>
    <button @click="changeName">修改 name</button><br>
    <button @click="changeAge">修改 age</button><br>
    <button @click="changeGender">修改 gender</button><br>
    {{ name }} - {{ age }} - {{ gender }}
</template>

<script setup>
import { ref } from 'vue';

const name = ref('Tom');
const age = ref(18);
const gender = ref('male');

// 修改 ref 对象的 name
function changeName() {
    name.value = "Linda";
    console.log(name.value); // 输出 Linda
}

// 修改 ref 对象的 age
function changeAge() {
    age.value++;
    console.log(age.value); // 输出 19
}
```

```
// 修改 ref 对象的 gender
function changeGender() {
    gender.value = "female";
    console.log(gender.value); // 输出 female
}
</script>
```

在上面的代码中，我们使用 ref 分别创建了 3 个响应式数据 name、age 和 gender，它们的初始值分别为'Tom'、18 和'male'。同时，我们也将修改数据的 3 个函数 changeName、changeAge 和 changeGender 进行了相应的修改，使用 ref 对象的.value 属性来修改值。

通过这种方式，可以将原本使用 reactive 实现的代码转换为使用 ref 实现的代码，这样做可以使代码更加简洁和直观，同时也方便我们进行数据的管理和修改。

前面说过，ref 函数并不只限于定义简单值，它仍然可以作用于对象。现在我们用 ref(obj) 的方式改写上面的代码：

```
<template>
    <button @click="changeName">修改 name</button><br>
    <button @click="changeAge">修改 age</button><br>
    <button @click="changeGender">修改 gender</button><br>
    {{ person.name }} - {{ person.age }} - {{ person.gender }}
</template>
<script setup>
import { ref } from 'vue'
const person = ref({
    name: 'Tom',
    age: 18,
    gender: 'male'
});
// 修改 ref 对象的 name
function changeName() {
    person.value.name = "Linda"
    console.log(person.value.name) // 输出 Linda
}
// 修改 ref 对象的 age
function changeAge() {
    person.value.age++;
    console.log(person.value.age) // 输出 19
}
// 修改 ref 对象的 gender
function changeGender() {
    person.value.gender = "female"
    console.log(person.value.gender) // 输出 female
}
</script>
```

在上面的代码中，我们使用 ref(obj)创建了一个名为 person 的响应式数据对象，它的初始值为一个包含 name、age 和 gender 属性的对象。我们将修改数据的 3 个函数 changeName、changeAge 和 changeGender 进行了相应的修改，使用 ref 对象的.value 属性来修改值。在修改 person 对象的属性时，需要使用 person.value 来访问内部的对象。

需要注意的是，使用 ref(obj) 创建的响应式数据对象，其内部的对象属性依然不是响应式的。因此，如果我们需要对内部对象的属性进行修改，仍然需要使用 reactive 来创建。

任务 4　toRef 函数与 toRefs 函数

在 Vue 3 中，toRef 和 toRefs 是用于处理响应式属性的实用函数，用于响应式地创建一个或多个 Ref 对象，从而简化访问和更新响应式属性的语法。

使用 toRef 的一个好处是可以为响应式对象的特定属性创建一个独立的 Ref 对象。当只需要操作某个属性而不是整个响应式对象时，这种方式更加清晰和简洁，提供了更方便的方式来处理单个响应式属性。

类似地，toRefs 简化了操作响应式对象多个属性的语法。它将响应式对象的所有属性转换为独立的 Ref 对象，这样可以更容易地独立访问和更新每个属性。特别是当需要将响应式属性作为 props 传递给子组件，或者希望以更便捷的方式解构响应式属性时，这种方式非常有用。

3.4.1　toRef 函数的使用场景

1. 问题引入

先来看看下面的代码有什么问题：

```
<template>
  <div>
    <p>Name: {{ user.name }}</p>
    <p>Age: {{ user.age }}</p>
    <p>Gender: {{ user.gender }}</p>
    <button @click="changeInfo">Change Info</button>
  </div>
</template>

<script setup lang="ts">

interface User {
  name: string;
  age: number;
  gender: string;
}

const user: User = {
  name: 'John',
  age: 25,
  gender: 'male',
```

```
    }

    function changeInfo() {
        user.name = 'Mary'
        user.age = 30
        user.gender = 'female'
    }
</script>
```

这段代码存在的问题是在 Vue 3 中使用了非响应式的对象 user。由于 user 对象是普通的 JavaScript 对象，而不是 Vue 的响应式对象，所以当 changeInfo 函数修改了 user 对象的属性时，页面不会更新。

2. 解决办法

解决办法是使用 Vue 的响应式对象来代替普通 JavaScript 对象，例如使用 reactive 函数来创建一个响应式对象。可以将 user 对象改为以下代码：

```
<template>
    <div>
        <p>Name: {{ user.name }}</p>
        <p>Age: {{ user.age }}</p>
        <p>Gender: {{ user.gender }}</p>
        <button @click="changeInfo">Change Info</button>
    </div>
</template>

<script setup lang="ts">
import { reactive } from 'vue'
interface User {
    name: string;
    age: number;
    gender: string;
}

const user = reactive({
    name: 'John',
    age: 25,
    gender: 'male',
})

function changeInfo() {
    user.name = 'Mary'
    user.age = 30
    user.gender = 'female'
}
</script>
```

这段代码确实实现了页面的同步更新，但模板里反复使用 user.前缀显得有些冗余，如何减少模板中重复使用 user. 前缀的情况，从而提高代码的可读性呢？

3. 继续改进

toRef 是 Vue 3 中的一个工具函数，用于将响应式对象上的一个属性转换为一个单独的 ref 对象。可以尝试用它来减少模板中 user.前缀的重复使用，代码如下：

```html
<template>
  <div>
    <p>Name: {{ name }}</p>
    <p>Age: {{ age }}</p>
    <p>Gender: {{ gender }}</p>
    <button @click="changeInfo">Change Info</button>
  </div>
</template>

<script setup lang="ts">
import { reactive, toRef } from 'vue'

interface User {
  name: string;
  age: number;
  gender: string;
}
const user: User = reactive({
  name: 'John',
  age: 25,
  gender: 'male',
});
const name = toRef(user, 'name')
const age = toRef(user, 'age')
const gender = toRef(user, 'gender')
function changeInfo() {
  name.value = 'Mary'
  age.value = 30
  gender.value = 'female'
}
</script>
```

当使用 toRef 将一个响应式对象 user 的属性转化为 ref 对象后，该 ref 对象会与原对象的属性保持同步。这样创建的 ref 对象与其原属性保持同步：改变原属性的值将更新 ref 对象的值，反之亦然。

3.4.2　toRefs 函数的使用场景

1. 问题引入

在代码中，如果对象的属性很多，每个属性都要保持响应性，那么势必多次调用 toRef 函数，有没有什么办法可以一次性将响应式对象上的所有属性都转换为 ref 对象，从而简化代码呢？

2. 解决办法

使用 Vue 3 的 toRefs 函数可以一次性将响应式对象上的所有属性都转换为 ref 对象，并使用对象解构语法来进一步简化代码，代码如下：

```
<template>
  <div>
    <p>Name: {{ name }}</p>
    <p>Age: {{ age }}</p>
    <p>Gender: {{ gender }}</p>
    <button @click="changeInfo">Change Info</button>
  </div>
</template>
<script setup lang="ts">
import { reactive, toRefs } from 'vue'
interface User {
  name: string;
  age: number;
  gender: string;
}
const user: User = reactive({
  name: 'John',
  age: 25,
  gender: 'male',
})
const stateRefs = toRefs(user)
const { name, age, gender } = stateRefs
function changeInfo() {
  name.value = 'Mary'
  age.value = 30
  gender.value = 'female'
}
</script>
```

这段代码中使用 toRefs(user)将响应式对象 user 中的所有属性（即 name、age 和 gender）
转换成对应的 ref 对象，并返回一个由这些 ref 对象组成的对象，这些 ref 对象的变化也会影响
原响应式对象的属性。

然后使用对象解构将它们分别赋值给 name、age 和 gender，在模板中就可以直接访问这 3
个变量，而不用写成 stateRefs.name、stateRefs.age 和 stateRefs.gender 的形式。在 changeInfo
函数中，直接修改 name.value、age.value 和 gender.value 的值，这些值的变化会直接反映到原
响应式对象 user 的属性上，从而触发页面的更新。

任务 5　computed 与计算属性

3.5.1　计算属性的基本概念

Vue 3 的一个很重要的特点就是提供了 computed 函数，这是一个响应式 API，类似于 Vue 2
中的 computed 属性。使用 computed 函数可以让代码更加简洁和高效。

在 Vue 3 中，computed 函数的值就是计算属性。computed 函数可以使用响应式依赖来创建计算属性，计算属性会自动追踪响应依赖，在其任何响应式依赖项更改时自动重新计算。

在模板中绑定计算属性，当计算属性的值发生变化时，会触发组件的重新渲染。在模板中绑定计算属性的另一个好处是，可以在模板中声明指定复杂的逻辑，而不必手动更新值或在代码中执行计算。

3.5.2　计算属性的使用案例

下面通过一个简单的案例来说明计算属性的使用场景。

计算属性的使用案例

例如，考虑一个简单的 Vue 3 组件 Gooks.vue，该组件显示一个商品列表和这些商品的总数。

```
<template>
  <div>
    <div v-if="isLoading">Loading...</div>
    <div v-else>
      <ul>
        <li v-for="item in goods" :key="item.id">{{ item.name }}</li>
      </ul>
      <p>商品总数: {{ totalGoods }}</p>
    </div>
  </div>
</template>

<script setup lang="ts">
import { computed, ref } from 'vue'

interface Item {
  id: number;
  name: string;
  price: number;
}

const goods = ref<Item[]>([]);

const isLoading = computed(() => {
  return goods.value.length === 0
})

const totalGoods = computed(() => {
  return goods.value.length
})

const baseUrl = 'http://localhost:3000'

const fetchGoods = async () => {
  try {
    const res = await fetch(baseUrl+'/goods')
```

```
      const data = await res.json()
      goods.value = data as Item[]
    } catch (e) {
      throw new Error('an error happened'+e)
    }
  }

  fetchGoods()
</script>
```

在这个例子中，totalGoods 计算属性函数负责计算 goods 数组中的商品总数。isLoading 计算属性基于 goods 数组的长度返回一个布尔值，指示组件是否处于加载状态。

请注意，这里使用计算属性 isLoading 来定义应用程序是否正在加载。通常，很多开发人员会定义 isLoading 变量，并在调用 fetchGoods 时将变量 isLoading 设置为 true，然后在 API 请求完成后再将其设置为 false。比如：

```
<script setup lang="ts">
const isLoading = ref(true)
// ...
const fetchGoods = async () => {
  try {
    isLoading.value = true
    // 网络访问的代码
    // ...
    isLoading.value = false
  } catch (e) {
     // ...
  }
}

fetchGoods()
</script>
```

相对于将 Loading 作为变量的做法，Goods.vue 中把 Loading 设计为计算属性实现了 Loading 的显示逻辑与商品数据获取逻辑之间的解耦。这种设计使得代码更易于阅读、理解和维护。

使用计算属性的好处不止于此。首先，它允许开发者在模板中声明性地指定复杂的逻辑，逻辑与数据展示清晰地分离，使模板更加简洁易懂。其次，计算属性自动缓存计算结果，只在依赖项更改时重新计算，提高了应用程序的性能。这在需要频繁执行复杂或昂贵计算的场景下尤其有用。最后，使用计算属性通过提供明确的关注点分离，使代码更易于维护。将复杂逻辑封装在计算属性中，可以更轻松地修改或更新该逻辑，而不会影响代码的其余部分。

第 4 章　项目前端开发准备

本章导读

本章将重点介绍 RealWorld 博客前端开发的准备工作。通过本章的学习，读者将了解如何搭建 Vue 3+Vite 的开发环境，学会如何创建 Vue 3+Vite 单页应用，并掌握实现 RealWorld 网站基本布局和组件化开发的技巧。此外，读者还将学会封装常用的工具类，提高开发效率和代码可复用性。这些知识将为后续读者的博客前端开发工作奠定坚实的基础。

本章要点

任务 1　创建 Vue 3+Vite 单页应用
- 介绍单页应用的概念和优势。
- 解释 Vue 3 对单页应用开发的支持。
- 指导读者安装 node.js。
- 使用 Vite 脚手架工具创建 Vue 3+Vite 单页应用。
- 演示如何运行单页应用。

任务 2　实现 RealWorld 应用基本布局
- 分析 RealWorld 网站的页面布局结构。
- 使用 Vue 组件实现 RealWorld 网站的基本布局。

任务 3　组件化开发之普通组件
- 介绍组件化开发的概念。
- 创建 AppFooter 组件和 AppNavigation 组件。
- 演示如何组装这些组件来构建完整的页面。

创建 Vue 3+Vite
单页应用

任务 1　创建 Vue 3+Vite 单页应用

Vue 3 是一个流行的 JavaScript 前端框架，适合构建单页应用程序。下面是一些创建 Vue 3 单页应用程序的方式。

（1）使用 Vue CLI：Vue CLI 是一个命令行界面工具，用于创建和管理 Vue 应用程序。它可以自动生成一个基于 Webpack 的项目模板，提供了一些内置的插件和特性，如 Babel、ESLint、TypeScript 等。使用 Vue CLI 可以方便地创建 Vue 单页应用程序。

（2）手动设置：用户可以手动设置一个 Vue 3 单页应用程序。这需要用户手动创建 Webpack 配置文件，并安装和配置必要的插件和库，如 vue-loader、babel-loader 等。这种方式更加灵活，但需要更多的配置和知识。

（3）使用 Vite：Vite 是一个现代化的构建工具，用于构建 Vue 应用程序。它使用现代化的技术和原生 ES 模块作为基础，提供了一种快速、轻量级的开发体验。用户可以使用 Vite 创建一个 Vue 3 单页应用程序，只需运行几个命令即可。

在本任务中，我们将使用 Vite 来创建 Vue 3 单页应用程序，因为它能够大幅简化开发流程。不过，如果需要更加灵活的控制和定制，手动设置也是一个不错的选择。

4.1.1 单页应用

单页应用（Single Page Application，SPA）是一种 Web 应用程序的架构模式，它使用动态加载的 HTML、CSS 和 JavaScript，以及 AJAX 和 WebSockets 等技术实现无刷新页面的单页应用。

单页应用的核心思想是将所有的页面都加载到一个单一的 HTML 页面中，通过 JavaScript 操作 DOM 实现页面的动态变化。当用户与应用程序交互时，JavaScript 会通过 AJAX 或 WebSockets 等技术请求后端 API 获取数据，然后在前端通过 Vue、React 等前端框架对数据进行处理，最终更新视图，从而实现页面的刷新和动态变化。

单页应用的优点是可以提高页面的加载速度和用户体验，因为只需要加载一次 HTML、CSS 和 JavaScript 等资源，之后就可以在前端通过 JavaScript 动态更新页面内容，而不需要重新加载整个页面。此外，单页应用还可以提高开发效率，因为前端可以采用组件化开发方式，将页面拆分为多个组件，每个组件可以独立开发和测试，最终再将这些组件拼接成完整的页面。

但是，单页应用也有一些缺点。首先，由于单页应用的内容是通过 JavaScript 动态加载的，对于搜索引擎优化（Search Engine Optimization，SEO）来说并不友好。其次，单页应用需要处理前后端分离的问题，需要前端开发人员和后端开发人员共同协作完成。此外，单页应用需要处理浏览器历史记录和 URL 路由等问题，需要使用一些第三方库或框架来处理这些问题。

相比之下，多页应用（Multi Page Application MPA）的优点是对 SEO 友好，因为每个页面都有自己的 URL 地址和内容，便于搜索引擎进行抓取和索引。此外，多页应用还可以采用服务器渲染方式（Server Side Render，SSR），在 Node.js 后端渲染页面，以提高页面的加载速度和 SEO 效果。但是，多页应用的缺点是页面切换需要重新加载整个页面，页面刷新和交互体验相对较差。此外，多页应用需要在前端和后端进行模板渲染，代码复杂度相对较高，开发效率相对较低。

因此，选择单页应用还是多页应用取决于项目的具体需求和情况。如果项目注重用户体验和开发效率，且对 SEO 不是特别敏感，可以选择单页应用。

4.1.2 Vue 3 对单页应用开发的支持

Vue.js 是一个用于构建现代 Web 应用的渐进式框架，它对开发单页应用提供了很多支持。我们习惯把 Vue.js 2.x 和 Vue.js 3.x 版本分别简称为 Vue 2 和 Vue 3。以下是一些 Vue 3 的特性，它们可以帮助开发者更容易地创建和维护单页应用。

● 使用了响应式数据绑定和组件化的思想，让开发者可以快速构建高效的用户界面。
● 组合式 API：这是 Vue 3 的一个新特性，它允许开发者使用函数式的方式来组织和复用组件的逻辑，而不是依赖于选项式 API 的 data、methods、computed 等属性。这样可以让组件的代码更加清晰和模块化，也可以避免命名冲突和数据依赖的问题。

- 优化的虚拟 DOM：虚拟 DOM 是 Vue 的核心特性之一，它可以让开发者使用声明式的语法来渲染页面，而不需要直接操作 DOM。Vue 3 对虚拟 DOM 进行了优化，使其更加高效和灵活。例如，Vue 3 引入了静态标记（Hoisting）、片段（Fragments）、模块化运行时（Tree-shaking）等技术，来减少不必要的渲染和内存占用。
- 支持 TypeScript：TypeScript 是一种在 JavaScript 基础上增加了类型检查和其他特性的编程语言，它可以提高代码的可读性和可维护性，也可以避免一些常见的错误。Vue 3 完全支持 TypeScript，不仅在源码层面使用了 TypeScript，还提供了完善的类型声明文件，让开发者可以在编辑器中享受到智能提示和错误检测的功能。
- 更多的内置组件和指令：Vue 3 提供了一些新的内置组件和指令，来增强单页应用的交互和功能。例如，<teleport>组件可以让开发者将子组件渲染到任意位置，<suspense>组件可以让开发者处理异步组件的加载状态，v-model 指令可以让开发者更方便地实现双向数据绑定等。

总之，Vue 3+Vite 是一种非常适合开发单页应用的技术栈，它可以让开发者享受到最新的前端技术和最佳的开发体验。

4.1.3 安装 Node.js

现在的前端开发不再是基于简单的 HTML、CSS、JavaScript，而是使用各种开发和构建工具。无论使用哪种工具，都需要安装 Node.js 环境。Node.js 是前端工程化开发的基础。

创建 Vue 3+Vite 项目需要安装 16.0 或更高版本的 Node.js。可以在命令行中运行 node -v 命令来检查是否已安装了 Node.js 环境。如果没有安装或版本不对，可以按照下面的步骤进行安装。

1. 下载 Node.js

Node.js 下载页面如图 4-1 所示。

	长期维护版 推荐多数用户使用	最新尝鲜版 含最新功能
Windows 安装包	macOS 安装包	源码
node-v16.13.2-x64.msi	node-v16.13.2.pkg	node-v16.13.2.tar.gz

Windows 安装包 (.msi)	32-bit	64-bit
Windows 二进制文件 (.zip)	32-bit	64-bit
macOS 安装包 (.pkg)	64-bit / ARM64	
macOS 二进制文件 (.tar.gz)	64-bit	ARM64
Linux 二进制文件 (x64)	64-bit	
Linux 二进制文件 (ARM)	ARMv7	ARMv8
源码	node-v16.13.2.tar.gz	

图 4-1　Node.js 下载页面

请根据自己计算机的操作系统，确定下载格式以及是 32 位还是 64 位的安装程序。推荐使用长期维护版。

2. 安装 Node.js

以 Windows 系统为例，下载 Node.js 安装包后，双击安装包后一路安装即可。安装过程，除 Node.js 外，还会一并安装 npm 包管理器。启动 Node.js 和 npm 的命令：

```
node
npm
```

3．测试安装是否成功

安装完成后，注意测试安装是否成功，测试命令：

```
node -v
npm -v
```

如果显示出 Node.js 和 npm 的版本号，表明安装成功，否则需要检查环境变量的配置。

4.1.4　创建单页应用

Vue CLI 和 Vite 都是用于创建 Vue 项目的构建工具。Vue CLI 是一个基于 Webpack 的构建工具，它提供了一个完整的项目脚手架，包括开发服务器、热重载、代码分割、ESLint 等。Vite 是一个基于 ES 模块的构建工具，它使用浏览器原生的 ES 模块加载器来提供快速的开发体验。Vite 提供了零配置的开发环境，无须安装和配置 Webpack 等复杂的工具，只需一个vite.config.js 文件即可启动一个本地服务器，因此它可以更快地启动和重载。Vite 支持TypeScript、CSS 预处理器、JSX 等常用的功能，并且在生产环境中也可以更快地构建。

因此，RealWorld 博客项目的前端采用 Vite 进行构建。

1．创建项目

使用 npm 或 pnpm 命令均可创建 Vue 3+Vite 单页应用：

```
npm init vue@latest
```

或

```
pnpm create vue@latest
```

这一命令将会安装并执行 create-vue，它是 Vue 官方的项目脚手架工具。

建议采用 pnpm create vue@latest 进行创建。如果没有安装 pnpm，可以先安装 pnpm，安装命令：

```
npm install pnpm -g
```

在使用 pnpm create vue@latest 命令创建 Vue 3 项目的过程中，用户将会看到一些诸如 TypeScript 和测试支持之类的可选功能提示：

```
✔ Project name: … <your-project-name>
✔ Add TypeScript? … No / Yes
✔ Add JSX Support? … No / Yes
✔ Add Vue Router for Single Page Application development? … No / Yes
✔ Add Pinia for state management? … No / Yes
✔ Add Vitest for Unit Testing? … No / Yes
✔ Add an End-to-End Testing Solution? › No
✔ Add ESLint for code quality? … No / Yes

Scaffolding project in ./<your-project-name>...
```

可按需要进行选择安装，这里我们选择 TypeScript、Vue Router、Pinia，其余的功能可以留待以后需要时再进行安装。

如果用户在上面第一步 Project name 处输入项目名称 realworld-frontend，项目创建成功后，会显示如下命令序列，提示我们如何进行后续操作。

```
cd realworld-frontend
pnpm install
pnpm dev
```

项目结构如下：

```
├── public/                    // 公共资源目录
│   └── favicon.ico            // 网站图标
├── src/                       // 项目源码目录
│   ├── assets/                // 静态资源目录（如图片、字体等）
│   ├── components/            // 组件目录
│   ├── router/                // 路由目录
│   ├── stores/                // 状态管理目录
│   ├── views/                 // 视图目录
│   ├── App.vue                // 根组件
│   └── main.ts                // 项目入口文件
├── .gitignore                 // Git 忽略文件列表
├── env.d.ts                   // 为用户自定义环境变量提供 TypeScript 智能提示
├── index.html                 // 入口 HTML 文件
├── package.json               // 项目配置文件
├── README.md                  // 项目说明文件
├── tsconfig.json              // TypeScript 配置文件
├── tsconfig.node.json         // 为 Node.js 环境提供单独的 TypeScript 编译选项
└── vite.config.js             // Vite 的配置文件，用于配置开发环境和生产环境的各种选项
```

2. 安装依赖

按命令序列的前两条命令进行操作：

```
cd realworld-frontend              # 进入项目文件夹
pnpm install                       # 安装依赖（推荐）
```

依赖安装完成后，项目文件夹 realworld-frontend 中将多出一个子文件夹 node_modules：

```
├── node_modules/              // 第三方依赖包目录
├── public/
├── src/
│   ...
```

node_modules 文件夹里面就是按照 package.json 的指示下载的各种依赖。

4.1.5　运行单页应用

1. 启动项目服务端

项目服务端先启动起来，才能对浏览器端提供网页服务。启动命令为 pnpm dev 或 npm run dev。启动成功后，屏幕显示：

```
VITE v4.2.1    ready in 416 ms
➜  Local:    http://localhost:5173/
➜  Network: use --host to expose
➜  press h to show help
```

表明项目服务端已经运行在 5173 端口，等待浏览器的访问。

2．从浏览器访问应用

按住 Ctrl 键，并单击链接 http://localhost:5173/，将在浏览器中打开应用的首页，内容如图 4-2 所示。

图 4-2　应用的首页

RealWorld 博客项目前端的后续开发将基于这个基础项目展开。

任务 2　实现 RealWorld 应用基本布局

实现 RealWorld
应用基本布局

4.2.1　页面布局分析

访问 RealWorld 项目的官方实现网站可以看出，每个页面都有的公共部分是页眉和页脚，用户在实现时，可以先将这个公共部分做成一个模板。其实，RealWorld 项目前端规范已经给出了各个页面的参考代码，其中就包括 header 和 footer 这两个部分。在此基础上，我们就得到了这个模板代码：

```
<!DOCTYPE html>
<html>
<head>
    <meta charset="utf-8" />
    <title>Conduit</title>
    <!-- Import Ionicon icons & Google Fonts our Bootstrap theme relies on -->
    <link href="//code.ionicframework.com/ionicons/2.0.1/css/ionicons.min.css"
        rel="stylesheet" type="text/css" />
    <link rel="stylesheet" href="//demo.productionready.io/main.css" />
</head>

<body>
    <nav class="navbar navbar-light">
        <div class="container">
            <a class="navbar-brand" href="index.html">conduit</a>
                <ul class="nav navbar-nav pull-xs-right">
```

```
            <li class="nav-item">
                <!-- Add "active" class when you're on that page" -->
                <a class="nav-link active" href="">Home</a>
            </li>
            <li class="nav-item">
                <a class="nav-link" href="">
                    <i class="ion-compose"></i> New Article
                </a>
            </li>
            <li class="nav-item">
                <a class="nav-link" href="">
                    <i class="ion-gear-a"></i> Settings
                </a>
            </li>
            <li class="nav-item">
                <a class="nav-link" href="">Sign in</a>
            </li>
            <li class="nav-item">
                <a class="nav-link" href="">Sign up</a>
            </li>
        </ul>
    </div>
</nav>


<footer>
    <div class="container">
        <a href="/" class="logo-font">conduit</a>
        <span class="attribution">
            An interactive learning project from
<a href="https://thinkster.io">Thinkster</a>. Code &amp;
            design licensed under MIT.
        </span>
    </div>
</footer>
</body>
</html>
```

这是一个静态网页模板，里面包含了全局样式"http://demo.productionready.io/main.css"（或"http://demo.realworld.io/main.css"），在基于 Vue 3 的单页应用开发中，可以根据这个模板来写各个页面组件。模板显示效果如图 4-3 所示。

分析：<footer>...</footer>在页面的底部，内容是固定的。<nav>...</nav> 在页面顶部，是一个导航栏，它左边的 conduit 是一个超链接，右边是另外 5 个超链接。

单页应用的一个显著特点是整个项目只有一个 HTML 页面。在我们创建的 Vue 3 项目"realworld-frontend"中，这个唯一的 HTML 页面就是项目根目录下的 index.html。在 index.html 中，我们可以引入全局样式。但是，页面的具体内容并不直接写在这里，而是通过挂载到这里的根组件 App.vue 来动态展示页面内容，使用户在不刷新整个页面的情况下切换页面。

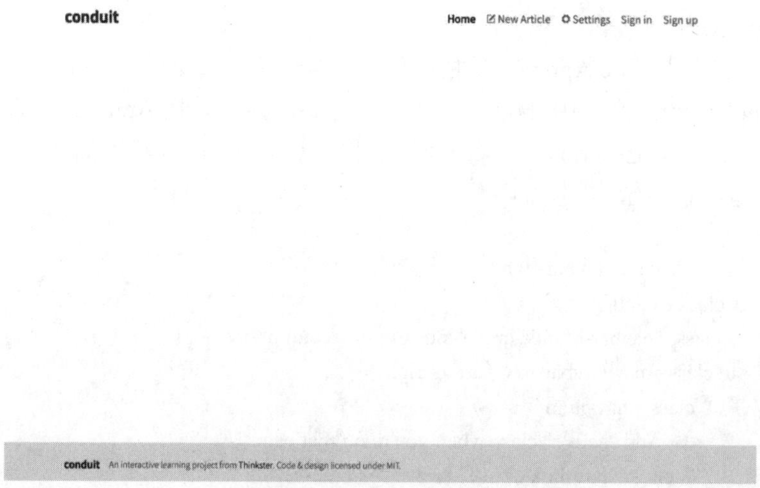

conduit　　　　　　　　　　　Home　✎ New Article　⚙ Settings　Sign in　Sign up

conduit　An interactive learning project from Thinkster. Code & design licensed under MIT.

图 4-3　模板显示效果

4.2.2　页面布局实现

在 Vue 3 单页应用"realworld-frontend"中实现与 template.html 相同的显示效果。

1. 初始化 Vue 3 项目结构

进入项目的 src 文件夹，保留 main.ts 和 App.vue 文件，其余内容全部删除，等到后面有需要时，可以重新创建。

2. 编辑 Vue 3 项目的 index.html

编辑 Vue 3 项目"realworld-frontend"的 index.html 文件，将其<head>...</head>标签用 template.html 的<head>...</head>进行替换，结果如下：

```
<!DOCTYPE html>
<html>
  <head>
    <meta charset="utf-8" />
        <title>Conduit</title>
        <!-- Import Ionicon icons & Google Fonts our Bootstrap theme relies on -->
        <link href="//code.ionicframework.com/ionicons/2.0.1/css/ionicons.min.css" rel="stylesheet" type="text/css" />
        <link href="//fonts.googleapis.com/css?family=Titillium+Web:700|Source+Serif+Pro:400,700|Merriweather+Sans:400,700|Source+Sans+Pro:400,300,600,700,300italic,400italic,600italic,700italic"
        rel="stylesheet" type="text/css" />
    <!-- Import the custom Bootstrap 4 theme from our hosted CDN -->
        <link rel="stylesheet" href="//demo.productionready.io/main.css" />
  </head>
<body>
  <div id="app"></div>
  <script type="module" src="/src/main.ts"></script>
</body>
</html>
```

3．编辑 App.vue

在 Vue 单页应用中，src/App.vue 是根组件，负责组织和渲染整个应用程序的内容。所以，用户可以用 template.html 文件中<body>...</body>标签的内容替换 App.vue 文件的<template>...</template>标签的内容，把<script>...</script>标签和<style>...</style>标签的内容删除，结果如下：

```
<script setup lang="ts"></script>
<template>
  <nav class="navbar navbar-light">
    <div class="container">
      <a class="navbar-brand" href="index.html">conduit</a>
      <ul class="nav navbar-nav pull-xs-right">
        <li class="nav-item">
          <!-- Add "active" class when you're on that page -->
          <a class="nav-link active" href="">Home</a>
        </li>
        <li class="nav-item">
          <a class="nav-link" href=""><i class="ion-compose"></i> New Article </a>
        </li>
        <li class="nav-item">
          <a class="nav-link" href=""> <i class="ion-gear-a"></i> Settings </a>
        </li>
        <li class="nav-item">
          <a class="nav-link" href="">Sign in</a>
        </li>
        <li class="nav-item">
          <a class="nav-link" href="">Sign up</a>
        </li>
      </ul>
    </div>
  </nav>

  <footer>
    <div class="container">
      <a href="/" class="logo-font">conduit</a>
      <span class="attribution">
        An interactive learning project from <a href="https://thinkster.io">Thinkster</a>. Code &amp;
        design licensed under MIT.
      </span>
    </div>
  </footer>
</template>
<style scoped></style>
```

4．挂载 Vue 实例

Vue 单页应用的入口文件通常是 src/main.ts，其主要任务是创建 Vue 应用实例，并将其挂载到指定的 DOM 元素上。在挂载 Vue 应用实例时，实际上是将应用实例所包含的根组件渲染出来，并将其插入指定的 DOM 元素中。

将 main.ts 文件进行修改，删除暂时不用的部分，结果如下：

```
import { createApp } from 'vue'
import App from './App.vue'

const app = createApp(App)
app.mount('#app')
```

用户首先使用 createApp 函数创建一个 Vue 应用对象，并将其命名为 app。然后，我们将 App 组件作为根组件传递给该应用对象。最后，我们使用 app.mount('#app')将该应用对象挂载 到 ID 为 app 的 DOM 元素上。这意味着 Vue 应用现在将渲染到这个元素中。

5．验证效果

在项目"realworld-frontend"的根目录下，执行 pnpm dev 命令运行该项目，我们看到的 效果与直接打开 template.html 是一样的。

任务 3　组件化开发之普通组件

组件化开发之普通组件

在本章的任务 2 中，虽然利用 Vue 3 框架实现了 RealWorld 博客项目前端页面的公共部分 展示，但这并不是最佳的实现方式。Vue 框架的一个显著特点是支持组件化开发，这带来了很 多好处，包括以下几点。

● 更高的复用性：组件可以独立使用，也可以嵌套和组合在一起使用，可以在多个地方 进行复用。这样可以大大减少代码重复，提高代码的复用性和可维护性。

● 更好的封装性：每个组件都是一个独立的功能单元，具有完整的功能和状态。通过 对外暴露接口来控制组件的行为和样式，从而实现更好的封装性，减少组件之间的 耦合性。

● 更好的可维护性：组件化开发可以将复杂的应用程序分解为多个小型、独立的组件。 这样可以使应用程序更易于维护和更新，而不会影响其他组件的工作。

● 更好的协作性：不同的开发人员可以分别负责不同的组件开发，组件之间的接口和数 据格式已经明确定义，可以减少开发人员之间的沟通和协调成本。

本任务的目标是将 App.vue 组件中的<nav>...</nav>和<footer>...</footer>元素拆分成两个 组件 AppNavigation 和 AppFooter，并在 App.vue 中导入这两个组件。然后，我们可以使用 <AppNavigation />和<AppFooter />标签来高效地搭建页面，就像搭积木一样简单易行。

像 AppNavigation 和 AppFooter 这样通过自定义标签<AppNavigation />和<AppFooter />显 示的 Vue 组件被称为普通组件。这些组件通常在应用程序的不同部分被重复使用，因此我们 还可以将按钮、输入框、卡片等封装为普通组件。

4.3.1　新建 AppFooter 组件

在"realworld-frontend"项目的 src 文件夹中创建 components 子文件夹，并在其中新建一 个 AppFooter.vue 文件，将 App.vue 文件的<footer>...</footer>搬动到 AppFooter.vue 中：

```
<template>
    <footer>
```

```
            <div class="container">
                <a href="/" class="logo-font">conduit</a>
                <span class="attribution">
                    An interactive learning project from <a href="https://thinkster.io">Thinkster</a>.
Code &amp;
                    design licensed under MIT.
                </span>
            </div>
        </footer>
    </template>
```

这样就得到了 AppFooter 组件。

4.3.2　新建 AppNavigation 组件

在 components 文件夹中再新建一个 AppNavigation.vue 文件，然后将 App.vue 文件的 `<nav>...</nav>`搬动到 AppNavigation.vue 中。

```
    <template>
        <nav class="navbar navbar-light">
            <div class="container">
                <a class="navbar-brand" href="index.html">conduit</a>
                <ul class="nav navbar-nav pull-xs-right">
                    <li class="nav-item">
                        <!-- Add "active" class when you're on that page -->
                        <a class="nav-link active" href="">Home</a>
                    </li>
                    <li class="nav-item">
                        <a class="nav-link" href=""> <i class="ion-compose"></i> New Article </a>
                    </li>
                    <li class="nav-item">
                        <a class="nav-link" href=""> <i class="ion-gear-a"></i> Settings </a>
                    </li>
                    <li class="nav-item">
                        <a class="nav-link" href="">Sign in</a>
                    </li>
                    <li class="nav-item">
                        <a class="nav-link" href="">Sign up</a>
                    </li>
                </ul>
            </div>
        </nav>
    </template>
```

这样就得到了 AppNavigation 组件。

4.3.3　组装组件

在 Vue.js 单页应用中，src/App.vue 作为根组件，是 Vue 应用程序中最外层的容器，即所有其他组件的父容器。为了确保整个应用都能使用 AppFooter 组件和 AppNavigation 组件，我们需要在 App.vue 中导入它们并将它们组装到模板中。

1. 修改 App.vue

改写项目的 App.vue 文件，修改后的内容如下：

```
<template>
  <AppNavigation />
  <AppFooter />
</template>

<script setup lang="ts">
import AppFooter from './components/AppFooter.vue'
import AppNavigation from './components/AppNavigation.vue'
</script>
```

<script>部分使用<script setup>语法来导入组件，这样可以更加高效地编写代码，并且不需要显式地声明组件。在导入组件之后，我们就可以在模板中使用<AppNavigation />和<AppFooter />标签来使用这些组件了，这种组件的复用可以使代码更加简洁和可维护。

2. 验证效果

将所有新建或编辑过的文件进行保存后，项目一般会自动进行热更新，并在浏览器中显示新的内容。如果热更新失败，可以先按 Ctrl+C 键终止 "realworld-frontend" 项目的运行，然后在该项目的根目录下，执行 pnpm dev 命令重新运行该项目。如果一切正常，我们看到的效果应该与本章任务 2 一样。

第 5 章　前 端 路 由

本章导读

本章将介绍前端路由的概念和实践，以及在 RealWorld 项目中如何应用前端路由。通过学习本章内容，读者将深入了解 Vue Router 前端路由的原理和使用方式，并学会在 RealWorld 项目中创建路由组件、设置导航栏链接和使用导航守卫进行路由的权限控制。这些知识将为读者构建功能丰富且用户友好的前端路由系统提供支持。

本章要点

任务 1　认识前端路由
- 区分服务端路由和前端路由的特点和用途。
- Vue 3 框架与路由管理插件 Vue Router 4.x 紧密集成。
- 使用 Vue Router 4.x 来展示前端路由的基本用法。

任务 2　组件化开发之路由组件
- 理解页面级组件和路由组件的概念和用途。
- 创建和使用路由组件实现基于路由的页面切换。

任务 3　用导航栏链接路由组件
- 为导航栏设置链接目标，实现导航到相应的路由组件。
- 使用 RouterLink 组件改写导航组件，并添加判断逻辑实现根据用户登录状态的导航。

任务 4　导航守卫
- 了解导航守卫的概念和作用。
- 学习全局守卫、单个路由独享守卫和组件内守卫的使用方法。
- 综合应用导航守卫实现复杂的路由权限管理。

任务 1　认识前端路由

路由机制是 Web 应用程序的基础之一，它是一种管理应用程序 URL 的技术。在 Web 应用中，路由功能负责将不同的 URL 映射到不同的页面或视图组件，以便用户可以通过单击链接或手动输入 URL 来访问不同的页面。Web 应用中的路由通常是基于 URL 的，这意味着每个页面或视图都有一个唯一的 URL 地址。

路由可以分为服务端路由和前端路由，两者的区别在于映射关系的处理位置和方式不同。

5.1.1　服务端路由

服务端路由是指当客户端向服务器发送 HTTP 请求时，服务器根据请求的 URL 和方法，找到对应的处理函数，并将函数的返回值（通常是 HTML 页面）发送给客户端。服务端路由的优点是可以实现动态页面，缺点是每次请求都需要重新加载整个页面，这不仅增加了服务器负担和网络传输成本，也影响了用户体验。传统的 Web 应用通常采用服务端路由。

5.1.2　前端路由

与服务端路由相反，前端路由可以在前端实现页面切换，不会每次请求都重新加载整个页面，避免了页面闪烁和用户操作流程中断等问题，从而提升了用户的交互体验。

使用前端路由是实现单页应用的一种常见方式，其实现方式是通过监听浏览器的 URL 变化，根据 URL 的不同显示不同的组件或页面内容。通常情况下，前端路由会使用 HTML5 的 History API 或 hash（#）来实现 URL 变化。

Vue Router 是 Vue.js 官方提供的一款用于构建单页应用的路由管理插件，与 Vue.js 紧密集成，是 Vue.js 框架的重要组成部分。

在 Vue.js 中，使用 Vue Router 实现前端路由非常方便，<RouterView />组件负责显示当前路由匹配的组件内容。当用户单击单页应用程序中的链接时，路由器会将 URL 更新为匹配的路由，并且根据路由配置找到匹配的组件。然后，<RouterView />组件会渲染该组件的内容。这样，用户在浏览不同页面时，只会在<RouterView />组件的区域内看到对应的内容，而不会刷新整个页面。

Vue.js 和 Vue Router 是紧密集成的，使用 Vue Router 可以让开发者更加方便地实现前端路由功能，提高了开发效率和用户体验。

需要注意的是，Vue 3 应该配合 Vue Router 4.x 使用。

5.1.3　RealWorld 项目的前端路由

RealWorld 博客的前端路由 URL 及对应页面的主要功能如下。

1. 主页（URL：/#/）
- 显示标签列表。
- 显示从 Feed、全局或标签中获取的文章列表。
- 显示文章列表的分页。
- 用户认证与否都可以进入该页面，但显示有所不同，认证用户将多出一个 Your Feed 选项卡。

2. 登录/注册页面（URL：/#/login，/#/register）
- 获取 JWT（Json Web Token）（将令牌存储在全局状态中并持久化到本地存储，同时设置认证头部）；
- 身份验证可以轻松切换为基于会话/cookie 的身份验证。

3. 设置页面（URL：/#/settings）
- 用户设置页面，允许已经登录的用户更改他们的个人信息和修改密码。
- 需要用户进行身份验证，因此若用户未登录，则会自动重定向到登录页面。

4. 创建文章页面（URL：/#/editor）
- 用于创建文章。
- 包含 publish article 按钮。
- 需要用户进行身份验证，因此若用户未登录，则会自动重定向到登录页面。
5. 编辑文章页面（URL：/#/editor/article-slug-here）
- 用于编辑文章。
- 显示该文章的当前内容，以便用户进行修改。
- 包含 publish article 按钮。
- 需要用户进行身份验证，因此若用户未登录，则会自动重定向到登录页面。
6. 文章详情页面（URL：/#/article/article-slug-here）
- 包含编辑和删除文章按钮（仅显示给文章的作者）。
- 关注和点赞按钮（仅显示给文章作者之外的读者）。
- 包含页面底部的评论部分。
- 包含删除评论按钮（仅显示给评论的作者）。
7. 个人资料页面（URL：/#/profile/:username，/#/profile/:username/favorites）
- 显示基本用户信息。
- 显示从作者创建的文章或作者点赞的文章中填充的文章列表。

5.1.4 基于 Vue Router 的前端路由示例

在 Vue 3 中，前端路由可以通过 Vue Router 库来实现，以下是一个简单的例子。

1. 安装 Vue Router

如果在创建 Vue 3 项目时，没有选择安装 Vue Router，还可以在项目创建成功后，在需要时单独安装 Vue Router：

```
npm install vue-router@4
```

2. 创建路由实例

```
import { createRouter, createWebHashHistory } from 'vue-router'

// 定义路由组件，这里为了简单起见定义为内联组件
const Home = { template: '<div>Home</div>' }
const About = { template: '<div>About</div>' }

// 定义路由配置
const routes = [
  { path: '/', name:'Home', component: Home },
  { path: '/about', name:'About', component: About }
]

// 创建路由实例并导出
export const router = createRouter({
  history: createWebHashHistory(), //使用 hash 模式
  routes //使用路由配置
})
```

这个例子中，我们使用了 createRouter 函数来创建路由实例。createWebHashHistory 函数用来创建一个 hash 模式的路由历史记录管理器，用来管理浏览器历史记录。routes 数组包含了应用的所有路由，每个路由都有一个路径、一个名称和一个组件。

注意：这个示例使用了内联组件，所以要成功运行，需要使用完整版的 vue，方法是在 vite.config.js 文件中 resolve 属性的 alias 子属性中添加一行：'vue': 'vue/dist/vue.esm-bundler.js'.

3. 将路由实例传递给 Vue 应用程序

通常在应用程序的入口文件中将路由对象传递给 Vue 应用程序，代码如下：

```
import { createApp } from 'vue'
import App from './App.vue'
import router from './router'

const app = createApp(App)
app.use(router)
app.mount('#app')
```

这个例子中，我们将创建的路由对象传递给 Vue 应用程序，通过 app.use(router)这一语句来注册路由器。

4. 在组件中使用路由

Vue 3 组件里有以下两种常见的路由导航方式。

（1）声明式导航。在组件模板中，可以使用<router-link>或<RouterLink>来生成链接，两者本质上是一样的；使用<router-view>或<RouterView>来显示组件，两者本质上也是一样的。

```
<template>
  <div>
    <h1>{{ title }}</h1>
    <ul>
      <li><RouterLink to="/">Home</RouterLink></li>
      <li><RouterLink to="/about">About</RouterLink></li>
    </ul>
    <RouterView></RouterView>
  </div>
</template>
```

这个例子中，我们在模板中使用了<RouterLink>组件来生成链接，to 属性指定链接目标路由的路径。<RouterView>组件用来渲染匹配到的组件。

（2）编程式导航。我们还可以在其他元素中设置单击事件，并在单击时触发导航：

```
<template>
  <button @click="routerPush('/')">Go to About</button>
  <button @click="routerPush('/about')">Go to About</button>
</template>

<script setup lang="ts">
import { useRouter } from 'vue-router'
const { push } = useRouter()
function routerPush(path:string) {
  push(path)
}
</script>
```

useRouter 是从 Vue Router 4 开始引入的一个路由钩子函数，它返回一个路由实例对象，该对象包含了当前路由的信息和方法。在这个示例中，我们从路由实例对象解构出 push 方法，然后在 routerPush 函数中使用 push 方法导航到指定的路由路径。

需要注意的是，在使用 useRouter 方法之前，需要确保在 Vue 3 中已经正确安装了 Vue Router 4，并且在创建 Vue 实例之前调用了 createRouter 方法来创建 Vue Router 实例。

任务 2　组件化开发之路由组件

在 Vue.js 中，普通组件通常不与路由相关联，而是在应用程序的各个页面或组件中直接使用。通过<RouterView>动态显示的组件是路由匹配到的组件，它们通常被称为"路由组件"。路由组件与普通组件不同，它可以根据不同的路由地址和参数显示不同的内容。

从 RealWorld 博客官方提供的前端规范中，可以看到整个应用共有 7 个页面：Home、Login、Register、Profile、Settings、Create/Edit Article 和 Article，正好可以对应单页应用的 7 个路由组件。根据官方提供的这 7 个页面的模板，我们先编写 7 个对应的页面级单文件组件。

5.2.1　页面级组件

在项目的 src/components 文件夹中新建这 7 个单文件组件，它们的内容分别如下。

1. Home 组件

```
<template>
<div class="home-page">
  <div class="banner">
    <div class="container">
      <h1 class="logo-font">conduit</h1>
      <p>A place to share your knowledge.</p>
    </div>
  </div>

  <div class="container page">
    <div class="row">
      <div class="col-md-9">
        <div class="feed-toggle">
          <ul class="nav nav-pills outline-active">
            <li class="nav-item">
              <a class="nav-link disabled" href="">Your Feed</a>
            </li>
            <li class="nav-item">
              <a class="nav-link active" href="">Global Feed</a>
            </li>
          </ul>
        </div>

        <div class="article-preview">
```

```html
      <div class="article-meta">
        <a href="profile.html"><img src="http://i.imgur.com/Qr71crq.jpg" /></a>
        <div class="info">
          <a href="" class="author">Eric Simons</a>
          <span class="date">January 20th</span>
        </div>
        <button class="btn btn-outline-primary btn-sm pull-xs-right">
          <i class="ion-heart"></i> 29
        </button>
      </div>
      <a href="" class="preview-link">
        <h1>How to build Webapps that scale</h1>
        <p>This is the description for the post.</p>
        <span>Read more...</span>
      </a>
    </div>

    <div class="article-preview">
      <div class="article-meta">
        <a href="profile.html"><img src="http://i.imgur.com/N4VcUeJ.jpg" /></a>
        <div class="info">
          <a href="" class="author">Albert Pai</a>
          <span class="date">January 20th</span>
        </div>
        <button class="btn btn-outline-primary btn-sm pull-xs-right">
          <i class="ion-heart"></i> 32
        </button>
      </div>
      <a href="" class="preview-link">
        <h1>The song you won't ever stop singing. No matter how hard you try.</h1>
        <p>This is the description for the post.</p>
        <span>Read more...</span>
      </a>
    </div>
  </div>
</div>

<div class="col-md-3">
  <div class="sidebar">
    <p>Popular Tags</p>

    <div class="tag-list">
      <a href="" class="tag-pill tag-default">programming</a>
      <a href="" class="tag-pill tag-default">javascript</a>
      <a href="" class="tag-pill tag-default">emberjs</a>
      <a href="" class="tag-pill tag-default">angularjs</a>
```

```html
                    <a href="" class="tag-pill tag-default">react</a>
                    <a href="" class="tag-pill tag-default">mean</a>
                    <a href="" class="tag-pill tag-default">node</a>
                    <a href="" class="tag-pill tag-default">rails</a>
                </div>
            </div>
        </div>
      </div>
    </div>
  </template>

  <script setup lang="ts"></script>
  <style scoped></style>
```

2. Login 组件

```html
  <template>
  <div class="auth-page">
    <div class="container page">
      <div class="row">
        <div class="col-md-6 offset-md-3 col-xs-12">
          <h1 class="text-xs-center">Sign up</h1>
          <p class="text-xs-center">
            <a href="">Need an account?</a>
          </p>

          <ul class="error-messages">
            <li>email or password is invalid</li>
          </ul>

          <form>
            <fieldset class="form-group">
              <input class="form-control form-control-lg" type="text" placeholder="Email" />
            </fieldset>
            <fieldset class="form-group">
              <input class="form-control form-control-lg" type="password" placeholder="Password" />
            </fieldset>
            <button class="btn btn-lg btn-primary pull-xs-right">Sign in</button>
          </form>
        </div>
      </div>
    </div>
  </div>
  </template>

  <script setup lang="ts"></script>
  <style scoped></style>
```

3. Register 组件

```
<template>
<div class="auth-page">
  <div class="container page">
    <div class="row">
      <div class="col-md-6 offset-md-3 col-xs-12">
        <h1 class="text-xs-center">Sign up</h1>
        <p class="text-xs-center">
          <a href="">Have an account?</a>
        </p>

        <ul class="error-messages">
          <li>That email is already taken</li>
        </ul>

        <form>
          <fieldset class="form-group">
            <input class="form-control form-control-lg" type="text" placeholder="Your Name" />
          </fieldset>
          <fieldset class="form-group">
            <input class="form-control form-control-lg" type="text" placeholder="Email" />
          </fieldset>
          <fieldset class="form-group">
            <input class="form-control form-control-lg" type="password" placeholder="Password" />
          </fieldset>
          <button class="btn btn-lg btn-primary pull-xs-right">Sign up</button>
        </form>
      </div>
    </div>
  </div>
</div>
</template>

<script setup lang="ts"></script>
<style scoped></style>
```

4. Profile 组件

```
<template>
<div class="profile-page">
  <div class="user-info">
    <div class="container">
      <div class="row">
        <div class="col-xs-12 col-md-10 offset-md-1">
          <img src="http://i.imgur.com/Qr71crq.jpg" class="user-img" />
          <h4>Eric Simons</h4>
          <p>
            Cofounder @GoThinkster, lived in Aol's HQ for a few months, kinda looks like Peeta from
```

```
                    the Hunger Games
                </p>
                <button class="btn btn-sm btn-outline-secondary action-btn">
                    <i class="ion-plus-round"></i>
                      Follow Eric Simons
                </button>
            </div>
        </div>
    </div>
</div>

<div class="container">
    <div class="row">
        <div class="col-xs-12 col-md-10 offset-md-1">
            <div class="articles-toggle">
                <ul class="nav nav-pills outline-active">
                    <li class="nav-item">
                        <a class="nav-link active" href="">My Articles</a>
                    </li>
                    <li class="nav-item">
                        <a class="nav-link" href="">Favorited Articles</a>
                    </li>
                </ul>
            </div>

            <div class="article-preview">
                <div class="article-meta">
                    <a href=""><img src="http://i.imgur.com/Qr71crq.jpg" /></a>
                    <div class="info">
                        <a href="" class="author">Eric Simons</a>
                        <span class="date">January 20th</span>
                    </div>
                    <button class="btn btn-outline-primary btn-sm pull-xs-right">
                        <i class="ion-heart"></i> 29
                    </button>
                </div>
                <a href="" class="preview-link">
                    <h1>How to build Webapps that scale</h1>
                    <p>This is the description for the post.</p>
                    <span>Read more...</span>
                </a>
            </div>

            <div class="article-preview">
                <div class="article-meta">
                    <a href=""><img src="http://i.imgur.com/N4VcUeJ.jpg" /></a>
```

```
        <div class="info">
            <a href="" class="author">Albert Pai</a>
            <span class="date">January 20th</span>
        </div>
        <button class="btn btn-outline-primary btn-sm pull-xs-right">
            <i class="ion-heart"></i> 32
        </button>
    </div>
    <a href="" class="preview-link">
        <h1>The song you won't ever stop singing. No matter how hard you try.</h1>
        <p>This is the description for the post.</p>
        <span>Read more...</span>
        <ul class="tag-list">
            <li class="tag-default tag-pill tag-outline">Music</li>
            <li class="tag-default tag-pill tag-outline">Song</li>
        </ul>
    </a>
  </div>
 </div>
 </div>
</div>
</template>

<script setup lang="ts"></script>
<style scoped></style>
```

5.　Settings 组件

```
<template>
<div class="settings-page">
  <div class="container page">
    <div class="row">
      <div class="col-md-6 offset-md-3 col-xs-12">
        <h1 class="text-xs-center">Your Settings</h1>

        <form>
          <fieldset>
            <fieldset class="form-group">
              <input class="form-control" type="text" placeholder="URL of profile picture" />
            </fieldset>
            <fieldset class="form-group">
              <input class="form-control form-control-lg" type="text" placeholder="Your Name" />
            </fieldset>
            <fieldset class="form-group">
              <textarea
                class="form-control form-control-lg"
                rows="8"
```

```
                    placeholder="Short bio about you"
                  ></textarea>
               </fieldset>
               <fieldset class="form-group">
                 <input class="form-control form-control-lg" type="text" placeholder="Email" />
               </fieldset>
               <fieldset class="form-group">
                 <input class="form-control form-control-lg" type="password" placeholder="Password" />
               </fieldset>
               <button class="btn btn-lg btn-primary pull-xs-right">Update Settings</button>
             </fieldset>
           </form>
           <hr />
           <button class="btn btn-outline-danger">Or click here to logout.</button>
         </div>
       </div>
     </div>
   </div>
 </template>

 <script setup lang="ts"></script>
 <style scoped></style>
```

6. Edit Article 组件（对应 Create/Edit Article 页面）

```
   <template>
   <div class="editor-page">
     <div class="container page">
       <div class="row">
         <div class="col-md-10 offset-md-1 col-xs-12">
           <form>
             <fieldset>
               <fieldset class="form-group">
                 <input type="text" class="form-control form-control-lg" placeholder="Article Title" />
               </fieldset>
               <fieldset class="form-group">
                 <input type="text" class="form-control" placeholder="What's this article about?" />
               </fieldset>
               <fieldset class="form-group">
                 <textarea
                   class="form-control"
                   rows="8"
                   placeholder="Write your article (in markdown)"
                 ></textarea>
               </fieldset>
               <fieldset class="form-group">
                 <input type="text" class="form-control" placeholder="Enter tags" />
                 <div class="tag-list"></div>
```

```
                        </fieldset>
                        <button class="btn btn-lg pull-xs-right btn-primary" type="button">
                            Publish Article
                        </button>
                    </fieldset>
                </form>
            </div>
        </div>
    </div>
</div>
</template>


<script setup lang="ts"></script>
<style scoped></style>
```

7. Article 组件

```
<template>
<div class="article-page">
    <div class="banner">
        <div class="container">
            <h1>How to build Webapps that scale</h1>

            <div class="article-meta">
                <a href=""><img src="http://i.imgur.com/Qr71crq.jpg" /></a>
                <div class="info">
                    <a href="" class="author">Eric Simons</a>
                    <span class="date">January 20th</span>
                </div>
                <button class="btn btn-sm btn-outline-secondary">
                    <i class="ion-plus-round"></i>
                      Follow Eric Simons <span class="counter">(10)</span>
                </button>
                  
                <button class="btn btn-sm btn-outline-primary">
                    <i class="ion-heart"></i>
                      Favorite Post <span class="counter">(29)</span>
                </button>
            </div>
        </div>
    </div>

    <div class="container page">
        <div class="row article-content">
            <div class="col-md-12">
                <p>
                    Web development technologies have evolved at an incredible clip over the past few years.
                </p>
```

```html
            <h2 id="introducing-ionic">Introducing RealWorld.</h2>
            <p>It's a great solution for learning how other frameworks work.</p>
          </div>
        </div>
        <hr />
        <div class="article-actions">
          <div class="article-meta">
            <a href="profile.html"><img src="http://i.imgur.com/Qr71crq.jpg" /></a>
            <div class="info">
              <a href="" class="author">Eric Simons</a>
              <span class="date">January 20th</span>
            </div>
            <button class="btn btn-sm btn-outline-secondary">
              <i class="ion-plus-round"></i>
                Follow Eric Simons
            </button>
             
            <button class="btn btn-sm btn-outline-primary">
              <i class="ion-heart"></i>
                Favorite Post <span class="counter">(29)</span>
            </button>
          </div>
        </div>
        <div class="row">
          <div class="col-xs-12 col-md-8 offset-md-2">
            <form class="card comment-form">
              <div class="card-block">
                <textarea class="form-control" placeholder="Write a comment..." rows="3"></textarea>
              </div>
              <div class="card-footer">
                <img src="http://i.imgur.com/Qr71crq.jpg" class="comment-author-img" />
                <button class="btn btn-sm btn-primary">Post Comment</button>
              </div>
            </form>
            <div class="card">
              <div class="card-block">
                <p class="card-text">
                  With supporting text below as a natural lead-in to additional content.
                </p>
              </div>
              <div class="card-footer">
                <a href="" class="comment-author">
                  <img src="http://i.imgur.com/Qr71crq.jpg" class="comment-author-img" />
                </a>
                 
                <a href="" class="comment-author">Jacob Schmidt</a>
```

```
          <span class="date-posted">Dec 29th</span>
        </div>
      </div>
      <div class="card">
        <div class="card-block">
          <p class="card-text">
            With supporting text below as a natural lead-in to additional content.
          </p>
        </div>
        <div class="card-footer">
          <a href="" class="comment-author">
            <img src="http://i.imgur.com/Qr71crq.jpg" class="comment-author-img" />
          </a>
           
          <a href="" class="comment-author">Jacob Schmidt</a>
          <span class="date-posted">Dec 29th</span>
          <span class="mod-options">
            <i class="ion-edit"></i>
            <i class="ion-trash-a"></i>
          </span>
        </div>
      </div>
    </div>
  </div>
</div>
</template>

<script setup lang="ts"></script>
<style scoped></style>
```

5.2.2 路由组件

到目前为止，我们创建的上述 7 个组件仅仅是单文件组件而已，要让它们成为路由组件，还需要进行注册。

1. 创建路由实例

在项目的 src 文件夹中新建 router.ts 文件，在其中创建路由实例 router 并导出，完整代码如下：

```
import { createRouter, createWebHashHistory } from 'vue-router'
import type { RouteParams, RouteRecordRaw } from 'vue-router'
import Home from './pages/Home.vue'
// import { isAuthorized } from './store/user'
//这里暂时硬编码，等实现了登录功能后再从全局状态库中动态获取
// true:已登录   false:未登录
const isAuthorized = () => false
export type AppRouteNames =
```

```
            | 'global-feed'
            | 'my-feed'
            | 'tag'
            | 'article'
            | 'create-article'
            | 'edit-article'
            | 'login'
            | 'register'
            | 'profile'
            | 'profile-favorites'
            | 'settings'
    export const routes: RouteRecordRaw[] = [
      {
        name: 'global-feed',
        path: '/',
        component: Home,
      },
      {
        name: 'my-feed',
        path: '/my-feeds',
        component: Home,
      },
      {
        name: 'tag',
        path: '/tag/:tag',
        component: Home,
      },
      {
        name: 'article',
        path: '/article/:slug',
        component: () => import('./pages/Article.vue'),
      },
      {
        name: 'edit-article',
        path: '/article/:slug/edit',
        component: () => import('./pages/EditArticle.vue'),
      },
      {
        name: 'create-article',
        path: '/article/create',
        component: () => import('./pages/EditArticle.vue'),
      },
      {
        name: 'login',
        path: '/login',
```

```
      component: () => import('./pages/Login.vue'),
      // 路由独享守卫，防止已登录用户再次进入登录页面
      beforeEnter: () => !isAuthorized(),
    },
    {
      name: 'register',
      path: '/register',
      component: () => import('./pages/Register.vue'),
      // 路由独享守卫，防止已登录用户进入注册页面
      beforeEnter: () => !isAuthorized(),
    },
    {
      name: 'profile',
      path: '/profile/:username',
      component: () => import('./pages/Profile.vue'),
    },
    {
      name: 'profile-favorites',
      path: '/profile/:username/favorites',
      component: () => import('./pages/Profile.vue'),
    },
    {
      name: 'settings',
      path: '/settings',
      component: () => import('./pages/Settings.vue'),
    },
  ]
  export const router = createRouter({
    history: createWebHashHistory(),
    routes,
  })
  export function routerPush (name: AppRouteNames, params?: RouteParams): ReturnType<typeof
  router.push> {
    return params !== undefined
      ? router.push({
        name,
        params,
      })
      : router.push({ name })
  }
```

　　在上面的代码中，我们创建了一个新的路由实例 router，并且定义了 11 个路由。同一个组件可能会对应多个路径，比如：当用户访问/、/my-feeds 或/tag/:tag 路径时，会加载 Home 组件；当用户访问/article/:slug/edit 或/article/create 路径时，会加载 EditArticle 组件；当用户访问/profile/:username 或/profile/:username/favorites 路径时，会加载 Profile 组件。

　　这里还用 TypeScript 的 type 关键字为所有路由名称构成的联合类型定义一个新的别名

AppRouteNames，除了供本模块的 routePush 函数中使用，还同时用 export 导出，在其他模块中也可以导入使用。

这段代码还定义并导出了一个名为 routerPush 的函数，它的作用是封装了 Vue Router 的 router.push 方法，用于实现路由的跳转。该函数的第一个参数是路由名称，可以是枚举类型 AppRouteNames 中的一个，指定要跳转到哪个路由，第二个参数 params 是一个可选的对象，用于指定路由中的参数。如果第二个参数被提供了，routerPush 会使用路由参数来跳转到指定的路由；否则，它会跳转到指定的路由名称，并且不带参数。这样，开发者可以在应用程序的各个地方使用 routerPush 函数跳转到不同的路由，并且可以根据需要传递参数。该函数返回值的类型是 router.push 方法的返回值类型，用于在代码中进行类型推断。

2. 在 Vue 实例中注册路由功能

用 Vue 3+Vite 开发的单页应用中，程序入口是 main.ts 文件，因此应该在 main.ts 中添加注册路由功能，以便在整个应用程序中都可以使用。

```
import { createApp } from 'vue'
import App from './App.vue'
import { router } from './router'
//import registerGlobalComponents from '@/plugins/global-components'


const app = createApp(App)
//registerGlobalComponents(app)
app.use(router)
app.mount('#app')
```

在 Vue 3 中，app 是应用程序的根实例，而 router 是 Vue Router 的实例。通过调用 app.use(router)可以让 app 使用 router，相当于将路由实例安装到 Vue 实例中。

3. 渲染路由组件

修改 src/App.vue，在根组件 App.vue 中添加<RouterView />标签。当浏览器地址栏的路径发生变化时，与之关联的组件将被渲染到<RouterView />标签所在的位置，从而实现页面的局部动态刷新。

```
<template>
  <AppNavigation />
  <RouterView />
  <AppFooter />
</template>

<script setup lang="ts">
import AppFooter from './components/AppFooter.vue'
import AppNavigation from './components/AppNavigation.vue'
</script>
```

注意添加的位置在<AppNavigation />和<AppFooter />之间。

修改后保存 App.vue 文件，如果项目已经处于运行状态，页面会自动刷新，否则用 npm run dev 或 pnpm dev 重新运行项目。

博客首页的 URL 为 http://localhost:5173/#/，显示效果如图 5-1 所示。

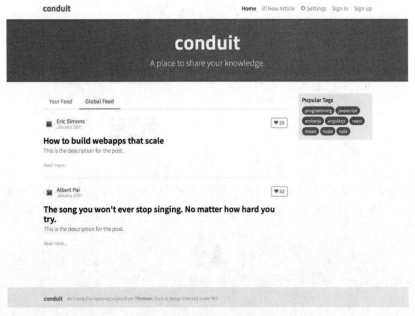

图 5-1　动态显示的博客首页

经过以上步骤后，路由文件 router.ts 就生效了。

4．测试路由组件

现在我们手动改写浏览器地址栏的路径，进一步测试路由组件的渲染情况。

（1）Home 组件。刚才我们已经看到，当 url 的路径为/时，Home 组件被正确渲染出来了。现在我们手动修改浏览器地址栏的路径，分别改为/my-feeds 和/tag/1 并按 Enter 键，如果都能看到与图 5-1 相同的页面，就说明 Home 组件的路由设置正确。

（2）Register 组件。手动修改浏览器地址栏的路径为/register 并按 Enter 键，如果看到图 5-2 所示的页面，说明 Register 组件的路由设置正确。

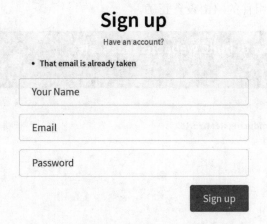

图 5-2　动态显示的 Register 组件

（3）Login 组件。手动修改浏览器地址栏的路径为/login 并按 Enter 键，如果看到图 5-3 所示的页面，说明 Login 组件的路由设置正确。

图 5-3　动态显示的 Login 组件

（4）Profile 组件。手动修改浏览器地址栏的路径，分别改为/profile/zs 和/profile/zs/favorites 并按 Enter 键，如果看到图 5-4 所示的页面，说明 Profile 组件的路由设置正确。

图 5-4　动态显示的 Profile 组件

（5）Article 组件。手动修改浏览器地址栏的路径为/article/1 并路径，如果看到图 5-5 所示的页面，说明 Article 组件的路由设置正确。

图 5-5　动态显示的 Article 组件

（6）EditArticle 组件。手动修改浏览器地址栏的路径，分别改为/article/1/edit 和/article/create 并按 Enter 键，如果看到图 5-6 所示的界面，说明 EditArticle 组件的路由设置正确。

Article Title

What's this article about?

Write your article (in markdown)

Enter tags

Publish Article

图 5-6　动态显示的 EditArticle 组件

（7）Settings 组件。手动修改浏览器地址栏的路径为/settings 并按 Enter 键，如果看到图 5-7 所示的页面，说明 Settings 组件的路由设置正确。

Your Settings

URL of profile picture

Your Name

Short bio about you

Email

Password

Update Settings

Or click here to logout.

图 5-7　动态显示的 Settings 组件

用导航栏链接路由组件

任务3　用导航栏链接路由组件

在第 4 章任务 3 中，我们新建了 AppNavigation 组件，这个组件的每个链接都是用 <a href=""></a>创建的，但是导航栏右边 5 个链接的 href 属性值都为空字符串，因此单击链接时页面不会跳转。

5.3.1　为导航栏设置链接目标

为了让导航栏起到导航的作用，需要对这些 a 标签的 href 属性设置对应的属性值，修改完成后的 AppNavigation.vue 如下：

```
<template>
  <nav class="navbar navbar-light">
    <div class="container">
      <a class="navbar-brand" href="#/">conduit</a>
      <ul class="nav navbar-nav pull-xs-right">
        <li class="nav-item">
          <!-- Add "active" class when you're on that page" -->
          <a class="nav-link active" href="#/">Home</a>
        </li>
        <li class="nav-item">
          <a class="nav-link" href="#/article/create">
<i class="ion-compose"></i> New Article
</a>
        </li>
        <li class="nav-item">
          <a class="nav-link" href="#/settings">
              <i class="ion-gear-a"></i> Settings
          </a>
        </li>
        <li class="nav-item">
          <a class="nav-link" href="#/login">Sign in</a>
        </li>
        <li class="nav-item">
          <a class="nav-link" href="#/register">Sign up</a>
        </li>
      </ul>
    </div>
  </nav>
</template>

<script setup lang="ts"></script>
<style scoped></style>
```

注意 href 属性值的写法，要以#/或/#/开头。

保存修改后，再次单击导航栏左边的"Conduit"和右边的 5 个链接进行测试，正常情况下页面应该能正确刷新。

5.3.2　用 RouterLink 改写导航组件

在 AppNavigation 组件中，大量使用了<a>标签，在网页中单击未经 Vue Router 处理的<a>标签时，会导致整个页面的重新加载，影响了用户体验和性能。

将<a>标签改为 RouterLink 可以避免单击链接时整个页面刷新的问题。与<a>标签相比，

RouterLink 还具有以下优点。

- 可以根据路由状态自动添加/移除激活的 CSS 类名，从而使页面样式更加统一和美观。
- 可以通过 router-link-active 类名自动设置激活状态，无须手动设置 class 属性。
- 可以通过 props 方便地传递参数，如查询参数、哈希值等，支持动态路由，使开发者能够更加方便地操作路由。
- 可以使用插槽或属性来自定义链接的样式或内容。这样可以增加链接的可读性和美观性。

1. RouterLink 是什么

RouterLink 是 Vue Router 提供的一个全局组件，实现了以标签形式跳转路由的功能。在 Vue Router 中，RouterLink 实际上也被渲染为<a>标签，但是它在内部使用 JavaScript 处理单击事件，同时通过阻止默认事件来避免整个页面的刷新。

具体来说，RouterLink 使用浏览器提供的 history API 或 hashchange 事件，并使用 Vue Router 提供的 push 方法或 replace 方法来更新浏览器的 URL。同时，它也阻止了浏览器默认的跳转行为，将 URL 中的路径传递给 Vue Router 进行路由匹配和视图渲染，从而实现单页应用的效果。

2. RouterLink 的基本用法

to 属性用于指定链接的目标路径。to 属性的值可以是一个字符串或一个包含路由信息的对象。

如果 to 的值是一个字符串，它应该是链接的目标路由路径，例如：

```
<template>
    <RouterLink to="/about">About</RouterLink>
</template>
```

在上面的示例中，单击链接时，应用程序将导航到具有/about 路径的路由。

如果 to 的值是一个对象，那么这个对象应该包含目标路径的路由信息，并且应该使用:to 语法，例如：

```
<!-- 命名路由-->
<RouterLink :to="{ name: 'user', params: { userId: 123 }}">User Profile</RouterLink>
```

在上面的示例中，我们使用命名路由'user' 并传递路由参数{ userId: 123 }，这将导航到具有 /user/123 路径的路由。

我们还可以动态生成链接：

```
<!-- 带有路由参数的路径 -->
<RouterLink :to="'/users/'+user.id">User {{ user.id }}</RouterLink>
```

在上面的示例中，我们将路由参数与字符串连接，以动态生成链接。

3. 用 RouterLink 改写导航栏

打开导航组件 AppNavigation.vue，将其中所有的<a>标签都改为<RouterLink>，同时将 href 属性名改为 to，to 的属性值有两种常见写法：字符串形式的路径和对象形式的命名路由。

（1）字符串形式的路径。用字符串形式的路径改写后的<RouterLink>：

```
<!-- 字符串的 path 写法 -->
<RouterLink to="/" class="navbar-brand">conduit</RouterLink>
<RouterLink to="/" class="nav-link" exact-active-class="active">Home</RouterLink>
```

```
<RouterLink to="/article/editor" class="nav-link">
    <i class="ion-compose"></i> New Article
</RouterLink>
<RouterLink to="/settings" class="nav-link">
    <i class="ion-gear-a"></i> Settings
</RouterLink>
<RouterLink to="/profile/gaspar" class="nav-link">{{ username }}</RouterLink>
<RouterLink to="/login" class="nav-link">Sign in</RouterLink>
<RouterLink to="/register" class="nav-link">Sign up</RouterLink>
```

注意 to 属性值的写法，无须像<a>标签的 href 属性值那样需要加上#号，因此更加简单和自然。经过改写后，导航组件 AppNavigation 的显示效果与之前相同。

（2）对象形式的命名路由。用命名路由改写后的<RouterLink>：

```
<!-- 命名路由的写法  -->
<RouterLink :to="{name:'global-feed'}" class="navbar-brand">conduit</RouterLink>
<RouterLink :to="{name:'my-feed'}" class="nav-link" exact-active-class="active">Home</RouterLink>
<RouterLink :to="{name:'create-article'}" class="nav-link">
    <i class="ion-compose"></i> New Article
</RouterLink>
<RouterLink :to="{name:'settings'}" class="nav-link">
    <i class="ion-gear-a"></i> Settings
</RouterLink>
<RouterLink :to="{name:'profile',params:{username:'gaspar08'}}" class="nav-link">
    {{ username }}
</RouterLink>
<RouterLink :to="{name:'login'}" class="nav-link">Sign in</RouterLink>
<RouterLink :to="{name:'register'}" class="nav-link">Sign up</RouterLink>
```

（3）两种写法的对比。这两种写法在功能上是相同的，都可以实现路由跳转，不过在具体使用时，它们有以下区别。

- 路径的写法：使用路径的写法可以直接将目标路由的路径作为字符串传递给 to 属性。这种方式在简单场景下非常方便，但在复杂的应用程序中，若路由路径被修改，则需要手动更新所有使用该路径的<RouterLink>标签。
- 命名路由的写法：使用命名路由的写法可以将目标路由的名称作为 JavaScript 对象的属性名传递给 to 属性。这种方式可以避免使用硬编码的路由路径，并且使代码更具可读性。此外，若路由路径被修改，则只需要更新路由配置对象中的路由路径，而不需要修改使用该路由的所有<RouterLink>标签。

总之，使用命名路由的写法比使用路径的写法更具可读性和可维护性。在复杂的应用程序中，推荐使用命名路由的写法。

至此，我们已经可以使用<RouterLink>和<RouterView />组件来创建链接和显示路由组件，甚至可以使用 router.push()、router.replace()等方法实现更加灵活的编程式导航，在组件内部根据不同的条件来动态地进行跳转。

5.3.3 为导航组件添加判断逻辑

在实际的应用中，导航栏右边这 5 个超链接会随着页面的不同和用户是否登录而发生变化。例如，用户没有登录时，导航栏是图 5-8 所示的样子，但是当用户注册或登录成功后，导航栏应该变成图 5-9 所示的样子。

conduit　　　　　　　　　　　　　　　　　　　Home　Sign in　Sign up

图 5-8　用户未登录时的导航栏

conduit　　　　　　　　　　　　Home　☑ New Article　⚙ Settings　gaspar

图 5-9　用户登录后的导航栏

为此，我们可以给导航组件 AppNavigation 添加登录状态，并据此对链接进行条件渲染，改写后的代码如下：

```
<template>
  <nav class="navbar navbar-light">
    <div class="container">
      <RouterLink :to="{ name: 'global-feed' }" class="navbar-brand">conduit</RouterLink>
      <ul class="nav navbar-nav pull-xs-right">
        <li class="nav-item">
          <RouterLink :to="{ name: 'my-feed' }"
                      class="nav-link" exact-active-class="active">
            Home
          </RouterLink>
        </li>
        <template v-if="isLoggedIn">
          <li class="nav-item">
            <RouterLink :to="{ name: 'create-article' }" class="nav-link">
              <i class="ion-compose"></i> New Article
            </RouterLink>
          </li>
          <li class="nav-item">
            <RouterLink :to="{ name: 'settings' }" class="nav-link">
              <i class="ion-gear-a"></i> Settings
            </RouterLink>
          </li>
          <li class="nav-item">
            <RouterLink :to="{ name: 'profile', params: { username: 'gaspar08' } }"
                class="nav-link">
              {{ username }}
            </RouterLink>
          </li>
        </template>
        <template v-else>
          <li class="nav-item">
            <RouterLink :to="{ name: 'login' }" class="nav-link">Sign in</RouterLink>
          </li>
          <li class="nav-item">
```

```
                <RouterLink :to="{ name: 'register' }" class="nav-link">Sign up</RouterLink>
            </li>
        </template>
    </ul>
</div>
</nav>
</template>
<script setup lang="ts">
let isLoggedIn = false
let username = ''
</script>
<style scoped></style>
```

在 JavaScript 脚本里定义了一个变量 isLoggedIn 来记录登录状态,其值为 false 时表示未登录;定义了一个变量 username,记录登录用户的名字,未登录时为空字符串。这个组件渲染的结果跟图 5-8 一样。

接着,我们改变一下组件的登录状态,修改上述两个变量:

```
let isLoggedIn = true
let username = 'gaspar'
```

导航组件渲染的结果与图 5-9 一致。

任务 4   导航守卫

导航守卫

Vue Router 提供的导航守卫可以用来让我们在导航发生之前或之后执行一些逻辑,并通过跳转或取消的方式守卫导航。导航守卫有 3 种类型:全局守卫、单个路由独享守卫和组件内守卫。

5.4.1   全局守卫

全局守卫是指在每次路由切换时都会触发的守卫,可以用来做一些权限验证或数据预加载等操作。全局守卫有 3 个钩子函数:beforeEach、beforeResolve 和 afterEach。

beforeEach 是在导航被确认之前执行的,可以用来拦截或重定向导航。

beforeResolve 是在导航被确认之后,但是在组件被解析之前执行的,可以用来修改导航参数或添加额外的逻辑。

afterEach 是在导航完成之后执行的,可以用来做一些清理工作或统计分析等。

在 Vue 3 中使用全局守卫,可以在创建 Router 对象时调用 beforeEach、beforeResolve 和 afterEach 函数来注册全局守卫。

下面以全局前置守卫为例说明 Vue Router 4 的全局守卫的用法:

```
// 示例 1
import { createRouter, createWebHashHistory } from "vue-router"
import type {
    RouteLocationNormalized,
    NavigationGuardNext,
    RouteRecordRaw,
```

```
} from "vue-router"
import Home from "@/views/Home.vue"
import About from "@/views/About.vue"
import Login from "@/views/Login.vue"

let isAuthenticated = true
// true：已经通过身份验证    false：未通过身份验证
const routes: RouteRecordRaw[] = [
    {
        path: "/",
        name: "Home",
        component: Home,
    },
    {
        path: "/about",
        name: "About",
        component: About,
        meta: {
            requiresAuth: true,
        },
    },
    {
        path: "/login",
        name: "Login",
        component: Login,
    },
]

const router = createRouter({
    history: createWebHashHistory(),
    routes,
})

router.beforeEach(
    (
        to: RouteLocationNormalized,
        from: RouteLocationNormalized,
        next: NavigationGuardNext
    ) => {
        if (to.meta.requiresAuth) {
            if (isAuthenticated) {
                next()
            } else {
                next("/login") //重定向到登录页
            }
        } else {
```

```
        next() // 不需要身份验证，直接放行
      }
    }
)

export default router
```

在这个程序中，定义了一个 RouteRecordRaw 类型的数组 routes，其中包含两个具有不同路由路径、名称、组件和 meta 属性的对象，用于描述应用程序的不同路由页面。然后，这个 routes 数组被传递给 createRouter 方法的 routes 选项。

beforeEach 的回调函数有 3 个参数，其意义如下。

- to：即将要进入的目标路由对象。
- from：正要离开的当前路由对象。
- next：调用该方法才能进入下一个钩子，否则路由会被中断或跳转被取消。

在本例中，若 to 路由的元信息中不包含 requiresAuth 属性，则直接调用 next 方法进行放行；否则需要判断用户是否已经通过身份验证，通过的话就放行，否则重定向到登录页。

需要注意的是，beforeEach 和 beforeResolve 中，如果不调用 next 方法，路由将被阻止。而 afterEach 中，即使不调用 next，路由也将继续正常执行。

5.4.2　单个路由独享守卫

单个路由独享守卫是指在某个路由配置中定义的守卫，只会在该路由被匹配时触发。单个路由独享守卫有两个钩子函数：beforeEnter 和 beforeUpdate。

- beforeEnter 是在进入该路由之前执行的，可以用来做一些验证或者重定向等操作。
- beforeUpdate 是在该路由的参数或查询发生变化时执行的，可以用来做一些响应式的更新或数据获取等操作。

下面以单个路由独享守卫的 beforeEnter 为例说明 Vue Router 4 的单个路由独享守卫的用法：

```
// 示例 2
import { createRouter, createWebHashHistory } from "vue-router"
import type {
  RouteLocationNormalized,
  NavigationGuardNext,
  RouteRecordRaw,
} from "vue-router"
import Home from "@/views/Home.vue"
import About from "@/views/About.vue"
import Login from "@/views/Login.vue"

let isAuthenticated = true
// ture：已经通过身份验证    false：未通过身份验证
const routes: RouteRecordRaw[] = [
  {
    path: "/",
    name: "Home",
    component: Home,
```

```
    beforeEnter(
      to: RouteLocationNormalized,
      from: RouteLocationNormalized,
      next: NavigationGuardNext
    ) {
      console.log("beforeEnter Home")
      next()
    },
  },
  {
    path: "/about",
    name: "About",
    component: About,
    beforeEnter(
      to: RouteLocationNormalized,
      from: RouteLocationNormalized,
      next: NavigationGuardNext
    ) {
      console.log("beforeEnter About")
      if (isAuthenticated) {
        next()
      } else {
        next("/login") //重定向到登录页
      }
    },
  },
  {
    path: "/login",
    name: "Login",
    component: Login,
    beforeEnter(
      to: RouteLocationNormalized,
      from: RouteLocationNormalized,
      next: NavigationGuardNext
    ) {
      console.log("beforeEnter Login")
      next()
    },
  },
]

const router = createRouter({
  history: createWebHashHistory(),
  routes,
})

export default router
```

在这个程序的 About 路由中，进入 beforeEnter 的回调函数后，将判断当前用户是否已经通过身份验证。如果已经通过身份验证，就调用 next 方法进行放行，否则通过 next('/login')方法重定向到登录页。

5.4.3　组件内守卫

组件内守卫是指在某个路由组件中定义的守卫。

在<script setup>中定义组件时，可以使用 onBeforeRouteUpdate 和 onBeforeRouteLeave 方法来实现组件内导航守卫。它们只会在复用或离开该组件时触发。

例如，在一个 Vue Router 路由配置中，定义了一个名为 Blog 的组件，在这个组件内部定义了 onBeforeRouteUpdate 方法，当复用该组件时会触发该方法：

```
<script setup lang="ts">
import { onBeforeRouteUpdate } from 'vue-router'

// 在当前路由改变，且该组件被复用时触发。以"/blog/:slug"为例：
// 当路由从"/blog/1"变为"/blog/2"时，该组件会被复用。
onBeforeRouteUpdate((to, from, next) => {
  // 您的组件内导航守卫逻辑
  next()
})
</script>
```

类似地，如果要使用 onBeforeRouteLeave 方法，可以这样写：

```
<script setup lang="ts">
import { onBeforeRouteLeave } from 'vue-router'

onBeforeRouteLeave((to, from, next) => {
  // 您的组件内导航守卫逻辑
  next()
})
</script>
```

5.4.4　综合应用

1. 案例

在某个基于 Vue 3 的前端项目中，其导航守卫只采用了如示例 1 或示例 2 那样的守卫方式，这样会有一个问题：没有判断用户是否已经登录，直接放行了进入登录页面的请求，因此会出现已认证用户可以再次进入登录页的不合理现象。

2. 解决方案

方案 1：调整示例 1 的全局守卫，让已认证用户在访问登录页时被重定向到首页

可以为示例 1 添加一个特殊的路由元信息，表示登录页需要被保护，不能在已经登录的情况下再次访问，具体实现方法如下。

在路由定义中，添加一个名为 onlyGuest 的 meta 属性，表示只有未登录用户才能访问该页面：

```
    {
        path: "/login",
        name: "Login",
        component: Login,
        meta: {
            onlyGuest: true
        }
    },
```

然后在全局守卫中进行判断，若已经登录且访问的是登录页，则重定向到首页：

```
router.beforeEach((to, from, next) => {
    if (to.meta.requiresAuth && !isAuthenticated) {
        next('/login') // 需要身份验证且未进行身份认证，重定向到登录页
    }
    if (to.meta.onlyGuest && isAuthenticated) {
        next('/') // 已登录用户访问登录页，重定向到首页
    }
    next() // 不属于上述两种情况的，直接放行
})
```

方案 2：调整示例 2 的单个路由独享守卫，让已认证用户在访问登录页时被重定向到首页

在示例 2 中 Login 独享守卫的 beforeEnter 方法中加上判断逻辑，判断当前用户是否已经登录，若已经登录，则直接重定向到首页，代码如下：

```
    {
        path: "/login",
        name: "Login",
        component: Login,
        beforeEnter(to, from, next) {
            console.log("beforeEnter Login")
            if (isAuthenticated) {
                next("/") // 重定向到首页
            }
            next() // 放行到登录页
        },
    },
```

这样，当用户已经登录认证时，再次进入登录页面就会被直接重定向到首页，不再显示登录页面。

第 6 章　链　接　组　件

本章导读

本章将介绍如何创建自定义链接组件,并在 RealWorld 博客项目中使用它们。通过学习本章内容,读者将了解链接组件的重要性和灵活性,并掌握如何自定义全局链接组件和在导航组件中使用它。这些知识将帮助读者构建统一和可定制的链接组件,提升用户导航的体验和效果。

本章要点

任务 1　自定义全局链接组件 AppLink
- 理解自定义链接组件的好处。
- 创建自定义链接组件 AppLink,提供一致的样式和行为。
- 注册 AppLink 为全局组件,使其可以在整个应用中使用。

任务 2　在 AppNavigation 组件中使用 AppLink
- 在 AppNavigation 组件中使用自定义链接组件 AppLink。
- 动态渲染不同的导航链接,根据用户的登录状态或其他条件显示不同的导航选项。

任务 1　自定义全局链接组件 AppLink

自定义全局链接
组件 AppLink

在第 5 章的任务 3 中,我们使用<RouterLink>组件实现了导航组件
AppNavigation。<RouterLink>是 Vue Router 提供的内置组件,它可以方便地
生成<a>标签,并根据路由配置自动设置 href 属性和 class 属性。此外,<RouterLink>还可以接收一些额外的属性,如 to、replace、append、exact、active-class、exact-active-class 等,来控制链接的跳转方式和样式。使用<RouterLink>组件可以让我们在编写路由链接时不必担心路由路径的变化,也不必手动添加激活状态的样式。

但是,<RouterLink>组件并不能满足所有需求。有时候,我们需要对链接进行更多的定制化操作,例如添加图标和提示信息,或者根据不同条件显示不同的链接内容。如果直接使用<RouterLink>组件,将会使代码显得冗长和复杂。因此,我们可以封装一个自定义的链接组件,将这些逻辑和样式封装在组件内部。这样,使用者只需传入简单的参数即可获得所需的效果,从而提高了代码的可读性和可维护性。

6.1.1　自定义链接组件的好处

在 Vue.js 中,自定义链接组件有以下好处。

1．代码重用

通过自定义链接组件，可以将链接逻辑封装在一个组件中，并在应用程序中多次重复使用。这样可以避免在多个地方编写相同的链接代码，提高了代码的可重用性和维护性。

2．灵活性

自定义链接组件可以按照需要定制链接样式和功能。用户可以添加自己的样式，自定义链接的结构，添加动画效果等。

3．可读性

通过将链接逻辑封装在一个组件中，可以使代码更易于阅读和理解。在自定义链接组件中，可以明确说明链接的目的，比如链接到哪个页面，如何进行跳转。

4．安全性

在自定义链接组件中，可以添加路由守卫和权限验证等逻辑，确保用户只能访问他们有权限访问的页面。

5．维护性

将链接逻辑封装在一个组件中可以降低在多个地方编写链接代码的风险，避免重复的代码和逻辑错误。当需要对链接逻辑进行修改或更新时，只需要修改一个地方，就可以更新所有使用该组件的链接。

总之，自定义链接组件是一个非常有用的工具，它可以提高代码的可重用性和维护性，同时也可以使链接更加灵活和易于定制。

6.1.2　自定义链接组件 AppLink

在新建 AppLink 组件时，可以通过 RouterLink 组件的属性接收参数，通过 RouterLink 组件的子元素<slot />插入其他内容，如图标等。RouterLink 提供了足够的 props 来满足大多数基本应用程序的需求，在大多数中型到大型应用程序中，值得创建自定义 RouterLink 组件，以在整个应用程序中进行重用。

自定义链接组件 AppLink 的代码如下：

```
<template>
  <RouterLink
    :aria-label="props.name"
    :to="props"
  >
    <slot />
  </RouterLink>
</template>

<script setup lang="ts">
import type { AppRouteNames } from 'src/router'
import type { RouteParams } from 'vue-router'

export interface AppLinkProps {
  name: AppRouteNames
  params?: Partial<RouteParams>
```

```
      }

      const props = withDefaults(defineProps<AppLinkProps>(), {
        params: () => ({}),
      })
      </script>
```

这段代码基于 Vue.js 和 Vue Router 实现了一个自定义链接组件，通过定义 props 和引入 Vue Router 的相关类型，实现了在不同页面间进行跳转。

（1）模板部分：

1）这个组件的模板使用了 Vue Router 的内置组件<RouterLink>来创建链接。

2）通过:aria-label 绑定 props.name，这将为屏幕阅读器提供文本说明。:to 绑定了 props，这将在链接中使用 props 指定的路由。

3）通过 slot，可以向组件中插入其他内容，这些内容将被包含在链接中。

（2）脚本部分：

1）在<script>标签中，首先引入了两个类型：AppRouteNames 和 RouteParams，分别表示应用中的路由名称和路由参数。

2）然后，定义了一个名为 AppLinkProps 的接口类型，这个接口类型有两个属性：name 和 params。name 是必需的，类型为 AppRouteNames，表示要链接到的路由的名称。params 是可选的，类型为 Partial<RouteParams>，表示路由链接的参数。Partial<RouteParams>是 TypeScript 中的一个泛型类型，它表示 RouteParams 的一部分。RouteParams 是 Vue.js Router 中的一个接口，它定义了路由参数的类型。因此，Partial<RouteParams>表示 AppLinkProps 接口中的 params 属性是 RouteParams 接口的一个子集，其中包含了一些可选的路由参数。这意味着在使用 AppLinkProps 时，params 属性既可以包含 RouteParams 接口中定义的所有路由参数，也可以不包含任何路由参数。这个接口定义了 props 中的数据结构。

3）withDefaults 和 defineProps 是 Vue 3 提供的函数，用于定义组件的属性类型和默认值。在这里，使用 defineProps 定义了传入组件的属性类型，并使用 withDefaults 函数设置 AppLink 组件的 props，即 name 和 params 的默认值。具体来说，withDefaults 函数接收两个参数，第一个参数是 props 的定义（通过 defineProps 函数来定义），第二个参数是一个对象，包含了 props 的默认值。若 props 的实际值没有提供，则会使用默认值。在这个例子中，withDefaults 函数的默认值为{ params: () => ({}) }，即如果 params 没有提供实际值，就会返回一个空对象{}。这样，即使没有为 params 提供实际值，也可以安全地将 props 传递给 RouterLink 组件。

4）最后，这个组件可以在其他 Vue.js 组件中被导入和使用，通过传递 name 和 params 属性的值来设置链接的目标路由和参数。例如：

```
<AppLink name="home" :params="{ id: 1 }">Go Home</AppLink>
```

这将渲染一个链接，它的目标路由是 home，并且带有一个参数 id=1。当用户单击这个链接时，应用程序将跳转到相应的页面，同时传递参数 id=1。

6.1.3 把 AppLink 注册为全局组件

在第 4 章任务 3 和第 5 章任务 2 中，我们发现本项目中无论是普通组件还是路由组件都频繁使用了<a>标签。为了提高代码的可维护性和可扩展性，我们需要将这些<a>标签替换为

<AppLink>标签。为了避免每次都需要导入和使用 AppLink 组件，将其注册为全局组件是一种好的解决方案，这可以大大简化代码并使其易于维护和使用。

把 AppLink 注册为全局组件的方法如下。

1. 创建全局注册函数

为了将 AppLink 组件注册为全局组件，我们可以新建一个名为 global-components.ts 的文件，并在其中编写 registerGlobalComponents 函数来完成组件注册。为了更好地组织项目结构，我们可以在 src 目录下新建一个 plugins 文件夹，将 global-components.ts 文件放置其中，代码如下：

```
import AppLink from '@/components/AppLink.vue'
import type { App } from 'vue'
export default function registerGlobalComponents (app: App): void {
    app.component('AppLink', AppLink)
}
```

这段代码定义了一个名为 registerGlobalComponents 的函数，它接收一个 Vue 实例 app 作为参数，并使用 app.component 方法将 AppLink 组件注册为名为 AppLink 的全局组件。

- import type { App } from 'vue'导入了 vue 库中的 App 类型，它是一个类型别名，表示 Vue 应用程序的类型。
- app.component('AppLink', AppLink)这行代码使用 app.component 方法将 AppLink 组件注册为全局组件，并将其名称设置为 AppLink。这样，在应用程序的任何地方，都可以使用<AppLink>标签，并且它将被渲染为 AppLink 组件。
- registerGlobalComponents 函数被导出，以便其他模块可以使用它来注册全局组件。

这是一个通用的模式，也可以使用它来注册其他全局组件，以便在应用程序的任何地方都可以使用它们。

2. 在入口函数中注册全局组件

如果全局组件在多个地方被使用，最好是在应用程序的入口文件中注册它们，这样可以确保组件在应用程序中的任何地方都能够使用它们，并且可以方便地跟踪和管理所有全局组件。此外，在入口文件中注册组件也可以确保组件在应用程序加载时就已经被注册，而不需要等到组件实际使用时才注册，从而提高应用程序的性能。

本应用程序的入口文件为 main.ts，在其中加入注册全局组件的代码后，内容如下：

```
import { createApp } from 'vue'
import App from './App.vue'
import { router } from './router'
import registerGlobalComponents from '@/plugins/global-components'

const app = createApp(App)

app.use(router)
registerGlobalComponents(app)
app.mount('#app')
```

这个代码导入并调用 registerGlobal Gomponents 函数，将 AppLink 组件注册为全局组件。经过以上两步操作后，我们就可以在任何组件中通过<AppLink>标签使用 AppLink 组件了。

任务 2　在 AppNavigation 组件中使用 AppLink

6.2.1　在 AppNavigation 组件中使用 AppLink 具体代码

用 AppLink 改写 AppNavigation.vue，代码如下：

```html
<template>
    <nav class="navbar navbar-light">
        <div class="container">
            <AppLink
                class="navbar-brand"
                name="global-feed"
            >
                conduit
            </AppLink>

            <ul class="nav navbar-nav pull-xs-right">
                <li
                    v-for="link in navLinks"
                    :key="link.name"
                    class="nav-item"
                >
                    <AppLink
                        class="nav-link"
                        active-class="active"
                        :name="link.name"
                        :params="link.params"
                    >
                        <i
                            v-if="link.icon"
                            :class="link.icon"
                        />
                        {{ link.title }}
                    </AppLink>
                </li>
            </ul>
        </div>
    </nav>
</template>

<script setup lang="ts">
import type { AppRouteNames } from 'src/router'
import type { RouteParams } from 'vue-router'
import { computed,ref } from 'vue'

interface NavLink {
```

```
    name: AppRouteNames
    params?: Partial<RouteParams>
    title: string
    icon?: string
    display: 'all' | 'anonym' | 'authorized'
}

const user = ref({username:'gaspar'})
const username = computed(() => user.value?.username)
const displayStatus = computed(() => username.value ? 'authorized' : 'anonym')

const allNavLinks = computed<NavLink[]>(() => [
  {
    name: 'global-feed',
    title: 'Home',
    display: 'all',
  },
  {
    name: 'login',
    title: 'Sign in',
    display: 'anonym',
  },
  {
    name: 'register',
    title: 'Sign up',
    display: 'anonym',
  },
  {
    name: 'create-article',
    title: 'New Post',
    display: 'authorized',
    icon: 'ion-compose',
  },
  {
    name: 'settings',
    title: 'Settings',
    display: 'authorized',
    icon: 'ion-gear-a',
  },
  {
    name: 'profile',
    params: { username: username.value },
    title: username.value || '',
    display: 'authorized',
  },
])

const navLinks = computed(() => allNavLinks.value.filter(
```

```
            l => l.display === displayStatus.value || l.display === 'all',
        ))

    </script>
```

（1）模板部分：

1）使用了自定义标签<AppLink>来实现导航链接。对比第 5 章任务 3 中 AppNavigation 组件的模板部分可以发现，使用<AppLink>之后，代码大为简化，结构更加清晰，使用更加灵活。

2）在使用<AppLink>标签时，除了 name 和 params 这两个自定义属性，还可以使用其他属性，如 class 属性。Vue 会将这些属性全部绑定到组件的 props 对象上，并在组件的渲染函数中使用这些 props 属性。所以，我们可以像使用普通 HTML 标签一样使用<AppLink>标签，并添加任何我们需要的属性。

（2）脚本部分：

1）首先定义了 NavLink 接口，用于描述导航链接的一些属性，包括名称、参数、标题、图标和显示状态等。接着，通过 computed 函数分别定义了 user 和 username 变量（用于获取当前用户的用户名），以及 displayStatus 变量（用于获取当前用户的显示状态）。

2）然后，定义了一个名为 allNavLinks 的计算属性，它返回了所有的导航链接数组，包括 Home、Sign in、Sign up、New Post、Settings 和 Profile 等链接。

3）最后，定义了一个名为 navLinks 的计算属性，它根据用户的显示状态筛选出了当前可见的导航链接。

4）为了模仿用户登录成功的状态，我们编写了 const user = ref({username:'gaspar'})这一行代码，表示用户已登录并且用户名为 gaspar。如果修改为 const user = ref({})则表示用户未登录。

总的来说，这个组件实现了一个自定义的导航栏，可以根据用户的登录状态动态显示不同的导航链接，通过自定义组件 AppLink 实现了导航链接的跳转。

6.2.2　动态显示不同的导航链接

将上述文件保存后，项目如果已经运行，页面会自动刷新。否则，需要用 pnpm dev 命令重新运行项目。正常的情况下，我们将会看到与前面一样的 Home 页。不过，导航栏的链接有所变化，并且显示出了登录用户的信息，如图 6-1 所示。

图 6-1　使用 AppLink 的导航栏（已登录）

再来模拟用户没有登录的情况，把 AppNavigation.vue 里 user 的定义修改为 const user = ref({})，这时导航栏的链接发生变化，如图 6-2 所示。

图 6-2　使用 AppLink 的导航栏（未登录）

第 7 章　调用后端接口

本章将重点介绍如何调用后端接口并获取数据，在 RealWorld 项目中实现与后端的数据交互。通过学习本章内容，读者将学会理解 API 文档、了解 API 文档的重要性，通过 AJAX 异步请求获取文章列表数据并实现文章列表的动态显示，并进一步使用自动生成的 API 前端代码进行数据获取和处理。这些知识将帮助读者有效地与后端进行数据交互，实现前后端的协作和数据传输。

任务 1　理解 API 文档
- 理解 API 文档的作用和重要性。
- 了解 RealWorld 项目的 API 文档，并根据文档要求进行接口调用。

任务 2　动态显示文章列表
- 使用 AJAX 异步请求获取文章列表数据。
- 将获取到的数据渲染到页面上，实现动态显示文章列表。

任务 3　自动生成 API 前端代码
- 使用工具自动生成 API 前端代码。
- 分析生成的 api.ts 文件，了解代码结构和使用方法。

任务 4　分析并使用 API 前端代码
- 分析 Api 类和 HttpClient 类的实现，理解其功能和用法。
- 使用配置文件进行接口调用，提供灵活的接口配置。
- 封装功能，简化接口调用过程，提高代码复用性。

任务 1　理解 API 文档

7.1.1　API 文档的作用

API 文档在前后端分离项目中扮演着非常重要的角色。在前后端分离的开发模式下，前端和后端是两个独立的系统，通过 API 进行通信。因此，API 文档是前后端沟通和协作的桥梁。

API 文档包含了所有可用 API 的详细信息，包括接口的 URL、HTTP 请求方法、请求参数、请求头、响应数据等。前端开发人员可以根据 API 文档来调用后端提供的接口，实现业务逻辑。后端开发人员则可以根据 API 文档来设计和开发 API，确保接口的正确性和规范性。

同时，API 文档还可以作为项目的重要文档之一，方便后续的维护和升级。在后续开发过程中，开发人员可以根据 API 文档来扩展和修改 API，确保接口的稳定性和兼容性。

综上所述，API 文档在前后端分离项目中具有非常重要的作用，可以提高开发效率，减少沟通成本，确保接口的正确性和规范性，方便后续的维护和升级。

7.1.2 RealWorld 项目的 API 文档

RealWorld 官方提供了 RealWorld 博客项目的 API 文档，这份 API 文档定义了与后端服务器通信的所有可用端点及其相应的 HTTP 方法和接收的请求/响应参数。这些端点包括用户身份验证，文章的创建、编辑、查询和删除，评论的创建、查询和删除等。对于每个端点，文档详细描述了它所需的输入参数、输出参数、响应状态码和响应格式。API 文档还提供了关于如何使用令牌进行身份验证的信息，并描述了如何处理各种错误情况。这些信息对于开发人员实现 API 的客户端（如 Web 应用程序）至关重要。开发人员可以使用这些信息来确定如何向 API 发送请求，以及如何解析和处理响应。

7.1.3 测试 API 文档

"工欲善其事，必先利其器"是一句非常经典的话，它强调了工具的重要性，如果想要把工作做好，必须有好的工具。在前端开发中，Swagger

就是这样一个工具，它可以让开发人员更加高效地完成开发工作，提高开发效率，减少开发过程中的错误和重复工作。

具体来说，Swagger 可以带来以下好处。

- 明确的接口定义。Swagger 提供了一个结构化的、可读性强的接口文档，明确了接口的定义、请求参数和返回结果等信息，使前后端开发人员可以更加清楚地了解接口的具体实现。
- 接口测试。Swagger 提供了一个可以测试接口的 UI，可以直接在 Swagger 中对接口进行测试，验证接口是否符合预期，降低了开发和测试的成本。
- 文档的可视化呈现。Swagger UI 可以将接口文档以可视化的形式展现，方便前端和后端开发人员理解和使用。
- 自动生成代码。使用 Swagger 可以自动生成前端和后端的代码，减少手写代码的时间和降低错误率，提高代码的可维护性和一致性。

RealWorld 项目官方网站提供了 API 规范，其中的 openapi.yml 文件就是一个 YAML 格式的 API 文档，它是前端工程师在编写代码调用后端 API 时的重要参考文档。下面介绍这份文档的使用方法。

（1）下载 openapi.yml 文件。打开 RealWorld 项目官方网站下载其中的 openapi.yml 文件。

（2）打开 Swagger UI 编辑器。为简单起见，我们可以访问 Swagger UI 的在线编辑器。

（3）在 Swagger UI 编辑器中打开 openapi.yml 文件。在编辑器左侧的菜单中，单击 File 选项卡，然后选择 Import File 命令。在弹出的对话框中选择 openapi.yml 文件，单击 Open 按钮。Swagger UI 将读取文件并在右侧的窗格中显示接口文档，如图 7-1 所示。

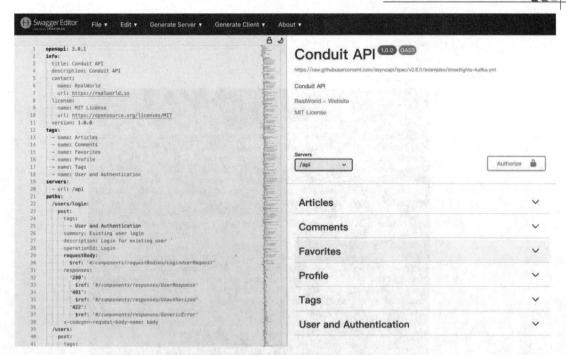

图 7-1　Swagger UI 编辑器中打开 openapi.yml

（4）测试 Articles 接口。首先查看 Articles 接口的情况，单击右边窗格 Articles，就会展示出与 Articles 相关的所有接口，如图 7-2 所示。

图 7-2　Articles 相关接口

这里测试一下采用 GET 请求的/articles 接口。需要注意的是，左侧窗格显示的 openapi.yml 文件内容，其中的 servers 需要先修改为 url: https://api.realworld.io/api 。

单击 GET /articles 所在的行，在展开的界面中单击 Try it out 按钮，往下滑动界面，找到 Execute 按钮并单击，就发出了 URL 为"https://api.realworld.io/api/articles?limit=20"的 GET 请求。相应结果如图 7-3 所示，表明接口调用成功，获得了 Articles。

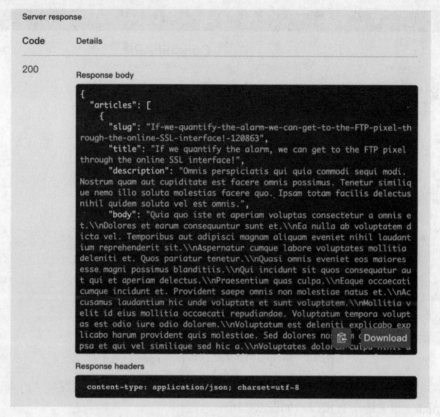

图 7-3　接口测试

（5）测试其他请求方法的 Articles 接口。测试方法相似，这一步就留给读者自己动手完成了。

测试 API 的工具很多，除了 Swagger，常用的还有 Postman 等，它们的使用方法大同小异。我们在后面也会用到 Postman 进行接口测试。

任务 2　动态显示文章列表

动态显示文章列表

在第 5 章任务 2 中，我们已经用路由组件的方式实现了 RealWorld 项目的博客首页。细心的读者一定会问，博客列表难道不是从服务端动态返回并显示的吗？没错，确实应该如此，下面我们就来改进 Home.vue 组件。

7.2.1　通过 AJAX 异步请求获取文章列表

1. 验证 Articles 接口的可访问性

RealWorld 项目官方不仅提供了后端 API 文档，还给出了参考实现，其访问的 baseurl 为：https://api.realworld.io/api。获取博客列表的路径是/articles，方法为 GET。

上个任务，我们已经用 Swagger 验证过 Articles 接口的可访问性，这里不妨再用 Postman 验证一下，验证结果如图 7-4 所示。

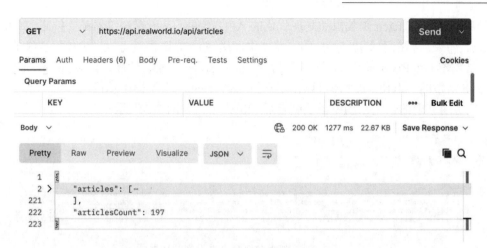

图 7-4　在 Postman 中测试接口

可见，/articles 这个接口可以通过 https 的 GET 请求进行访问，共获取到 197 条博客文章列表。

接下来，就通过编程实现文章列表的获取并显示。

2. 编写 AJAX 代码获取头 5 篇博客文章列表

打开 Home.vue 组件，将原来硬编码的博客列表和 tags 列表从 template 中删除，并添加代码访问/articles 接口。

```ts
<template>
  <div class="home-page">
    <div class="banner">
      <div class="container">
        <h1 class="logo-font">conduit</h1>
        <p>A place to share your knowledge.</p>
      </div>
    </div>
  </div>
</template>

<script setup lang="ts">
import { onMounted } from 'vue';

onMounted(async () => {
  const articlesUrl = 'https://api.realworld.io/api/articles?limit=5&offset=0'
  const articlesResponse = await fetch(articlesUrl)
  const articlesData = await articlesResponse.json()
  console.log('总文章数：', articlesData.articlesCount)
  console.log('第一篇文章：', articlesData.articles[0])
})
</script>
```

fetch 函数是浏览器内置的函数，它是基于 window.fetch 接口实现的。可以在现代浏览器的控制台或 JavaScript 环境中直接使用 fetch 函数，无须进行额外的导入或安装。

需要注意的是，fetch 函数虽然是现代化的 API，但并不是所有浏览器都支持它，如 Internet Explorer。如果需要在不支持 fetch 的浏览器中发送 AJAX 请求，可以考虑使用传统的 AJAX 方式，如 XMLHttpRequest 或 axios。同时，也可以使用一些兼容性库，如 whatwg-fetch，这个库是 fetch 函数的 Polyfill 实现，可以在不支持原生 fetch 的浏览器中使用。

从服务端获取的数据在浏览器控制台显示出来了，如图 7-5 所示。

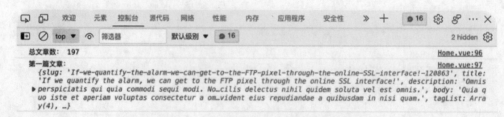

图 7-5　浏览器控制台查看返回的数据

7.2.2　渲染文章列表

数据驱动是 Vue 的一大特点，将 Vue 实例的数据与模板进行绑定，可以实现数据驱动页面渲染。我们已经可以从服务端获取到博客文章列表，下面就把它们渲染到 Home.vue 的 template。

1. 改写 Home.vue 的<script></script>

通过 fetch 获取 tags 的步骤跟获取 articles 是一样的，这里就一并改写了，结果如下。

```ts
<script setup lang="ts">
import { Api, ContentType } from '@/services/api'
import type { Article } from '@/services/api'
import { onMounted } from 'vue'
import { ref } from 'vue'

const articles = ref<Article[]>([])
const tags = ref<string[]>([])
const articlesCount = ref(0)

onMounted(async () => {
    const articlesUrl = 'https://api.realworld.io/api/articles?limit=5&offset=0'
    const tagsUrl = 'https://api.realworld.io/api/tags'
    const articlesResponse = await fetch(articlesUrl)
    const articlesData = await articlesResponse.json()
    articles.value = articlesData.articles

    const tagsResponse = await fetch(tagsUrl)
    const tagsData = await tagsResponse.json()
    tags.value = await tagsData.tags
})
</script>
```

这段代码使用了 Vue 3 组合式 API 的特性。在<script>标签中，使用 setup 语法定义了一个组件逻辑。

- onMounted 函数在组件挂载时触发，使用 fetch 发送异步 HTTP 请求获取文章数据和标签数据，并使用 async/await 语法将数据保存到 articles 和 tags 中。
- articles 和 tags 是 Vue 的响应式数据，当它们的值改变时，组件会自动更新 DOM 以反映这些更改。

需要注意的是，这段代码中的 articlesData 和 tagsData 是通过 ref 函数创建的，它们是 Vue 的响应式数据。这意味着当它们的值改变时，相关的视图也会自动更新。

2．改写 Home.vue 的 \<template>\</template>

```
<template>
  <div class="home-page">
    <div class="banner">
      <div class="container">
        <h1 class="logo-font">conduit</h1>
        <p>A place to share your knowledge.</p>
      </div>
    </div>

    <div class="container page">
      <div class="row">
        <div class="col-md-9">
          <div class="feed-toggle">
            <ul class="nav nav-pills outline-active">
              <li class="nav-item">
                <a class="nav-link disabled" href="">Your Feed</a>
              </li>
              <li class="nav-item">
                <a class="nav-link active" href="">Global Feed</a>
              </li>
            </ul>
          </div>

          <div class="article-preview" v-for="article in articles">
            <div class="article-meta">
              <a href="profile.html"><img :src="article.author.image" /></a>
              <div class="info">
                <a href="" class="author">{{ article.author.username }}</a>
                <span class="date">{{ article.updatedAt }}</span>
              </div>
              <button class="btn btn-outline-primary btn-sm pull-xs-right">
                <i class="ion-heart"></i> {{ article.favoritesCount }}
              </button>
            </div>
            <a href="" class="preview-link">
              <h1>{{ article.title }}</h1>
              <p>{{ article.description }}</p>
              <span>Read more...</span>
```

```
          </a>
        </div>
      </div>

      <div class="col-md-3">
        <div class="sidebar">
          <p>Popular Tags</p>

          <div class="tag-list">
            <a v-for="tag in tags" href="" class="tag-pill tag-default">{{ tag }}</a>
          </div>
        </div>
      </div>
    </div>
  </div>
 </div>
</template>
```

这段代码是一个 Vue 组件,它包含一个顶层的 div 元素,里面包含了一个横幅和以下两个部分的内容:

● 　一个 feed-toggle 元素,用于切换不同的文章 feed(用户的文章、全局文章等)。

● 　一个使用 v-for 循环展示文章的元素,以及一个包含文章标签的侧边栏。

3. 检查效果

渲染出的首页效果如图 7-6 所示。

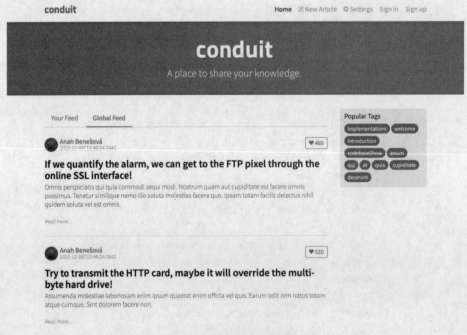

图 7-6　渲染出的首页效果

可以看出,全局文章列表被动态渲染出来了。

任务 3　自动生成 API 前端代码

自动生成 API 前端代码

在本章任务 1 中提到，Swagger 可以根据 API 文档自动生成客户端代码，本任务就来完成这个工作。根据符合 Swagger 接口规范的 API 文档，能自动生成前端 API 代码的工具通常有以下几个。

1. swagger-typescript-api

swagger-typescript-api 支持使用 Node.js 和浏览器中的 TypeScript 项目，可以使用 npm 包管理工具安装，同时也可以在命令行中使用它来生成 TypeScript 代码。它还支持使用 Swagger 扩展功能进行自定义配置，以便根据具体的需求生成满足要求的代码。

2. Swagger Codegen

Swagger Codegen 可以生成多种语言和框架的客户端 API 代码，包括支持前端开发的 Angular、React、Vue 等。

3. OpenAPI Generator

OpenAPI Generator 可以生成多种语言和框架的客户端 API 代码，包括支持前端开发的 JavaScript、TypeScript、Angular、React、Vue 等。

4. AutoRest

AutoRest 可以生成支持前端开发的 TypeScript、JavaScript、React 等客户端 API 代码。

使用这些工具，开发者可以避免手动编写大量的客户端 API 代码，降低了出错的可能性和提高了开发效率。同时，生成的 TypeScript 代码具有良好的类型安全性和代码可读性，可以提高代码的可维护性和重用性。

7.3.1　自动生成 API 前端代码具体过程

这里，我们选择使用 swagger-typescript-api 来生成前端代码。它使用 Swagger 规范的 API 文档作为输入，自动生成 TypeScript 代码，包括 HTTP 请求的定义、API 参数的解析、响应数据的处理等。

下面是使用 swagger-typescript-api 生成 API 代码的一般步骤。

1. 安装 swagger-typescript-api

可以通过 npm 进行安装：

```
npm install -g swagger-typescript-api
```

2. 从 Swagger API 文档生成 TypeScript API 客户端代码

使用以下命令生成 TypeScript 代码：

```
swagger-typescript-api -p ./openapi.yml -o ./
```

其中，-p 参数用于指定 Swagger API 文档的 URL 或本地文件路径，-o 参数用于指定生成的 TypeScript 代码输出文件的路径。命令中的 openapi.yml 是一份 RealWorld 官方给出的 YAML 格式的 API 文档。

生成的 api.ts 文件共有 793 行。默认采用 fetch 进行 AJAX 请求，也可以配置为 axios，具体方法见 swagger-typescript-api 的帮助文档。

7.3.2　分析 api.ts 文件

1. 阅读 api.ts 文件

查看这个代码是对 XMLHttpRequest 还是 axios 或 fetch 进行的封装。

2. 尝试分析

api.ts 文件内容较多，以获取文章列表为例，请尝试分析并思考：

（1）AJAX 请求是在什么地方发出以及如何发出的，并尝试将第 7 章任务 2 中 Home.vue 的代码改为对 api.ts 的调用。

（2）this.request 中的 this 指向什么？

分析并使用 API
前端代码

任务 4　分析并使用 API 前端代码

在任务 3 中我们通过 swagger-typescript-api 工具自动生成了 RealWorld 项目的 API 代码，并命名为 api.ts。这个代码专供前端调用。

由于代码较多，我们在分析时需要抓住重点，其实重点就是两个类：Api 和 HttpClient。

7.4.1　分析 Api 类和 HttpClient 类

Api 类是 HttpClient 类的子类，HttpClient 类中定义了 fetch 方法和一些辅助方法，而 Api 类则是一个对 HttpClient 类的封装类，它提供了更具体的、与业务相关的接口方法，如 get、post、put 等。在 Api 类中，它调用了 HttpClient 类中的 fetch 方法，同时根据具体的业务需求对返回的响应进行处理，并最终返回一个 HttpResponse 对象。因此，HttpClient 类提供了底层的网络访问能力，而 Api 类则在此基础上提供了更高层次的封装，方便业务代码使用。

问题：HttpClient 类中定义的 fetch 方法是如何封装 JavaScript 原生 fetch 方法的？

HttpClient 类中的 fetch 方法对原生的 fetch 方法进行了封装和增强，主要包括以下几个方面。

- 添加了一些默认的请求头信息，如 Accept 字段默认为 application/json。
- 对请求的 URL 进行了处理，将 baseUrl 和 path 合并成完整的请求 URL。
- 对请求参数进行了处理，将 options 中的参数合并到默认参数中，生成完整的请求参数。
- 在发起请求前，对参数进行序列化处理，根据请求类型设置相应的 Content-Type 请求头。
- 在接收到响应后，对响应进行处理，根据响应类型进行反序列化，并返回相应的数据格式，如 JSON 或文本等。
- 对 HTTP 状态码进行检查，若请求失败则抛出异常，否则返回响应数据。

通过这些封装和增强，HttpClient 类能够提供更加便捷和易用的 API 同时也能够处理一些常见的请求和响应问题，提升代码的健壮性和可维护性。

7.4.2　使用 Api 类获取数据

在本章的任务 2 中，我们改写了 Home.vue 并能够动态获取博客列表了，但是我们采用的是原生 fetch 的写法，如果 RealWorld 项目的 API 调用都要这样手写的话，工作量大，也不便于维护和扩展。既然已经有了 api.ts 文件，下面我们就用它来获取 articles 和 tags，并再次改写

Home.vue。

<template></template>的内容不变，只需改写<script></script>的代码。

```
<template>
  <!-- 省略 -->
</template>

<script setup lang="ts">
import { Api, ContentType } from '@/services/api'
import type { Article } from '@/services/api'
import { onMounted } from 'vue'
import { ref } from 'vue'

const articles = ref<Article[]>([])
const tags = ref<string[]>([])
const articlesCount = ref(0)

onMounted(async () => {
  const api = new Api({
    baseUrl: 'https://api.realworld.io'+'/api',
    baseApiParams: {
      headers: {
        'content-type': ContentType.Json,
      },
      format: 'json',
    },
  })

  articles.value = []
  tags.value = []
  let articlesResponsePromise: null | Promise<{ articles: Article[], articlesCount: number }> = null
  let tagsResponsePromise: null | Promise<{tags: string[]}> = null
  articlesResponsePromise = api.articles.getArticles()
    .then(res => res.data)
  if (articlesResponsePromise !== null) {
    const articlesResponse = await articlesResponsePromise
    articles.value = articlesResponse.articles
    articlesCount.value = articlesResponse.articlesCount
  } else {
    console.error('error')
  }

  tagsResponsePromise = api.tags.getTags()
    .then(res => res.data)
  if (tagsResponsePromise !== null) {
    const tagsResponse = await tagsResponsePromise
    tags.value = tagsResponse.tags
  } else {
```

```
                console.error('error')
        }
    })
    </script>
```

运行后页面显示效果与原来的 Home.vue 一样。

从上面的代码可以看出，这段代码是在 Vue 3 中使用<script setup> 编写的，同时使用了 TypeScript。代码中使用了 Vue 3 的 ref 和 onMounted 函数来处理响应式数据和在组件挂载后获取数据，还使用了从@/services/api 模块导入的 Api 和 ContentType，以及从同一模块中导入的 Article 类型。

在<script setup>标记内，该代码段创建了一个名为 articles 的响应式变量，并使用 ref 函数初始化为一个空数组。接着，它创建了一个名为 tags 的响应式变量，也初始化为空数组。最后，它创建了一个名为 articlesCount 的响应式变量，初始化为 0。

在 onMounted 生命周期钩子中，该代码段通过使用 new Api 创建一个 API 对象，然后调用该对象的 articles.getArticles()和 tags.getTags()方法来获取文章和标签。获取到的数据将被赋值给上面提到的响应式变量。在处理数据之前，该代码段通过 Promise 对象和异步/等待方式确保数据已成功获取。

总的来说，这段代码段演示了如何在 Vue 3 应用程序中使用 TypeScript 编写异步代码来从 API 获取数据，以及如何将响应式变量与获取的数据集成在一起。

7.4.3 使用配置文件

上面的代码中，将 API 服务器的 URL 进行了硬编码，这不是一个很好的做法。

硬编码意味着将程序中使用的固定值直接嵌入代码中，而不是从某个配置文件或其他外部资源中获取它们。这可能会导致以下问题。

- 难以维护：硬编码的值会在代码中多次出现，这使得在更改时必须更改多个地方，容易出现遗漏或错误，从而使代码难以维护。
- 缺乏灵活性：若需要更改硬编码的值，则需要修改代码并重新部署应用程序。这可能需要很长时间，并且可能会破坏应用程序的稳定性。使用配置文件或其他外部资源来管理这些值可以使更改这些值变得更加简单和快速。
- 安全问题：硬编码敏感信息（如密码或 API 密钥）可能会导致安全问题，因为这些信息可以在源代码中轻松地被找到。使用配置文件或其他外部资源来存储这些信息可以减轻这些风险。

综上所述，使用硬编码的值会使代码难以维护、缺乏灵活性并可能会引起安全问题。因此，在代码中使用配置文件或其他外部资源来管理这些值是一个更好的做法。

创建配置文件并改写代码的步骤如下。

1. 创建.env 文件

在 Vue 3+Vite 项目中，.env 文件主要用于配置应用程序的环境变量。.env 文件是一个文本文件，每行定义一个环境变量，以"键=值"的形式定义。.env 文件需要放在项目的根目录下。

这里，我们先在项目的根目录下新建.env 文件，然后添加以下内容并保存。

```
BASE_URL=/
VITE_API_HOST=https://api.realworld.io
```

2．创建读取环境变量的 config.js 文件

在项目的 src 文件夹下新建一个 config.js 文件，内容如下。

```
export const CONFIG = {
  API_HOST: import.meta.env.VITE_API_HOST || '',
}
```

3．改写 Home.vue

再次改写 Home.vue，导入 config.js，使用 API_HOST。相关代码如下：

```
import { CONFIG } from '@/config'
```

将 new Api({})中的 baseUrl 改为：

```
baseUrl:`${CONFIG.API_HOST}/api`
```

7.4.4　封装功能

在 Home.vue 的代码中，创建了 Api 类的实例，然后通过这个实例调用 API。在不同的组件中，都可能有这个过程，所以，把这个过程封装到一个单独的模块便于维护和调用。

1．创建 index.ts 文件

在项目 src/services 下创建一个 index.ts 文件，将导入 config.js 的语句和创建 Api 实例的代码都搬动到这里，并添加一些后面会用到的代码，完成后的 index.ts 内容如下。

```
import { CONFIG } from 'src/config'
import type { GenericErrorModel, HttpResponse } from 'src/services/api'
import { Api, ContentType } from 'src/services/api'

export const limit = 10
export const api = new Api({
  baseUrl: `${CONFIG.API_HOST}/api`,
  securityWorker: token => token ? { headers: { authorization: `Token ${token}` } } : {},
  baseApiParams: {
    headers: {
      'content-type': ContentType.Json,
    },
    format: 'json',
  },
})

export function pageToOffset (page: number = 1, localLimit = limit): {limit: number, offset: number} {
  const offset = (page - 1) * localLimit
  return { limit: localLimit, offset }
}

export function isFetchError<E = GenericErrorModel> (e: unknown): e is HttpResponse<unknown, E> {
  return e instanceof Object && 'error' in e
}
```

大家可能发现了上面代码第 2 行和第 3 行使用了 src 而不是@，其实都是别名，如果要让 src 起作用，需要在 vite.config.js 中进行修改，将 alias 的值改为：

```
alias: {
    src: fileURLToPath(new URL('./src', import.meta.url)),
},
```

以后的代码，都以 src 作为'./src'的别名。

2. 改写 Home.vue

因为一些功能已经搬动到了刚创建的 index.ts 中，所以 Home.vue 也需要做相应的修改，改动后代码如下。

```
<template>
    <!-- 内容不变，故省略 -->
</template>

<script setup lang="ts">
import type { Article } from 'src/services/api'
import { api } from 'src/services'
import { onMounted } from 'vue'
import { ref } from 'vue'

const articles = ref<Article[]>([])
const tags = ref<string[]>([])
const articlesCount = ref(0)

onMounted(async () => {
    articles.value = []
    tags.value = []
    let articlesResponsePromise: null | Promise<{ articles: Article[], articlesCount: number }> = null
    let tagsResponsePromise: null | Promise<{tags: string[]}> = null
    articlesResponsePromise = api.articles.getArticles()
        .then(res => res.data)
    if (articlesResponsePromise !== null) {
        const articlesResponse = await articlesResponsePromise
        articles.value = articlesResponse.articles
        articlesCount.value = articlesResponse.articlesCount
    } else {
        console.error('error')
    }

    tagsResponsePromise = api.tags.getTags()
        .then(res => res.data)
    if (tagsResponsePromise !== null) {
        const tagsResponse = await tagsResponsePromise
        tags.value = tagsResponse.tags
    } else {
        console.error('error')
    }
})
</script>
```

保存后看到的 Home 页面与原来一样，但是代码却比原来进一步简化了。

第 8 章　全局状态管理

本章将介绍全局状态管理的概念和实践，以及如何使用 Pinia 库实现全局状态管理。通过学习本章内容，读者将了解全局状态管理的概念和好处，学会使用 Pinia 库进行状态管理，并在 RealWorld 项目中实践登录和注册功能。

任务 1　用 Pinia 实现全局状态管理
- 介绍全局状态管理库 Pinia 的概念和特点。
- 演示 Pinia 的基础示例，了解其用法和基本原理。

任务 2　RealWorld 项目的状态管理
- 安装 Pinia 库，并在项目中配置 Pinia 的使用。
- 实现 RealWorld 项目的全局状态管理，包括文章列表、用户信息等状态的管理。
- 实现 Storage 工具类，用于在状态管理中处理本地存储相关的操作。

任务 3　实现登录
- 改写登录页面模板，引入 Pinia 进行状态管理。
- 实现登录逻辑，处理用户登录操作，并更新相应的状态。
- 动态变化导航栏的状态，根据登录状态显示不同的导航链接。

任务 4　实现注册
- 改写注册页面模板，使用 Pinia 进行状态管理。
- 实现注册逻辑，处理用户注册操作，并更新相应的状态。

任务 1　用 Pinia 实现全局状态管理

用 Pinia 实现
全局状态管理

在 AppNavigation 组件和 router.ts 的代码中，我们都使用了登录状态。在登录成功后，每次访问需要授权的接口时，都需要提供服务端返回的用户信息，包括 token，因此需要有个地方存放，并供其他需要的组件共享，状态管理库是一个理想的选择。

8.1.1　全局状态管理库 Pinia

Pinia 是一个拥有组合式 API 的 Vue 状态管理库，它使用简单，因此是 Vue 3 项目进行状态管理时的最佳搭档。当然它也提供了选项式 API，不强制要求开发者使用组合式 API，因此也支持 Vue 2。

8.1.2 Pinia 基础示例

假设我们正在开发一个电商网站，其中有一个购物车页面和一个商品列表页面。购物车页面需要展示当前用户已经选择的商品信息，并且需要支持删除商品的操作；商品列表页面需要展示所有商品的信息，并且需要支持将商品添加到购物车的操作。

如果我们使用属性传递的方式来管理状态，那么购物车页面和商品列表页面之间的通信和状态共享会变得非常复杂和烦琐。每次用户进行添加、删除商品的操作时，都需要通过属性传递的方式将修改后的状态传递给另外一个组件，这样会导致代码的层级嵌套，同时也会让代码变得难以维护和扩展。

而如果我们使用状态管理库来管理应用程序的状态，那么这种问题就会变得非常简单。我们可以将购物车页面和商品列表页面都注册为状态管理库的模块，然后在模块中定义相应的状态和方法。购物车页面可以通过 getter 方法来获取当前用户已经选择的商品信息，通过 mutation 方法来修改用户的购物车信息。商品列表页面可以通过 action 方法来将商品添加到购物车中。

1. 定义 store

首先新建 types.ts 文件，在其中定义 Product 接口，包含商品的 id、名称、价格和是否被选中。代码如下：

```
export interface Product {
    id: string;
    name: string;
    price: number;
    isSelected: boolean;
}
```

然后新建一个 cart.ts 文件，在其中定义一个名为 cart 的 store 对象。代码如下：

```
import { ref, computed } from 'vue'
import { defineStore } from 'pinia'
import type { Product } from '../types'

export const useCartStore = defineStore('cart', () => {
  const products = ref<Product[]>([])

  const selectedProducts = computed(() => {
    return products.value.filter(product => product.isSelected);
  })

  function addProduct(product: Product) {
    products.value.push(product)
  }

  function removeProduct(index: number) {
    products.value.splice(index, 1)
  }
```

```
        return {
            products,
            selectedProducts,
            addProduct,
            removeProduct,
        }
    })
```

该 store 包含了一个 ref 变量 products，表示购物车中的所有商品；还包含一个 computed 变量 selectedProducts，表示购物车中被选中的商品；同时还有两个方法，addProduct 和 removeProduct，分别用于添加商品到购物车和从购物车中移除商品。

2. 使用 store

（1）商品列表组件。商品列表组件 ProductList 的代码如下：

```
<template>
  <div>
    <ul>
      <li v-for="(product, index) in products" :key="index">
        {{ product.name }}
        <button @click="addToCart(product)">添加到购物车</button>
      </li>
    </ul>
    <RouterLink to="/cart">去购物车</RouterLink>
  </div>
</template>

<script setup lang="ts">
import { ref } from 'vue'
import { useCartStore } from '../stores/cart'
import type { Product } from '../types'

const store = useCartStore()

const products = ref<Product[]>([
    { id: '1', name: '商品 1', price: 10, isSelected: false },
    { id: '2', name: '商品 2', price: 20, isSelected: false },
    { id: '3', name: '商品 3', price: 30, isSelected: false },
])

const addToCart = (product: Product) => {
    product.isSelected = true
    store.addProduct(product)
}
</script>
```

在 ProductList.vue 中，定义了一个 ref 变量 products，表示所有的商品列表。在 addToCart 方法中，将选中的商品标记为 isSelected=true，并通过 store.addProduct 将商品添加到购物车中。然后通过 v-for 遍历 products，展示所有的商品列表。同时，为添加到购物车的按钮绑定了

addToCart 方法。最后通过 RouterLink 提供了"去购物车"的链接。

（2）购物车组件。购物车组件 Cart 的代码如下：

```
<template>
  <div>
    <ul>
      <li v-for="(product, index) in selectedProducts" :key="index">
        {{ product.name }}
        <button @click="removeProduct(index)">删除</button>
      </li>
    </ul>
    <RouterLink to="/product-list">去选购商品</RouterLink>
  </div>
</template>
<script setup lang="ts">
import { computed } from 'vue'
import { useCartStore } from '../stores/cart'

const store = useCartStore()
const selectedProducts = computed(() => store.products.filter(product => product.isSelected))

const removeProduct = (index: number) => {
  store.removeProduct(index)
}
</script>
```

在 Cart.vue 中，通过 computed 将 store 的 products 过滤得到 selectedProducts，表示被选中的商品。然后通过 v-for 遍历 selectedProducts，展示购物车中的商品列表。同时，为删除按钮绑定了 removeProduct 方法。最后通过 RouterLink 提供了"去选购商品"的链接。

3. 应用的工作流程

整个应用的工作流程是这样的：在产品列表中，可以将一个或多个产品添加到购物车中，这个过程会将产品对象的 isSelected 属性设置为 true，以标记为已选中。在购物车中，可以看到所有已选中的产品，并有选择删除某个产品的选项。在任何时候，都可以通过 RouterLink 回到产品列表或购物车。

整个应用的数据流非常清晰，由于使用了 Pinia 进行状态管理，代码也比较简洁易懂，具有很好的可读性和可维护性。

任务 2 RealWorld 项目的状态管理

RealWorld 项目的
状态管理

8.2.1 安装 Pinia

如果在创建本项目时，选择安装了 Pinia，可以跳过这一步。安装 Pinia 的命令是 npm install pinia。

8.2.2 实现全局状态管理

在 src 文件夹下创建 store 子文件夹，并在其中新建一个文件，取名为 user.ts。该文件内容如下：

```
import { defineStore } from 'pinia'
import { api } from 'src/services'
import type { User } from 'src/services/api'
import Storage from 'src/utils/storage'
import { computed, ref } from 'vue'
export const userStorage = new Storage
export const isAuthorized = (): boolean => !!userStorage.get()
export const useUserStore = defineStore('user', () => {
  const user = ref(userStorage.get())
  const isAuthorized = computed(() => user.value !== null)
  function updateUser (userData?: User | null) {
    if (userData === undefined || userData === null) {
      userStorage.remove()
      api.setSecurityData(null)
      user.value = null
    } else {
      userStorage.set(userData)
      api.setSecurityData(userData.token)
      user.value = userData
    }
  }
  return {
    user,
    isAuthorized,
    updateUser,
  }
})
```

这段代码是一个 Vue 应用的状态管理模块，使用了 pinia 库来定义 store。

该模块通过 userStorage 对象实现对用户信息的存储和读取，通过 isAuthorized 函数判断用户是否已授权，以及通过 useUserStore 定义了一个名为 user 的 store，该 store 包含了用户信息、用户是否授权等状态，并且提供了更新用户信息的方法。

具体解析如下。

（1）导入相关的库和模块。第 1~5 行代码导入了 pinia 库中的 defineStore 函数、api 模块中的 User 接口、自定义的 Storage 工具类、vue 库中的 computed 和 ref 函数。

（2）定义用户信息的存储和读取。第 6 行代码使用 Storage 工具类创建了一个名为 user 的本地存储对象，该对象用于存储用户信息。

（3）定义用户授权状态判断函数。第 7 行代码定义了一个名为 isAuthorized 的函数，该函数用于判断用户是否已授权。当 userStorage.get() 返回的值不为空时，即认为用户已授权。

（4）定义 store。剩余行代码使用 defineStore 函数定义了一个名为 user 的 store，该 store 包含了以下属性和方法。

- user：用于存储用户信息的 ref 对象。
- isAuthorized：用于判断用户是否已授权的 computed 对象。
- updateUser：用于更新用户信息的函数。当传入的 userData 为空时，将删除用户信息和安全数据，否则将更新用户信息和安全数据。

通过上述代码，我们可以得到一个用户状态管理的 store，方便其他组件在应用程序中共享和管理用户信息。这里，我们先在 src/router.ts 中导入 isAuthorized，路由就可以正常工作了。因为上面的代码导入了 Storage 工具类，所以需要把它创建出来。

8.2.3　实现 Storage 工具

在 src 文件夹下创建 utils 文件夹，里面新建 storage.ts 文件。该文件内容如下：

```
type StorageType = 'localStorage' | 'sessionStorage'

export default class Storage<T = unknown> {
  private readonly key: string
  private readonly storageType: StorageType
  constructor (key: string, storageType: StorageType = 'localStorage') {
    this.key = key
    this.storageType = storageType
  }
  get (): T | null {
    try {
      const value = window[this.storageType].getItem(this.key) ?? ''
      return JSON.parse(value)
    } catch {
      return null
    }
  }
  set (value: T): void {
    const strValue = JSON.stringify(value)
    window[this.storageType].setItem(this.key, strValue)
  }
  remove (): void {
    window[this.storageType].removeItem(this.key)
  }
}
```

这段代码定义了一个名为 Storage 的类，用于封装本地存储的常用操作，如存储、读取和删除。该类支持 localStorage 和 sessionStorage 两种存储方式。

具体解析如下。

（1）定义存储类型。

第 1 行代码：type StorageType = 'localStorage' | 'sessionStorage'，使用 type 关键字定义了一

个名为 StorageType 的类型，该类型包含了两个可选值：localStorage 和 sessionStorage。

（2）定义 Storage 类。第 3～29 行代码定义了一个名为 Storage 的类，该类包含了以下属性和方法。

- key：存储的键名。
- storageType：存储类型，可以是 localStorage 或 sessionStorage。
- constructor：构造函数，用于初始化 key 和 storageType。
- get：读取存储数据的方法，返回存储的值，若值不存在则返回 null。
- set：存储数据的方法，将传入的值进行 JSON 序列化后存储。
- remove：删除存储数据的方法，将存储中的值删除。

使用该类可以方便地操作本地存储，可以使用以下代码创建一个 localStorage 存储对象：

```
const userStorage = new Storage<User>('user')
```

其中 User 是一个接口类型，用于指定存储的值的类型。可以通过以下代码读取存储的值：

```
const user = userStorage.get()
```

将值存储到本地存储：

```
userStorage.set(userData)
```

删除本地存储中的值：

```
userStorage.remove()
```

总之，这段代码封装了常见的本地存储操作，可以帮助我们更方便地操作本地存储。

任务 3　实 现 登 录

8.3.1　改写登录页面模板

除在原登录模板上将<a>标签修改为 AppLink 外，还需要给表单的输入框进行数据绑定，给提交事件设置回调函数。改写后的 Login 组件的模板代码如下：

```
<template>
  <div class="auth-page">
    <div class="container page">
      <div class="row">
        <div class="col-md-6 offset-md-3 col-xs-12">
          <h1 class="text-xs-center">
            Sign in
          </h1>
          <p class="text-xs-center">
            <AppLink name="register">
              Need an account?
            </AppLink>
          </p>

          <ul class="error-messages">
```

```
      <li
        v-for="(error, field) in errors"
        :key="field"
      >
        {{ field }} {{ error ? error[0] : '' }}
      </li>
    </ul>

    <form
      ref="formRef"
      @submit.prevent="login"
    >
      <fieldset
        class="form-group"
        aria-required="true"
      >
        <input
          v-model="form.email"
          class="form-control form-control-lg"
          type="email"
          required
          placeholder="Email"
        >
      </fieldset>
      <fieldset class=" form-group">
        <input
          v-model="form.password"
          class="form-control form-control-lg"
          type="password"
          required
          placeholder="Password"
        >
      </fieldset>
      <button
        class="btn btn-lg btn-primary pull-xs-right"
        :disabled="!form.email || !form.password"
        type="submit"
      >
        Sign in
      </button>
    </form>
  </div>
 </div>
 </div>
 </div>
</template>
```

8.3.2 实现登录逻辑

1. 登录逻辑分析

可以使用一个异步注册函数（register）来处理表单的提交事件，向服务器发送登录请求，并在成功后更新用户状态，并跳转到全局新闻页（global-feed）。如果登录失败，错误信息将被捕获并显示在错误列表中。

因为要保存用户状态，所以需要用到状态管理库。在 Vue 3 中，最佳的状态管理库是 Pinia，它使用简单，同时还提供了 Vue.js 3.0 中的组合式 API 风格的 API。

2. 登录逻辑实现

下面就先来实现全局状态管理功能。

在 Login.vue 中添加登录逻辑，下面是 Login.vue 的 TypeScript 脚本代码：

```ts
<script setup lang="ts">
import { routerPush } from 'src/router'
import { api, isFetchError } from 'src/services'
import type { LoginUser } from 'src/services/api'
import { useUserStore } from 'src/store/user'
import { reactive, ref } from 'vue'

const formRef = ref<HTMLFormElement | null>(null)
const form: LoginUser = reactive({
    email: '',
    password: '',
})
const { updateUser } = useUserStore()
const errors = ref()
const login = async () => {
    errors.value = {}
    if (!formRef.value?.checkValidity()) return
    try {
        const result = await api.users.login({ user: form })
        updateUser(result.data.user)
        await routerPush('global-feed')
    } catch (e) {
        if (isFetchError(e)) {
            errors.value = e.error?.errors
            return
        }
        console.error(e)
    }
}
</script>
```

代码分析如下。

● 表单绑定了一个名为 form 的响应式对象，包含两个属性：email 和 password，它们分别绑定到 email 和密码输入框的值上。

- 组件引入了 routerPush 和 api 两个模块，用于进行路由跳转和调用 API。
- 组件引入了 useUserStore 钩子函数，用于从 Pinia 中获取和更新用户信息。
- 组件定义了一个 login 方法，用于处理表单提交事件。方法会首先清空 errors 变量，然后通过 checkValidity 方法检查表单是否合法。若表单不合法，则返回，否则通过 API 调用进行登录，并将登录成功后返回的用户信息更新到 Pinia 中，最后跳转到全局新闻页。
- 组件使用 ref 创建了一个 formRef 变量，用于获取表单元素的引用。
- 组件使用 reactive 创建了一个 errors 变量，用于存储表单校验错误信息，它会与错误信息列表进行绑定。
- 组件通过 v-for 指令，将 errors 对象中的每个错误信息展示在页面上。

3. 创建 Pinia 实例

在入口文件 main.ts 中创建一个 Pinia 实例（根 store）并将其传递给应用，修改之后的 main.ts 内容如下：

```
import { createApp } from 'vue'
import { createPinia } from 'pinia'    // 新添加
import App from './App.vue'
import { router } from './router'
import registerGlobalComponents from 'src/plugins/global-components'

const app = createApp(App)
app.use(createPinia())    // 新添加
app.use(router)
registerGlobalComponents(app)
app.mount('#app')
```

其中 app.use(createPinia())的作用是使用 createPinia 函数创建一个全新的 Pinia 实例，并将其注册为 Vue 应用程序实例的一个插件。之所以把它写在入口文件中，是因为我们需要在 Vue 3.x 应用的任何组件中都可以使用 Pinia 进行状态管理。

4. 登录测试

先把存放在浏览器本地存储的相关数据删除，然后打开项目，发现导航栏已变为未登录时候的显示了。单击导航栏上的 Sign in 按钮，出现登录页面，登录成功后，跳转到首页，同时保存用户状态。

但是，我们很容易发现一个问题：导航栏不能随着用户登录状态的变化而改变。原因是没有跟踪用户状态的变化，现在我们就来改进它。

8.3.3 导航栏动态变化

修改 AppNavigation.vue 文件如下：

```
<script setup lang="ts">
    import { storeToRefs } from 'pinia'
    import type { AppRouteNames } from 'src/router'
    import { useUserStore } from 'src/store/user'
    import type { RouteParams } from 'vue-router'
```

```
import { computed,ref } from 'vue'

interface NavLink {
    name: AppRouteNames
    params?: Partial<RouteParams>
    title: string
    icon?: string
    display: 'all' | 'anonym' | 'authorized'
}
const { user } = storeToRefs(useUserStore())
//const user = ref({username:'gaspar'})
//const user = ref({})
const username = computed(() => user.value?.username)
const displayStatus = computed(() => username.value ? 'authorized' : 'anonym')
// 后面的代码不变！
```

代码的主要改变在于使用 storeToRefs 函数从 Pinia store 中获取 user 状态引用，而不是直接使用 ref 创建。这使得组件中的 user 对象的状态能以响应式的方式使用。这种改变不仅更规范和可维护，特别在大型应用中更有利于组织和管理应用的状态。当用户登录成功后，就能看见导航栏的动态变化了。

任务 4　实 现 注 册

8.4.1　改写注册页面模板

与登录页面模板的改写类似，除在原注册页面模板上将<a>标签修改为 AppLink 外，还需要给表单的输入框进行数据绑定，给提交事件设置回调函数。改写后的 Register 组件的模板代码如下：

```
<template>
    <div class="auth-page">
        <div class="container page">
            <div class="row">
                <div class="col-md-6 offset-md-3 col-xs-12">
                    <h1 class="text-xs-center">
                        Sign up
                    </h1>
                    <p class="text-xs-center">
                        <AppLink name="login">
                            Have an account?
                        </AppLink>
                    </p>
                    <ul class="error-messages">
                        <li
                            v-for="(error, field) in errors"
```

```
                        :key="field"
                >
                    {{ field }} {{ error ? error[0] : '' }}
            </li>
        </ul>
        <form
            ref="formRef"
            @submit.prevent="register"
        >
            <fieldset class="form-group">
                <input
                    v-model="form.username"
                    class="form-control form-control-lg"
                    type="text"
                    required
                    placeholder="Your Name"
                >
            </fieldset>
            <fieldset class="form-group">
                <input
                    v-model="form.email"
                    class="form-control form-control-lg"
                    type="email"
                    required
                    placeholder="Email"
                >
            </fieldset>
            <fieldset class="form-group">
                <input
                    v-model="form.password"
                    class="form-control form-control-lg"
                    type="password"
                    :minLength="8"
                    required
                    placeholder="Password"
                >
            </fieldset>
            <button
                type="submit"
                class="btn btn-lg btn-primary pull-xs-right"
                :disabled="!(form.email && form.username && form.password)"
            >
                Sign up
            </button>
        </form>
```

```
          </div>
        </div>
      </div>
    </div>
  </template>
```

8.4.2 实现注册逻辑

1. 注册逻辑分析

可以使用一个异步注册函数（register）来处理表单的提交事件，向服务器发送登录请求，并在成功后更新用户状态，并跳转到全局新闻页（global-feed）。如果注册失败，错误信息将被捕获并显示在错误列表中。

2. 注册逻辑实现

在 Register.vue 中添加注册逻辑，下面是 Register.vue 的 TypeScript 脚本代码：

```
<template>
  <!-- 改写后的模板 -->
</template>
<script setup lang="ts">
import { routerPush } from 'src/router'
import { api, isFetchError } from 'src/services'
import type { NewUser } from 'src/services/api'
import { useUserStore } from 'src/store/user'
import { reactive, ref } from 'vue'

const formRef = ref<HTMLFormElement | null>(null)
const form: NewUser = reactive({
  username: '',
  email: '',
  password: '',
})
const { updateUser } = useUserStore()
const errors = ref()
const register = async () => {
  errors.value = {}
  if (!formRef.value?.checkValidity()) return
  try {
    const result = await api.users.createUser({ user: form })
    updateUser(result.data.user)
    await routerPush('global-feed')
  } catch (e) {
    if (isFetchError(e)) {
      errors.value = e.error?.errors
    }
  }
}
</script>
```

代码分析如下。

- 组件使用了一个异步注册函数（register）来处理表单的提交事件，向服务器发送注册请求，并在成功后更新用户状态，并跳转到全局新闻页（global-feed）。如果注册失败，错误信息将被捕获并显示在错误列表中。
- 组件依赖于外部服务（如 router、api、store），需要先引入相关库或模块。
- 组件使用了 TypeScript 来增强代码的可维护性和类型检查，使用了 reactive 和 ref 两个 Vue 3 中的响应式 API 来管理组件状态。

总的来说，这个注册组件的实现比较简单和标准，具有良好的用户体验和交互性，并使用了一些常见的前端技术和最佳实践。

3. 实现 routerPush 函数

用户注册成功会调用 routerPush 函数跳转到全局新闻页（global-feed），所以还需要实现这个函数。因为是与路由相关，所以我们把下面的代码添加到 src/router.ts 即可。

```
export function routerPush (name: AppRouteNames, params?: RouteParams): ReturnType<typeof
router.push> {
    return params !== undefined
        ? router.push({
            name,
            params,
        })
        : router.push({ name })
}
```

至此，注册及相关功能就实现了。

4. 验证

项目运行起来后，没有登录前，导航栏的显示应该如图 8-1 所示。

图 8-1　导航栏（未登录）

注册成功后，自动登录并跳转，导航栏的显示应该如图 8-2 所示。

图 8-2　导航栏（登录后）

但是，我们的注册页面在注册成功跳转后，导航栏还是跟没有登录前一样。原因是我们的导航组件 AppNavigation 中没有获取用户的状态，所以不能及时调整导航栏的显示。

第9章　文章与个人中心

本章导读

本章将介绍如何实现文章相关功能和个人中心功能，包括新建/编辑文章、维护个人信息以及个人资料展示。通过学习本章内容，读者将掌握在 RealWorld 项目中实现文章和个人中心功能所需的基本知识和技巧。读者将能够创建和编辑文章，并维护个人信息，同时能够展示个人资料。这些功能的实现将丰富用户体验，为用户提供更好的博客使用体验。

本章要点

任务1　新建/编辑文章
● 介绍 EditArticle 组件的编写思路，包括编辑页面的设计和交互逻辑。
● 实现 EditArticle 组件，使用户能够创建和编辑文章。

任务2　维护个人信息
● 介绍 Settings 组件的编写思路，包括个人信息表单的设计和验证逻辑。
● 实现 Settings 组件，使用户能够维护个人信息。

任务3　个人资料展示
● 介绍 Profile 组件的编写思路，包括个人资料展示页面的设计和数据展示逻辑。
● 实现 Profile 组件，使用户能够展示个人资料和相关内容。

任务1　新建/编辑文章

新建/编辑文章

新建文章和编辑文章的模板高度相似，因此可以用 EditArticle 组件将新建文章和编辑文章两个功能组织在一个组件中，并根据路由参数 slug 是否存在来判断当前是新建文章还是编辑文章。

9.1.1　EditArticle 组件的编写思路

组件在 mounted 钩子中根据 slug 参数调用 fetchArticle 方法获取文章的详情，并将文章的标题、描述、正文、标签等信息绑定到表单数据对象 form 上，然后用户可以在表单中编辑或新增文章的标题、描述、正文和标签等内容。表单中的新增标签功能使用了 Vue 的响应式数据特性，并且实现了删除标签和提交表单等功能。在表单提交时，根据 slug 参数的存在与否调用不同的 API 来完成文章的创建或更新操作，完成后重定向到文章详情页面。通过这样的方式，EditArticle 组件实现了新建和编辑文章两个功能的复用。

9.1.2 EditArticle 组件的实现

EditArticle 组件的代码如下：

```html
<template>
  <div class="editor-page">
    <div class="container page">
      <div class="row">
        <div class="col-md-10 offset-md-1 col-xs-12">
          <form @submit.prevent="onSubmit">
            <fieldset class="form-group">
              <input
                v-model="form.title"
                type="text"
                class="form-control form-control-lg"
                placeholder="Article Title"
              >
            </fieldset>
            <fieldset class="form-group">
              <input
                v-model="form.description"
                type="text"
                class="form-control form-control-lg"
                placeholder="What's this article about?"
              >
            </fieldset>
            <fieldset class="form-group">
              <textarea
                v-model="form.body"
                :rows="8"
                class="form-control"
                placeholder="Write your article (in markdown)"
              />
            </fieldset>
            <fieldset class="form-group">
              <input
                v-model="newTag"
                type="text"
                class="form-control"
                placeholder="Enter tags"
                @change="addTag"
                @keypress.enter.prevent="addTag"
              >
              <div class="tag-list">
                <span
                  v-for="tag in form.tagList"
                  :key="tag"
```

```
                          class="tag-default tag-pill"
                        >
                          <i
                            class="ion-close-round"
                            @click="removeTag(tag)"
                          />
                          {{ tag }}
                        </span>
                      </div>
                    </fieldset>
                    <button
                      class="btn btn-lg pull-xs-right btn-primary"
                      type="submit"
                      :disabled="!(form.title && form.description && form.body)"
                    >
                      Publish Article
                    </button>
                  </form>
                </div>
              </div>
            </div>
          </div>
        </template>

        <script setup lang="ts">
        import { api } from 'src/services'
        import type { Article } from 'src/services/api'
        import { computed, onMounted, reactive, ref } from 'vue'
        import { useRoute, useRouter } from 'vue-router'

        interface FormState {
          title: string
          description: string
          body: string
          tagList: string[]
        }
        const route = useRoute()
        const router = useRouter()
        const slug = computed<string>(() => route.params.slug as string)
        const form: FormState = reactive({
          title: '',
          description: '',
          body: '',
          tagList: [],
        })
        const newTag = ref<string>('')
```

```
        const addTag = () => {
            form.tagList.push(newTag.value.trim())
            newTag.value = ''
        }
        const removeTag = (tag: string) => {
            form.tagList = form.tagList.filter(t => t !== tag)
        }
        async function fetchArticle (slug: string) {
            const article = await api.articles.getArticle(slug).then(res => res.data.article)
            form.title = article.title
            form.description = article.description
            form.body = article.body
            form.tagList = article.tagList
        }
        onMounted(() => {
            if (slug.value) fetchArticle(slug.value)
        })
        const onSubmit = async () => {
            let article: Article
            if (slug.value) {
                article = await api.articles.updateArticle(slug.value, { article: form }).then(res => res.data.article)
            } else {
                article = await api.articles.createArticle({ article: form }).then(res => res.data.article)
            }
            return router.push({ name: 'article', params: { slug: article.slug } })
        }
    </script>
```

EditArticle 组件用于创建和编辑文章，通过条件渲染和路由参数区分新建和编辑操作，具体实现如下。

- 通过 reactive 函数创建表单状态 form，包含 title、description、body 和 tagList 这 4 个属性，分别对应文章的标题、描述、正文和标签列表。
- 通过 ref 函数创建新标签输入框的状态 newTag。
- 实现 addTag 和 removeTag 函数，用于添加和删除标签。
- 通过 computed 函数获取路由参数 slug，用于区分新建和编辑操作。
- 在组件挂载后（onMounted），根据 slug 获取文章内容，将其填充至表单中，从而实现编辑功能。若没有 slug 参数，则表单默认为空，从而实现新建功能。
- 实现 onSubmit 函数，用于提交表单。若存在 slug 参数，则调用 API 更新文章；否则调用 API 创建文章。无论是更新还是创建，都会将最终文章的 slug 作为参数跳转至文章详情页面。
- 在模板中，通过条件渲染区分新建和编辑操作。若存在 slug 参数，则渲染编辑表单，否则渲染新建表单。在编辑表单中，通过 fetchArticle 函数将文章内容填充至表单中。

这样，通过一个组件就实现了新建和编辑文章两个功能，避免了使用重复的代码。

任务 2　维护个人信息

Settings 组件用于维护个人信息，该组件的模板非常简单，包含一个用于输入或编辑用户个人信息的表单，以及一个退出按钮。

9.2.1　Settings 组件的编写思路

Settings 组件的模板将登录用户的基本信息录入和编辑合二为一。在完成表单的录入或修改后，需要访问相应接口进行保存。另外，需要实现退出功能。

9.2.2　Settings 组件的实现

我们在第 5 章任务 2 完成了路由组件 Settings.vue 的模板设计，这里我们进一步实现它的业务逻辑，并在模板中完成数据绑定。下面是修改之后的代码：

```
<template>
  <div class="settings-page">
    <div class="container page">
      <div class="row">
        <div class="col-md-6 offset-md-3 col-xs-12">
          <h1 class="text-xs-center">
            Your Settings
          </h1>

          <form @submit.prevent="onSubmit">
            <fieldset>
              <fieldset class="form-group">
                <input
                  v-model="form.image"
                  type="text"
                  class="form-control"
                  placeholder="URL of profile picture"
                >
              </fieldset>
              <fieldset class="form-group">
                <input
                  v-model="form.username"
                  type="text"
                  class="form-control form-control-lg"
                  placeholder="Your name"
                >
              </fieldset>
              <fieldset class="form-group">
                <textarea
                  v-model="form.bio"
```

```
                    class="form-control form-control-lg"
                    :rows="8"
                    placeholder="Short bio about you"
                />
              </fieldset>
              <fieldset class="form-group">
                <input
                  v-model="form.email"
                  type="email"
                  class="form-control form-control-lg"
                  placeholder="Email"
                >
              </fieldset>
              <fieldset class="form-group">
                <input
                  v-model="form.password"
                  type="password"
                  class="form-control form-control-lg"
                  placeholder="New Password"
                >
              </fieldset>
              <button
                class="btn btn-lg btn-primary pull-xs-right"
                :disabled="isButtonDisabled"
                type="submit"
              >
                Update Settings
              </button>
            </fieldset>
          </form>
          <hr>
          <button
            class="btn btn-outline-danger"
            @click="onLogout"
          >
            Or click here to logout.
          </button>
        </div>
      </div>
    </div>
  </div>
</template>

<script setup lang="ts">
import { routerPush } from 'src/router'
```

```
import { api } from 'src/services'
import type { UpdateUser } from 'src/services/api'
import { useUserStore } from 'src/store/user'
import { computed, onMounted, reactive } from 'vue'

const form: UpdateUser = reactive({})
const userStore = useUserStore()
const onSubmit = async () => {
  const filteredForm = Object.entries(form).reduce((a, [k, v]) => v === null ? a : { ...a, [k]: v }, {})
  const userData = await api.user.updateCurrentUser({ user: filteredForm }).then(res => res.data.user)
  userStore.updateUser(userData)
  await routerPush('profile', { username: userData.username })
}
const onLogout = async () => {
  userStore.updateUser(null)
  await routerPush('global-feed')
}
onMounted(async () => {
  if (!userStore.isAuthorized) return await routerPush('login')
  form.image = userStore.user?.image
  form.username = userStore.user?.username
  form.bio = userStore.user?.bio
  form.email = userStore.user?.email
})
const isButtonDisabled = computed(() =>
  form.image === userStore.user?.image &&
      form.username === userStore.user?.username &&
      form.bio === userStore.user?.bio &&
      form.email === userStore.user?.email &&
      !form.password,
)
</script>
```

　　在模板部分，它包含一个表单，其中包含多个输入字段，用于编辑用户信息。每个输入字段都使用了 v-model 指令来将其与组件的数据绑定在一起。

　　在脚本部分，它定义了一个响应式对象 form，其中包含了用户更新的信息，还导入了一些依赖，如路由、API 服务和用户存储等。它使用了计算属性 isButtonDisabled，根据用户输入是否改变来判断提交按钮是否应该被禁用。

　　onSubmit 和 onLogout 是两个方法，用于处理表单的提交和退出登录按钮的单击事件。它们都包含了一些逻辑，如发送 API 请求、更新用户存储和路由跳转等。

　　在 onMounted 生命周期钩子中，它检查用户是否已经授权，并根据用户存储中的信息将表单填充为默认值。若用户未授权，则将路由重定向到登录页面。

　　总体来说，这个组件是一个比较典型的 Vue.js 组件，它使用了 Vue.js 的响应式系统、指令和生命周期钩子等特性，实现了一个功能齐全的个人信息设置页面。

任务 3　个人资料展示

Profile 组件用于用户资料展示，与个人中心相似，都能展示当前用户的资料，但不同之处在于它还能展示其他用户的资料。其模板并不复杂，包括一个标题区和一个正文区。标题区需要根据是否为当前用户而展示设置按钮或关注/取关按钮。正文区包含我的文章和我点赞的文章两个选项卡。

9.3.1　Profile 组件的编写思路

同一个模板实现当前用户和非当前用户资料展示的复用，因此在组件的逻辑中需要判断用户状态，并动态展示对应的按钮。

9.3.2　Profile 组件的实现

```html
<template>
  <div class="profile-page">
    <div class="user-info">
      <div class="container">
        <div class="row">
          <div class="col-xs-12 col-md-10 offset-md-1">
            <div
              v-if="!profile"
              class="align-left"
            >
              Profile is downloading...
            </div>
            <template v-else>
              <img
                :src="profile.image"
                class="user-img"
                :alt="profile.username"
              >

              <h4>{{ profile.username }}</h4>

              <p v-if="profile.bio">
                {{ profile.bio }}
              </p>

              <AppLink
                v-if="showEdit"
                class="btn btn-sm btn-outline-secondary action-btn"
                name="settings"
              >
                <i class="ion-gear-a space" />
```

```
                    Edit profile settings
                  </AppLink>

                  <button
                    v-if="showFollow"
                    class="btn btn-sm btn-outline-secondary action-btn"
                    :disabled="followProcessGoing"
                    @click="toggleFollow"
                  >
                    <i class="ion-plus-round space" />
                    {{ profile.following ? "Unfollow" : "Follow" }} {{ profile.username }}
                  </button>
                </template>
              </div>
            </div>
          </div>
        </div>
        <div class="container">
          <div class="row">
            <div class="col-xs-12 col-md-10 offset-md-1">
              <Suspense>
                <ArticlesList
                  use-user-feed
                  use-user-favorited
                />
                <template #fallback>
                  Articles are downloading...
                </template>
              </Suspense>
            </div>
          </div>
        </div>
      </div>
</template>

<script setup lang="ts">
import { storeToRefs } from 'pinia'
import ArticlesList from 'src/components/ArticlesList.vue'
import { useFollow } from 'src/composable/useFollowProfile'
import { useProfile } from 'src/composable/useProfile'
import type { Profile } from 'src/services/api'
import { isAuthorized, useUserStore } from 'src/store/user'
import { computed } from 'vue'
import { useRoute } from 'vue-router'

const route = useRoute()
```

```
const username = computed<string>(() => route.params.username as string)
const { profile, updateProfile } = useProfile({ username })
const { followProcessGoing, toggleFollow } = useFollow({
  following: computed<boolean>(() => profile.value?.following ?? false),
  username,
  onUpdate: (newProfileData: Profile) => updateProfile(newProfileData),
})
const { user } = storeToRefs(useUserStore())
const showEdit = computed<boolean>(() => isAuthorized() && user.value?.username ===
              username.value)
const showFollow = computed<boolean>(() => user.value?.username !== username.value)

</script>

<style scoped>
.space {
    margin-right: 4px;
}
.align-left {
    text-align: left
}
</style>
```

代码用 Vue 3 进行了组件化，复用了 ArticlesList 组件，使用了表单双向绑定、计算属性等 Vue 特性。

模板部分具体改进如下。

● 使用了 v-if 和 v-else 指令来根据 profile 属性是否存在动态渲染页面内容，从而实现异步加载个人资料信息的功能。

● 使用了 AppLink 组件来代替原来的按钮元素，并传入了相应的参数，以减少重复的代码和提高代码的可重用性。

● 使用了 Suspense 组件来处理异步加载文章列表的逻辑，并使用#fallback 模板来展示加载时的提示信息。同时，通过 use-user-feed 和 use-user-favorited 属性，让 ArticlesList 组件能够动态地显示当前用户自己的文章或喜欢的文章。

组件逻辑部分具体改进如下。

● 引入了 storeToRefs 函数来将 Pinia 中的数据转化为响应式的引用，以便在模板中动态地渲染页面内容。

● 引入了 useFollowProfile 组合式函数来处理关注和取消关注的逻辑，并使用 toggleFollow 方法来动态地更新页面内容。

第 10 章 使用组合式函数

本章导读

本章将介绍组合式函数的概念和用法，以及如何在 Vue 3 中利用组合式函数实现逻辑复用和状态共享。通过使用组合式函数，可以更好地组织和管理代码，提高代码的可复用性和可维护性。

通过学习本章内容，读者将掌握使用组合式函数来实现逻辑复用和状态共享的技巧，从而提高代码的可维护性和可复用性。

本章要点

任务 1　认识组合式函数
- 介绍组合式 API 与组合式函数的概念。
- 讨论组合式函数在逻辑复用和状态共享方面的优势。

任务 2　创建组合式函数 useArticles
- 创建 useArticles 组合式函数，实现获取文章列表的功能。
- 封装分页和异步操作，简化复杂的业务逻辑。

任务 3　创建组合式函数 useFavoriteArticle
- 创建 useFavoriteArticle 组合式函数，实现点赞功能。

任务 4　创建组合式函数 useFollow
- 创建 useFollow 组合式函数，实现关注和取关用户的功能。

任务 5　创建组合式函数 useProfile
- 创建 useProfile 组合式函数，实现获取用户个人资料的功能。

任务 6　创建组合式函数 useTags
- 创建 useTags 组合式函数，实现获取标签列表的功能。

任务 1　认识组合式函数

认识组合式函数

在 Vue 3 应用的概念中，"组合式函数"是一个利用 Vue 的组合式 API 来封装和复用有状态逻辑的函数。它可以将多个函数组合成一个更复杂的函数，通常用于避免重复代码和提高代码的可复用性。

10.1.1 组合式 API 与组合式函数

Vue 3 中的"组合式 API"是一种新的 API，用于编写 Vue 组件中的可复用逻辑代码。它不是替代现有的选项式 API，而是一种补充。组合式 API 旨在使组件的逻辑更加清晰、可组合和可重用，尤其是在组件变得越来越复杂时。

在 Vue 2.x 中，组件的逻辑代码往往被分散在多个选项属性（如 data、computed、methods 等）中，这使组件变得难以阅读和维护。而在 Vue 3 中，可以将相关的逻辑代码组合在一起形成组合式函数，从而使组件代码更加清晰和易于维护。

10.1.2　组合式函数之逻辑复用

示例 1　计数器组件。

下面请看一个简单的、用 Vue 组件实现计数器的代码：

```
<template>
  <div>
    <p>{{ count }}</p>
    <button @click="increment">increment</button>
    <button @click="reset">reset</button>
  </div>
</template>

<script setup lang="ts">
  import { ref } from 'vue'

  const count = ref(0)
  function increment() {
    count.value++
  }
  function reset() {
    count.value = 0
  }
</script>
```

这个示例并没有显式地定义组合式函数，但是<script setup>语法本身可以看作是一个组合式函数，因为它可以将多个逻辑块组合在一起，并将它们自动绑定到模板上。

示例 2　用显式的组合式函数实现计数器组件。

下面我们为示例 1 显式地添加组合式函数，请看代码：

```
<template>
  <div>
    <p>{{ count }}</p>
    <button @click="increment">Increment</button>
    <button @click="reset">Reset</button>
  </div>
</template>

<script setup lang="ts">
import { ref } from 'vue'

const useCounter = () => {
```

```
      const count = ref(0)
      const increment = () => {
        count.value++
      }
      const reset = () => {
        count.value = 0
      }
      return {
        count,
        increment,
        reset,
      }
    }

    const { count, increment, reset } = useCounter()
  </script>
```

这个 Vue 3 组件使用了一个名为 useCounter 的函数。该函数封装了计数器的逻辑并返回一个包含响应式状态 count 和两个方法 increment 及 reset 的对象。

const { count,increment,reset } = useCounter()语句使用对象解构将返回的对象中的 count、increment 和 reset 变量提取出来，以便在模板中使用。

因此，useCounter 函数是一个组合式函数，用于封装计数器的逻辑并提供必要的响应式状态和用于更新状态的方法。按照惯例，组合式函数名以"use"开头。

这个示例很好地体现了组合式函数的封装性，但是没有体现出组合式函数的复用性。如果我们想在多个组件中复用一个相同的逻辑，我们可以把这个逻辑以一个组合式函数的形式提取到同名的外部文件 useCounter.js 中，并导出它：

```
  //   src/composables/useCounter.js
  import { ref } from 'vue'

  export const useCounter = () => {
      const count = ref(0)
      const increment = () => {
          count.value++
      }
      const reset = () => {
          count.value = 0
      }
      return {
          count,
          increment,
          reset,
      }
  }
```

按照惯例，把这个文件保存到项目的 src/composables 文件夹中。然后，在其他组件中，我们可以通过导入和使用 useCounter 组合式函数来获得与当前组件相同的计数器功能。

示例 3   导入组合式函数实现计数器组件。

下面我们对示例 2 代码进行修改,导入 useCounter 组合式函数,请看代码:

```
<template>
  <div>
    <p>{{ count }}</p>
    <button @click="increment">Increment</button>
    <button @click="reset">Reset</button>
  </div>
</template>

<script setup lang="ts">
import { useCounter } from '@/composable/useCounter'

const { count, increment, reset } = useCounter()
</script>
```

通过将 useCounter 组合式函数定义在单独的文件中并导出它,就可以在多个组件中重复使用该函数,从而提高代码的可维护性和可重用性。

更酷的是,还可以嵌套多个组合式函数:一个组合式函数可以调用一个或多个其他的组合式函数。这使我们可以像使用多个组件组合成整个应用一样,用多个较小且逻辑独立的单元来组合形成复杂的逻辑。

10.1.3   组合式函数之状态共享

我们从以下几个方面来说明函数的状态以及如何共享。

(1)JavaScript 的普通函数是无状态的,因为随着函数调用的结束,函数内部的局部变量都会被销毁,状态也随之消失。如果要在函数调用之间保留状态,我们可以使用闭包来实现它。另外,使用对象属性或全局变量也能存储状态。

(2)Vue 单文件组件内部的组合式函数是有状态的,可以用示例 2 的代码创建一个计数器进行验证。每次单击计数器的 Increment 按钮时,计数器都会在原计数值的基础上进行"+1"操作。

(3)Vue 单文件组件内部的组合式函数不能在多个组件之间共享状态,可以用示例 2 的代码创建两个计数器进行验证。每次单击其中一个计数器的 Increment 按钮时,只会改变这个计数器的计数值,另一个计数器的计数值不受影响。这是因为每个计数器组件都会创建自己的状态实例,这些状态实例是相互独立的,无法进行共享。

(4)使用独立的组合式函数能否在不同的组件之间共享状态呢?用示例 3 的代码创建两个计数器就能验证。每次单击其中一个计数器的 Increment 按钮时,这个计数器的计数值改变,另一个计数器的计数值仍然不受影响。

由此可见,独立的组合式函数可以实现逻辑复用,但不能在组件间进行状态共享。如果需要在不同的组件之间共享状态,可以使用 Pinia 状态管理库或通过事件传递状态等方式来实现,或者可以将组合式函数实例化后注入多个组件中,但这种方式需要开发者自己进行一些额外的处理和维护。总之,在使用组合式函数时,需要根据具体的场景选择合适的状态管理方式。

特别说明：在本书的后续部分，若未特别声明，"组合式函数"一词专指定义在单独的.js或.ts 文件中的"独立的组合式函数"。

任务 2　创建组合式函数 useArticles

在 Home.vue 组件中，我们已经实现了获取 articles 的功能。实际上，在其他地方也需要使用这个功能，但是重复复制粘贴代码将会导致维护难度增加。为了解决这个问题，一个比较好的做法就是将获取 articles 的功能封装起来。在 Vue 3 中，组合式函数被设计成独立于组件的函数式代码块，这使测试和复用逻辑变得更加容易，因此，我们可以将获取 articles 的功能封装为一个组合式函数，以便在需要的时候进行调用。

10.2.1　分页

在封装获取文章列表的组合式函数之前，先来看看 7.4.4 中通过 index.ts 导出的pageToOffset()函数，其代码如下：

```
export function pageToOffset (page: number = 1, localLimit = limit): {limit: number, offset: number} {
    const offset = (page - 1) * localLimit
    return { limit: localLimit, offset }
}
```

pageToOffset 函数接收两个参数：page 和 localLimit。其中 page 参数用来指定当前的页数，默认值为 1；localLimit 参数用来指定每页显示的条目数，它的默认值是 limit。

该函数的主要作用是将当前页数和每页条目数转换为数据库中 LIMIT 和 OFFSET 子句所需的值，以便在查询时进行分页处理。具体来说，它通过以下公式计算出当前页的偏移量 offset：

```
offset = (page - 1) * localLimit
```

然后将 limit 和 offset 分别作为对象的属性返回：

```
return { limit: localLimit, offset }
```

这样，在进行数据库查询时，可以将这两个属性传递给查询语句中的 LIMIT 和 OFFSET 子句，从而实现分页查询。

需要注意的是，该函数的默认参数 localLimit 的值是一个全局变量 limit，如果在使用该函数时没有定义 localLimit 参数，那么它的值就是 limit 的值。因此，在使用该函数之前需要确保 limit 已经定义或使用了其他的默认值。

10.2.2　封装异步操作到 useAsync 函数

封装异步操作到
useAsync 函数

在 Vue 3 单页项目中，对后端 API 的异步访问是很频繁的操作，将其进行封装便于逻辑复用，也可以提高可扩展性和可维护性。

下面是详细的代码：

```
import { routerPush } from 'src/router'
import { isFetchError } from 'src/services'
import type { Ref } from 'vue'
import { ref } from 'vue'
```

```
interface UseAsync<T extends (...args: unknown[]) => unknown> {
    active: Ref<boolean>
    run: (...args: Parameters<T>) => Promise<ReturnType<T>>
}
export default function useAsync<T extends (...args: unknown[]) => unknown> (fn: T): UseAsync<T> {
    const active: UseAsync<T>['active'] = ref(false)
    const run: UseAsync<T>['run'] = async (...args) => {
        active.value = true
        try {
            const result = await fn(...args)
            return result as ReturnType<T>
        } catch (error) {
            if (isFetchError(error) && error.status === 401) {
                await routerPush('login')
                throw new Error('Need to login first')
            }
            throw error
        } finally {
            active.value = false
        }
    }
    return { active, run }
}
```

这段代码定义了一个名为 useAsync 的函数，它接收一个参数 fn，该参数是一个函数类型（T），并返回一个具有两个属性 active 和 run 的对象。

active 属性是一个布尔类型的 ref 对象，用于标识当前异步操作是否处于激活状态。ref 函数来自 Vue 3 的核心库，它可以将一个值转换为响应式对象，这个响应式对象可以在 Vue 的模板中使用。在这里，我们使用 ref 创建了一个初始值为 false 的响应式对象。

run 属性是一个函数，该函数会执行传入的 fn 函数，并返回其结果。在 run 函数内部，它会首先将 active 的值设置为 true，以表示异步操作正在进行。然后，它会调用 fn 函数，并将其参数传递进去。fn 函数执行成功，则 run 函数将返回 fn 函数的结果；否则，它会判断错误是否为 isFetchError 所定义的一种特定类型的错误，并且 HTTP 状态码为 401。如果是这种情况，它会调用 routerPush 函数来导航到登录页面，并抛出一个新的错误，以便调用方可以捕获并处理。错误不是上述情况，则 run 函数会重新抛出错误。最后，无论 fn 函数执行成功还是失败，run 函数都会将 active 的值设置为 false，以表示异步操作已经完成。

useAsync 函数的泛型参数 T 限制了传入的函数 fn 的参数和返回值类型，因此，调用 useAsync 函数时，需要传入一个类型为(args: unknown[]) => unknown 的函数作为参数。这个传入的函数可以是任何函数类型，只要它的参数和返回值类型符合限制即可。

这段代码是一个常见的 Vue 3 中用于封装异步操作的 hook 函数（钩子函数），它可以帮助我们更方便地管理异步操作的状态，并处理一些通用的错误情况。

10.2.3　创建组合式函数获取文章列表

在 src/composable 文件夹下，新建一个 useArticles.ts 文件，编写代码实现文章列表的获取。完成之后的代码如下：

```typescript
import type { AppRouteNames } from 'src/router'
import { pageToOffset, api } from 'src/services'
import type { Article } from 'src/services/api'
import useAsync from 'src/utils/use-async'
import type { ComputedRef } from 'vue'
import { computed, ref, watch } from 'vue'
import { useRoute } from 'vue-router'

export function useArticles () {
  const { articlesType, tag, username, metaChanged } = useArticlesMeta()

  const articles = ref<Article[]>([])
  const articlesCount = ref(0)
  const page = ref(1)
  async function fetchArticles (): Promise<void> {
    articles.value = []
    let responsePromise: null | Promise<{ articles: Article[], articlesCount: number }> = null
    if (articlesType.value === 'my-feed') {
      responsePromise = api.articles.getArticlesFeed(pageToOffset(page.value))
        .then(res => res.data)
    } else if (articlesType.value === 'tag-feed' && tag.value) {
      responsePromise = api.articles.getArticles({ tag: tag.value, ...pageToOffset(page.value) })
        .then(res => res.data)
    } else if (articlesType.value === 'user-feed' && username.value) {
      responsePromise = api.articles.getArticles({ author: username.value, ...pageToOffset(page.value) })
        .then(res => res.data)
    } else if (articlesType.value === 'user-favorites-feed' && username.value) {
      responsePromise = api.articles.getArticles({ favorited: username.value, ...pageToOffset(page.value) })
        .then(res => res.data)
    } else if (articlesType.value === 'global-feed') {
      responsePromise = api.articles.getArticles(pageToOffset(page.value))
        .then(res => res.data)
        //.then(res => {console.log(res.data); return res.data})
    }
    if (responsePromise !== null) {
      const response = await responsePromise
      articles.value = response.articles
      articlesCount.value = response.articlesCount
    } else {
      console.error(`Articles type "${articlesType.value}" not supported`)
    }
  }
}
```

```
    const changePage = (value: number): void => {
      page.value = value
    }
    const updateArticle = (index: number, article: Article): void => {
      articles.value[index] = article
    }

    const { active: articlesDownloading, run: runWrappedFetchArticles } = useAsync(fetchArticles)
    watch(metaChanged, async () => {
      if (page.value !== 1) changePage(1)
      else await runWrappedFetchArticles()
    })
    watch(page, runWrappedFetchArticles)
    return {
      fetchArticles: runWrappedFetchArticles,
      articlesDownloading,
      articles,
      articlesCount,
      page,
      changePage,
      updateArticle,
      tag,
      username,
    }
  }

export type ArticlesType = 'global-feed' | 'my-feed' | 'tag-feed' | 'user-feed' | 'user-favorites-feed'
export const articlesTypes: ArticlesType[] = ['global-feed', 'my-feed', 'tag-feed', 'user-feed', 'user-favorites-feed']
// eslint-disable-next-line @typescript-eslint/explicit-module-boundary-types, @typescript-eslint/no-explicit-any
export const isArticlesType = (type: any): type is ArticlesType => articlesTypes.includes(type)
const routeNameToArticlesType: Partial<Record<AppRouteNames, ArticlesType>> = {
  'global-feed': 'global-feed',
  'my-feed': 'my-feed',
  'tag': 'tag-feed',
  'profile': 'user-feed',
  'profile-favorites': 'user-favorites-feed',
}
interface UseArticlesMetaReturn {
  tag: ComputedRef<string>
  username: ComputedRef<string>
  articlesType: ComputedRef<ArticlesType>
  metaChanged: ComputedRef<string>
}
function useArticlesMeta(): UseArticlesMetaReturn {
  const route = useRoute()
  const tag = ref('')
```

```
const username = ref('')
const articlesType = ref<ArticlesType>('global-feed')

watch(
  () => route.name,
  routeName => {
    const possibleArticlesType = routeNameToArticlesType[routeName as AppRouteNames]
    if (!isArticlesType(possibleArticlesType)) return
    articlesType.value = possibleArticlesType
  },
  { immediate: true },
)
watch(
  () => route.params.username,
  usernameParam => {
    if (usernameParam !== username.value) {
      username.value = typeof usernameParam === 'string' ? usernameParam : ''
    }
  },
  { immediate: true },
)
watch(
  () => route.params.tag,
  tagParam => {
    if (tagParam !== tag.value) {
      tag.value = typeof tagParam === 'string' ? tagParam : ''
    }
  },
  { immediate: true },
)
return {
  tag: computed(() => tag.value),
  username: computed(() => username.value),
  articlesType: computed(() => articlesType.value),
  metaChanged: computed(() => `${articlesType.value}-${username.value}-${tag.value}`),
}
}
```

在 useArticles.ts 文件的全局范围内，引入了来自'src/router'、'src/services'和'src/utils' 的不同函数和类型。其中，pageToOffset 用于计算分页偏移。

在 useArticles.ts 文件还定义了两个组合式函数：useArticlesMeta 和 useArticles。

useArticlesMeta 函数是一个辅助函数，用于解析路由参数并提取与文章相关的元数据，例如文章类型、标签、用户名等。这个函数返回一个包含元数据的对象，供 useArticles 函数使用。

useArticles 函数是主要的组合式函数，负责管理与文章相关的数据逻辑，包括获取、展示和更新文章列表等操作。

在 useArticles 函数内部，创建了响应式变量 articles、articlesCount 和 page。fetchArticles

函数利用这些变量以及文章类型（从 useArticlesMeta 返回的）调用 api.articles.getArticles 或 api.articles.getArticlesFeed 函数，从而获取文章列表和计数。此外，fetchArticles 函数通过运行异步请求的 useAsync 组合式函数来管理异步操作的状态。

为了能从其他组件中更改当前页码和更新特定文章信息，useArticles 函数内部还定义了 changePage 和 updateArticle 函数。

最后，useArticles 函数对外暴露了一个包含多个属性和函数的对象，其中包括 fetchArticles、articlesDownloading、articles、articlesCount、page、changePage、updateArticle、tag 和 username。这些属性和函数可以被其他组件用于获取文章数据、管理状态和进行交互。

任务 3　创建组合式函数 useFavoriteArticle

10.3.1　功能分析

在 RealWorld 博客项目中，点赞功能的使用频率很高，是典型的跨组件的公共逻辑，在文章列表、文章详情、用户资料等多个页面中都会用到，如果不封装成一个可复用的函数，就会导致代码冗余和维护困难。

另外，点赞功能涉及异步请求和响应处理，把它封装成一个可复用的函数，可以降低组件内部的复杂度和耦合度，从而提高代码的可读性和可测试性。

最后，点赞功能需要根据用户的登录状态和点赞状态来切换不同的请求方法和显示效果，把它封装成一个可复用的函数，可以减少组件内部的判断逻辑和渲染逻辑，提高代码的灵活性和可扩展性。

10.3.2　创建组合式函数实现点赞功能

在 src/composable 文件夹下，新建一个 useFavoriteArticle.ts 文件，代码如下：

```
import { api } from 'src/services'
import type { Article } from 'src/services/api'
import useAsync from 'src/utils/use-async'
import type { ComputedRef } from 'vue'
interface useFavoriteArticleProps {
  isFavorited: ComputedRef<boolean>
  articleSlug: ComputedRef<string>
  onUpdate: (newArticle: Article) => void
}
export const useFavoriteArticle = ({ isFavorited, articleSlug, onUpdate }: useFavoriteArticleProps) => {
  const favoriteArticle = async () => {
    const requestor = isFavorited.value ? api.articles.deleteArticleFavorite : api.articles.createArticleFavorite
    const article = await requestor(articleSlug.value).then(res => res.data.article)
    onUpdate(article)
  }
  const { active, run } = useAsync(favoriteArticle)
  return {
```

```
          favoriteProcessGoing: active,
          favoriteArticle: run,
      }
  }
```

这段代码定义了一个名为 useFavoriteArticleProps 的接口，它包含了以下 3 个属性。

- isFavorited：一个布尔类型的计算属性，用于表示文章是否被点赞。
- articleSlug：一个字符串类型的计算属性，用于表示文章的 slug。
- onUpdate：一个函数类型，用于在更新文章时被调用。

useFavoriteArticle 函数用于处理文章的点赞功能。它接收一个名为 useFavoriteArticleProps 的接口类型作为参数，并返回一个包含两个属性的对象。

在 favoriteArticle 函数中，根据 isFavorited 计算属性的值选择调用 deleteArticleFavorite 或 createArticleFavorite 函数，并将文章的 slug 作为参数传递给该函数；然后等待该函数返回结果，并从结果中获取文章对象；最后，调用 onUpdate 函数更新文章对象。

在 useAsync 中，使用 favoriteArticle 函数创建一个异步操作，返回值是一个包含 active 和 run 属性的对象。其中 active 表示当前异步操作是否处于活动状态，run 是一个函数，用于启动异步操作。

任务 4　创建组合式函数 useFollow

10.4.1　功能分析

在 RealWorld 博客项目中，关注/取消关注功能通常会在用户资料页和文章详情页中被用到。对其进行封装可以让代码更加模块化，易于维护和复用。这样，当我们需要在其他页面中使用关注/取消关注功能时，只需调用封装好的函数即可，而不需要重复编写相同的逻辑。这也有助于保持代码的一致性和可读性。

10.4.2　创建组合式函数关注/取关用户

在 src/composable 文件夹下，新建一个 useFollowProfile.ts 文件，代码如下：

```
import { api } from 'src/services'
import type { Profile } from 'src/services/api'
import useAsync from 'src/utils/use-async'
import type { ComputedRef } from 'vue'

interface UseFollowProps {
  username: ComputedRef<string>
  following: ComputedRef<boolean>
  onUpdate: (profile: Profile) => void
}
export function useFollow ({ username, following, onUpdate }: UseFollowProps) {
  async function toggleFollow () {
    const requester = following.value ? api.profiles.unfollowUserByUsername:
              api.profiles.followUserByUsername
```

```
      const profile = await requester(username.value).then(res => res.data.profile)
      onUpdate(profile)
    }
    const { active, run } = useAsync(toggleFollow)
    return {
      followProcessGoing: active,
      toggleFollow: run,
    }
  }
```

这段代码使用了 Vue 3 的组合式函数来实现关注/取消关注功能。它定义了一个名为 useFollow 的函数，该函数接收一个对象作为参数，其中包括用户名 username，用户是否已被关注的状态 following 以及更新用户数据的回调函数 onUpdate。

在 useFollow 函数内部，定义了一个名为 toggleFollow 的异步函数，该函数根据用户是否已被关注来决定调用取消关注还是关注用户的 API，并在请求成功后调用 onUpdate 回调函数来更新用户数据。

使用自定义的 useAsync 钩子来处理异步请求，并返回一个对象，其中包括关注/取消关注过程是否正在进行中的状态 followProcessGoing 以及触发关注/取消关注操作的函数 toggleFollow。

任务 5   创建组合式函数 useProfile

10.5.1   功能分析

在 RealWorld 博客项目中，useProfile 这个组合式函数可能会在需要显示用户个人资料的地方被用到，如用户个人主页和文章详情页。它可以帮助我们更方便地获取和更新用户个人资料，而不需要在每个组件中重复编写相同的逻辑。

10.5.2   创建组合式函数获取用户个人资料

在 src/composable 文件夹下新建 useProfile.ts 文件，编写代码获取用户个人资料。代码如下：

```
import { api } from 'src/services'
import type { Profile } from 'src/services/api'
import type { ComputedRef } from 'vue'
import { ref, watch } from 'vue'

interface UseProfileProps {
  username: ComputedRef<string>
}
export function useProfile ({ username }: UseProfileProps) {
  const profile = ref<Profile | null>(null)
  async function fetchProfile (): Promise<void> {
    updateProfile(null)
    if (!username.value) return
```

```
              const profileData = await api.profiles.getProfileByUsername(username.value).then(res => res.data.profile)
              updateProfile(profileData)
          }
          function updateProfile (profileData: Profile | null): void {
              profile.value = profileData
          }
          watch(username, fetchProfile, { immediate: true })
          return {
              profile,
              updateProfile,
          }
      }
```

　　这段代码使用了 Vue 3 的组合式函数来实现获取用户个人资料的功能。它定义了一个名为 useProfile 的函数，该函数接收一个对象作为参数，其中包括用户名 username。

　　在 useProfile 函数内部，定义了一个响应式引用 profile 来存储用户个人资料，同时定义了两个函数：fetchProfile 和 updateProfile。fetchProfile 函数用于异步获取用户个人资料，并调用 updateProfile 函数来更新响应式引用 profile 的值。updateProfile 函数接收一个用户个人资料对象作为参数，并将其赋值给响应式引用 profile。

　　使用 Vue 3 的 watch 函数来监听用户名的变化，当用户名发生变化时，立即调用 fetchProfile 函数来获取新的用户个人资料。

　　这样，我们就可以在组件中使用这个封装好的获取用户个人资料的功能了。

任务 6　创建组合式函数 useTags

10.6.1　功能分析

　　在 RealWorld 博客项目的官方实现中，获取标签列表的功能主要有两个用途：一是在首页的右侧显示所有可用的标签，用户可以单击标签来筛选感兴趣的文章；二是在发布或编辑文章的页面，用户可以为自己的文章添加或删除标签，以便于分类和检索。

　　其实还可以在更多的地方使用标签列表，例如：

- 文章详情页：在文章详情页的底部，有一个 Tags 的模块，显示了当前文章所属的标签。用户可以单击这些标签，来查看相关的文章。
- 文章创建页：在文章创建页的底部，有一个 Tags 的输入框，用户可以输入或选择标签来描述文章的主题。输入框下方显示已经存在的标签供用户选择。
- 文章编辑页：在文章编辑页的底部，有一个 Tags 的输入框，用户可以修改或删除已经选择的标签，或者添加新的标签来描述文章的主题。输入框下方会显示已经存在的标签供用户选择。

　　为了应对可能的需求变化，应该把获取标签列表的功能从页面中分离出来并加以封装，这样可以带来很多好处，例如：

- 代码复用：避免在不同页面中重复编写相同或类似的代码，提高代码质量和可维护性。

- 逻辑分离：使页面更加专注于展示和交互。
- 功能扩展：可以方便地对标签进行增、删、改、查等操作，以及添加其他与标签相关的功能，如排序、分组、搜索等。

下面就开始封装获取标签列表的功能。

10.6.2　创建组合式函数获取标签列表

如何获取标签数据呢？获取标签列表的功能是通过调用后端的 API 实现的，返回一个包含所有标签名称的数组。

在 src/composable 文件夹下新建 useTags.ts 文件，编写代码如下：

```
import { api } from 'src/services'
import { ref } from 'vue'

export function useTags () {
  const tags = ref<string[]>([])
  async function fetchTags (): Promise<void> {
    tags.value = []
    tags.value = await api.tags.getTags().then(({ data }) => data.tags)
  }
  return {
    fetchTags,
    tags,
  }
}
```

这段代码定义了一个 useTags 函数，该函数不接收任何参数，返回一个对象，包含 fetchTags 和 tags 两个属性。fetchTags 属性是一个函数，用于获取标签列表。tags 属性是一个响应式的 ref 对象，用于存储获取到的标签列表。通过返回这两个属性，组合式函数可以将标签列表暴露给其他组件，以便它们可以在需要时使用标签列表。

在 useTags 函数内部，使用了 Vue 3 的 ref 函数来创建响应式的 tags 对象，它的初始值是一个空数组。

fetchTags 函数用于获取标签列表，它首先通过将 tags.value 重置为空数组，来清空上一次获取到的标签列表。然后，它通过调用 api.tags.getTags()方法来获取标签列表，并将获取到的标签列表存储在 tags.value 中。

第 11 章　三 级 组 件

在本章中，读者将学习如何使用三级组件来进一步拆分和组织应用程序。通过将大型组件拆分为更小的组件，可以提高代码的可读性、可维护性和复用性。本章将以两个任务为例，分别是拆分 Home 组件和拆分 Article 组件。

任务 1　拆分 Home 组件
- 介绍拆分组件的重要性和好处。
- 学习如何将大型组件拆分为更小的组件。
- 详细讲解如何拆分 Home 组件，包括组件结构和代码实现。

任务 2　拆分 Article 组件
- 继续探讨组件的拆分和组织方法。
- 学习如何拆分 Article 组件，以提高代码的可读性和可维护性。
- 提供拆分后的组件代码示例，让读者更好地理解和应用所学内容。

任务 1　拆分 Home 组件

拆分 Home 组件

11.1.1　拆分组件

1. 为什么要拆分组件？

把大的组件拆成一个个小的组件，这是 Vue.js 一直推崇的组件化思想，它让我们可以把 UI 划分为独立的、可重用的部分，并通过 props 和自定义事件来实现数据和事件的传递。这种层层嵌套的组件树状结构会带来以下几个好处。

- 分离关注点：每个组件都只关注自己的业务逻辑和 UI 展示，减少了耦合性，便于单独开发和维护。
- 重用性：可以将组件在不同的页面和应用程序中重复使用，提高了代码的复用性，减少了代码量。
- 可维护性：由于每个组件只关注自己的功能，所以可以更容易地对其进行修改、调试和测试。
- 可扩展性：当需要添加新的功能时，可以通过增加新的组件来扩展应用程序，而不需要修改现有的组件。

- 更好的团队协作：不同的开发人员可以专注于不同的组件，提高了开发效率，同时也方便了团队协作和项目管理。

2. 组件拆分的原则

Vue 组件的拆分原则通常有以下几点。

- 单一职责原则（Single Responsibility Principle，SRP）：每个组件只负责单一的功能，避免了组件功能的混杂和代码的冗余，同时也有助于减少组件之间的耦合度。
- 可重用性：将通用的组件进行抽离，封装成一个独立的组件，使其能够在不同的页面或场景下得到复用，提高了开发效率。
- 组件化思想：将 UI 拆分为独立的、可重用的组件，每个组件可以拥有自己的样式、行为和数据，可以更好地维护和测试，也可以方便地进行组件的替换和升级。

图 11-1 取自 Vue.js 官网，直观地展示了三级组件的拆分过程。深灰色背景的区域代表根组件<Root>，即第一级组件，它被划分为 3 个浅灰色的区域，代表 3 个第二级组件，分别是<Header>、<Main>和<Aside>。<Main>组件被拆分为两个中灰色的第三级组件<Article>，而<Aside>组件被拆分为 3 个中灰色的第三级组件<Item>。

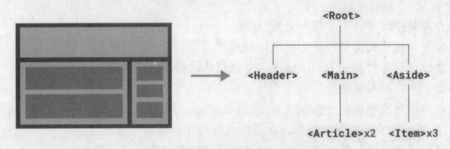

图 11-1　组件的树状层次结构

11.1.2　拆分 Home 组件

访问https://demo.realworld.io/#/可以在浏览器中打开 RealWorld 博客网站并浏览首页的内容。首页对应的是 5.2.1 中的 Home 组件，它是一个页面级组件。

基于组件的拆分原则，结合 Home 页的实际结构和功能，我们可以对 Home 组件进行以下拆分。

- Home 页面分为相对对立的 3 个部分：横幅（Banner）、文章列表和热门标签列表。
- 横幅是静态的，比较简单，并且只出现在 Home 页，所以不用对它进行拆分。
- 文章列表和热门标签列表是动态展示的，并且在其他页面也会用到，因此可以将它们拆分到两个子组件，分别取名为 ArticlesList 和 PopularTags。
- ArticlesList 组件负责显示文章列表，包括导航、文章预览和分页功能，可以将其拆分为对应的 3 个子组件：ArticlesListNavigation、ArticlesListArticlePreview 和 AppPagination。它们相对独立，又彼此关联。
- PopularTags 组件则负责显示热门标签列表，由于它的功能相对比较单一，所以就不再继续对它进行拆分。

这样拆分之后，就形成了从 Home 组件开始的三级组件关系，如下所示：

```
Home
├── ArticlesList
│     ├── ArticlesListNavigation
│     ├── ArticlesListArticlePreview  × N (N <= 10)
│     └── AppPagination
└── PopularTags
```

这个嵌套的三级组件关系可以用图 11-2 直观地表示。

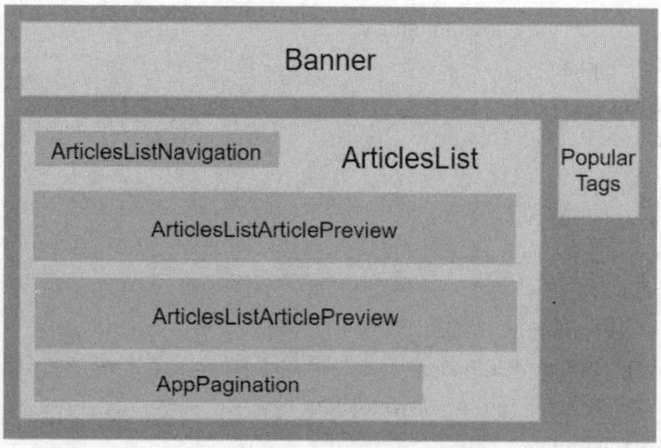

图 11-2　Home 组件的嵌套关系

深灰色背景区域代表 Home 组件，它被分割成了 3 个浅灰色的区域：上面是横幅，下面分为左右两部分，分别对应 ArticlesList 组件和 PopularTags 组件。

ArticlesList 组件从上到下分别被拆分为中灰色背景的 ArticlesListNavigation 组件、ArticlesListArticlePreview 组件和 AppPagination 组件。

这种拆分能提高组件的复用性。例如，如果需要在其他页面也显示文章列表或热门标签列表，我们就可以直接复用 ArticlesList 或 PopularTags 组件，而不需要重复编写类似的代码。

11.1.3　组件代码

1. Home 组件

Home 组件的代码如下：

```html
<template>
  <div class="home-page">
    <div class="banner">
      <div class="container">
        <h1 class="logo-font">
          conduit
        </h1>
        <p>A place to share your knowledge.</p>
      </div>
    </div>

    <div class="container page">
      <div class="row">
```

```
            <div class="col-md-9">
              <Suspense>
                <ArticlesList
                  use-global-feed
                  use-my-feed
                  use-tag-feed
                />
                <template #fallback>
                  Articles are downloading...
                </template>
              </Suspense>
            </div>

            <div class="col-md-3">
              <div class="sidebar">
                <Suspense>
                  <PopularTags />
                  <template #fallback>
                    Popular tags are downloading...
                  </template>
                </Suspense>
              </div>
            </div>
          </div>
        </div>
      </div>
    </template>

    <script setup lang="ts">
    import ArticlesList from 'src/components/ArticlesList.vue'
    import PopularTags from 'src/components/PopularTags.vue'
    </script>
```

这段代码定义了 RealWorld 博客应用程序的 Home 组件。其中模板定义了一个带有横幅和两列内容（文章列表和热门标签列表）的布局。

模板使用了两个 Vue 组件：ArticlesList 和 PopularTags。ArticlesList 接收 3 个布尔类型的属性：use-global-feed、use-my-feed 和 use-tag-feed。该组件根据这些属性呈现文章列表。PopularTags 组件呈现热门标签列表。

模板还使用了<Suspense>组件，在组件下载时显示一个备用的 UI。备用 UI 是一个简单的文本消息："Articles are downloading…"（正在下载文章...）或"Popular tags are downloading…"（正在下载热门标签...）。

2. ArticlesList 组件

ArticlesList 组件的代码如下：

```
    <template>
      <ArticlesListNavigation
```

```
        v-bind="$attrs"
        :tag="tag"
        :username="username"
      />

      <div
        v-if="articlesDownloading"
        class="article-preview"
      >
        Articles are downloading...
      </div>
      <div
        v-else-if="articles.length === 0"
        class="article-preview"
      >
        No articles are here... yet.
      </div>
      <template v-else>
        <ArticlesListArticlePreview
          v-for="(article, index) in articles"
          :key="article.slug"
          :article="article"
          @update="newArticle => updateArticle(index, newArticle)"
        />

        <AppPagination
          :count="articlesCount"
          :page="page"
          @page-change="changePage"
        />
      </template>
    </template>

<script setup lang="ts">
import { useArticles } from 'src/composable/useArticles'
// 分页器组件
import AppPagination from './AppPagination.vue'
//文章列表预览组件
import ArticlesListArticlePreview from './ArticlesListArticlePreview.vue'
//文章列表导航
import ArticlesListNavigation from './ArticlesListNavigation.vue'

const {
  fetchArticles,                  // 一个方法，用于获取文章列表
  articlesDownloading,            // 一个布尔值，用于判断文章是否正在下载
```

```
            articlesCount,              // 文章总数
            articles,                   // 文章列表
            updateArticle,              // 一个方法，用于更新文章
            page,                       // 当前页面
            changePage,                 // 一个方法，用于更改页面
            tag,                        // 标签名称
            username,                   // 用户名
        } = useArticles()

        await fetchArticles()
    </script>
```

上述脚本使用 useArticles 组合式 API 从后端获取文章列表和文章总数，并设置相应的变量。ArticlesListNavigation 组件将标签和用户名传递给 useArticles 组合式 API。脚本还使用 await 等待文章列表从后端获取完成，然后将其设置为 articles 变量。

3. PopularTags 组件

PopularTags 组件的代码如下：

```
    <template>
      <p>Popular Tags</p>
      <div class="tag-list">
        <AppLink
          v-for="tag in tags"
          :key="tag"
          name="tag"
          :params="{tag}"
          class="tag-pill tag-default"
        >
          {{ tag }}
        </AppLink>
      </div>
    </template>

    <script setup lang="ts">
    import { useTags } from 'src/composable/useTags'
    const { tags, fetchTags } = useTags()

    await fetchTags()
    </script>
```

这段代码定义了一个 Vue 3 组件，用于显示文章的热门标签。其中包含一个使用 AppLink 组件的 div 容器，它会迭代显示所有的标签并为每个标签创建一个超链接，单击标签超链接可以进入该标签的文章列表页面。

在脚本部分，该组件导入了名为 useTags 的自定义组合式函数，该函数返回一个包含 tags 和 fetchTags 属性的对象。tags 属性包含了一个数组，其中包含了所有可用标签的名称。fetchTags 属性是一个异步函数，用于从服务端获取标签数据，并将结果存储在 tags 属性中。最后，在组件的挂载过程中，使用 await fetchTags()语句从服务端获取标签数据。

4. ArticlesListNavigation 组件

ArticlesListNavigation 组件的代码如下：

```vue
<template>
  <div class="articles-toggle">
    <ul class="nav nav-pills outline-active">
      <li
        v-for="link in links"
        :key="link.name"
        class="nav-item"
      >
        <AppLink
          class="nav-link"
          active-class="active"
          :name="link.routeName"
          :params="link.routeParams"
        >
          <i
            v-if="link.icon"
            :class="link.icon"
          /> {{ link.title }}
        </AppLink>
      </li>
    </ul>
  </div>
</template>

<script setup lang="ts">
import { storeToRefs } from 'pinia'
import type { ArticlesType } from 'src/composable/useArticles'
import type { AppRouteNames } from 'src/router'
import { computed } from 'vue'
import type { RouteParams } from 'vue-router'
import { useUserStore } from '../store/user'

interface ArticlesListNavLink {
  name: ArticlesType
  routeName: AppRouteNames
  routeParams?: Partial<RouteParams>
  title: string
  icon?: string
}
interface Props {
  useGlobalFeed?: boolean
  useMyFeed?: boolean
  useTagFeed?: boolean
  useUserFeed?: boolean
```

```
    useUserFavorited?: boolean
    tag: string
    username: string
}
const props = withDefaults(defineProps<Props>(), {
    useGlobalFeed: false,
    useMyFeed: false,
    useTagFeed: false,
    useUserFavorited: false,
    useUserFeed: false,
})
const allLinks = computed<ArticlesListNavLink[]>(() => [
    {
        name: 'global-feed',
        routeName: 'global-feed',
        title: 'Global Feed',
    },
    {
        name: 'my-feed',
        routeName: 'my-feed',
        title: 'Your Feed',
    },
    {
        name: 'tag-feed',
        routeName: 'tag',
        routeParams: { tag: props.tag },
        title: props.tag,
        icon: 'ion-pound',
    },
    {
        name: 'user-feed',
        routeName: 'profile',
        routeParams: { username: props.username },
        title: 'My articles',
    },
    {
        name: 'user-favorites-feed',
        routeName: 'profile-favorites',
        routeParams: { username: props.username },
        title: 'Favorited Articles',
    },
])

const { isAuthorized } = storeToRefs(useUserStore())
const show = computed<Record<ArticlesType, boolean>>(() => ({
    'global-feed': props.useGlobalFeed,
    'my-feed': props.useMyFeed && isAuthorized.value,
```

```
      'tag-feed': props.useTagFeed && props.tag !== '',
      'user-feed': props.useUserFeed && props.username !== '',
      'user-favorites-feed': props.useUserFavorited && props.username !== '',
    }))
    const links = computed<ArticlesListNavLink[]>(() => allLinks.value.filter(link => show.value[link.name]))
  </script>
```

这段代码是一个 Vue.js 的组件，用于显示文章列表导航链接。具体来说：

- 模板部分包含一个包含导航链接的列表，每个链接都会呈现为一个组件 AppLink。链接由 links 数组提供，该数组由计算属性 links 返回。
- 模板中的 v-for 指令使用 links 数组循环呈现每个链接。
- links 数组是一个计算属性，它通过 allLinks 数组和 show 对象过滤而来。allLinks 包含了所有可用的链接，而 show 对象用于确定哪些链接应该被显示。
- 在<script setup>部分，定义了一个名为 Props 的接口，包含了组件的 props 的类型信息。该部分还导入了一些依赖项，如 pinia、useUserStore 等。
- 在 props 常量中定义了组件的 props，使用 withDefaults 函数设置默认值。
- 定义了一个名为 allLinks 的计算属性，它返回一个包含了所有可用的链接的数组。这些链接用于呈现导航链接。
- show 计算属性根据 props 对象和用户权限，返回一个对象，该对象用于确定哪些链接应该被显示。
- links 计算属性根据 show 对象和 allLinks 数组，返回一个过滤后的链接数组，该数组将用于在模板中呈现导航链接。

总之，这个组件是一个动态的、可配置的导航链接列表，它根据用户的角色和其他条件动态生成可用的链接。

5. ArticlesListArticlePreview 组件

ArticlesListArticlePreview 组件的代码如下：

```
<template>
  <div class="article-preview">
    <div class="article-meta">
      <AppLink
        name="profile"
        :params="{username: props.article.author.username}"
      >
        <img :src="article.author.image" :alt="props.article.author.username">
      </AppLink>
      <div class="info">
        <AppLink
          name="profile"
          :params="{username: props.article.author.username}"
          class="author"
        >
          {{ article.author.username }}
        </AppLink>
        <span class="date">{{ new Date(article.createdAt).toDateString() }}</span>
```

```
        </div>

        <button
          :aria-label="article.favorited ? 'Unfavorite article' : 'Favorite article'"
          class="btn btn-sm pull-xs-right"
          :class="[article.favorited ? 'btn-primary':'btn-outline-primary']"
          :disabled="favoriteProcessGoing"
          @click="() =>favoriteArticle()"
        >
          <i class="ion-heart" /> {{ article.favoritesCount }}
        </button>
      </div>

      <AppLink
        name="article"
        :params="{slug: props.article.slug}"
        class="preview-link"
      >
        <h1>{{ article.title }}</h1>
        <p>{{ article.description }}</p>
        <span>Read more...</span>
        <ul class="tag-list">
          <li
            v-for="tag in article.tagList"
            :key="tag"
            class="tag-default tag-pill tag-outline"
          >
            {{ tag }}
          </li>
        </ul>
      </AppLink>
    </div>
</template>

<script setup lang="ts">
import { useFavoriteArticle } from 'src/composable/useFavoriteArticle'
import type { Article } from 'src/services/api'
import { computed } from 'vue'

interface Props {
    article: Article
}
interface Emits {
    (e: 'update', article: Article): void
}
const props = defineProps<Props>()
const emit = defineEmits<Emits>()
```

```
    const {
      favoriteProcessGoing,
      favoriteArticle,
    } = useFavoriteArticle({
      isFavorited: computed(() => props.article.favorited),
      articleSlug: computed(() => props.article.slug),
      onUpdate: (newArticle: Article): void => emit('update', newArticle),
    })
</script>
```

这段代码展示了一个文章预览的组件，它从一个父组件通过 props 接收一个文章对象，包括文章的标题、描述、标签和作者等信息。在组件中，文章的作者信息和文章标题、描述、标签以及点赞按钮等元素都被渲染出来。同时，组件还使用了一个名为 useFavoriteArticle 的组合式函数来处理点赞相关的逻辑。

在模板部分，组件使用了 Vue 3 的模板语法来定义 DOM 结构，并使用了 Vue 3 的指令，如 v-for 和 v-bind，以及组件间通信的指令 v-on，它们分别绑定了组件的 props 和事件。在脚本部分，组件使用了 Vue 3 的组合式 API，定义了组件的 props 和事件，以及使用了组合式函数 useFavoriteArticle，并将其返回值解构为 favoriteProcessGoing 和 favoriteArticle 两个函数。此外，组件还定义了 Props 和 Emits 的接口类型。

总体而言，这段代码是一个 Vue 3 的组件，它使用了 Vue 3 的模板语法和组合式 API 来定义组件的行为和样式，并使用了组合式函数来处理特定的逻辑。

6. AppPagination 组件

AppPagination 组件的代码如下：

```
<template>
  <ul class="pagination">
    <li
      v-for="pageNumber in pagesCount"
      :key="pageNumber"
      :class="['page-item', { active: isActive(pageNumber) }]"
    >
      <a
        :aria-label="`Go to page ${pageNumber}`"
        class="page-link"
        href="javascript:"
        @click="onPageChange(pageNumber)"
      >{{ pageNumber }}</a>
    </li>
  </ul>
</template>

<script setup lang="ts">
import { limit } from 'src/services'
import { computed, toRefs } from 'vue'
```

```
interface Props {
    page: number
    count: number
}
interface Emits {
    (e: 'page-change', index: number): void
}
const props = defineProps<Props>()
const emit = defineEmits<Emits>()
const { count, page } = toRefs(props)
const pagesCount = computed(() => Math.ceil(count.value / limit))
const isActive = (index: number) => page.value === index
const onPageChange = (index: number) => emit('page-change', index)
</script>
```

这段代码展示了一个分页器组件。该组件根据传递的 props 参数渲染分页器，并提供了切换页码的功能。

在模板部分，组件使用了 Vue 3 的模板语法，渲染了一个 ul 元素，该元素包含多个 li 元素，每个 li 元素对应着一个页码。对于每个页码，组件使用了 Vue 3 的指令，如 v-for 和 v-bind，以及组件间通信的指令 v-on，它们分别绑定了组件的 props 和事件。

在脚本部分，组件使用了 Vue 3 的组合式 API，定义了组件的 props 和事件，并将 props 参数通过 toRefs 函数转换为响应式对象。组件还定义了一个计算属性 pagesCount，用于计算总页数。此外，组件还定义了一个方法 isActive，用于判断当前页码是否为活动页码。最后，组件还定义了一个方法 onPageChange，当用户单击某个页码时，该方法会将对应的页码传递给父组件。

总体而言，这段代码是一个简单的 Vue 3 组件，用于实现分页器功能。它通过 props 和事件与父组件进行通信，并提供了切换页码的功能。它使用了 Vue 3 的新特性，如<script setup>语法糖，defineProps 和 defineEmits 函数，以及 TypeScript 类型注解，使组件的编写更加简洁和高效。

任务 2　拆分 Article 组件

拆分 Article 组件

11.2.1　进行 Article 组件拆分

打开 RealWorld 博客网站，在文章列表中任意单击一篇文章即可进入并浏览文章详情页。文章详情页对应的是 5.2.1 中的 Article 组件，它是一个页面级组件。

基于组件的拆分原则，结合文章详情页的实际结构和功能，我们可以对 Aricle 组件进行以下拆分：

● 将文章详情和文章评论分别拆分成两个子组件 ArticleDetail 和 ArticleDetailComments。其中，ArticleDetail 组件负责展示文章标题、文章详情、文章的元信息、点赞文章和关注作者按钮或编辑/删除文章按钮，ArticleDetailComments 组件负责展示文章的评论列表。

- ArticleDetail 组件又可拆分出 ArticleDetailMeta 子组件，该组件承接原本属于 ArticleDetail 组件的部分功能，包括呈现文章的元信息、点赞文章和关注作者按钮或编辑/删除文章按钮。
- ArticleDetailComments 组件则继续拆分出 ArticleDetailComment 子组件和 ArticleDetailCommentsForm 子组件，前者用于呈现单个评论，后者用于呈现评论表单。

这 6 个组件构成从 Article 开始的三级组件关系，具体如下：

```
Article
  ├── ArticleDetail
  │       └── ArticleDetailMeta
  └── ArticleDetailComments
          ├── ArticleDetailComment
          └── ArticleDetailCommentsForm
```

这个嵌套的三级组件关系可以用图 11-3 直观地表示。

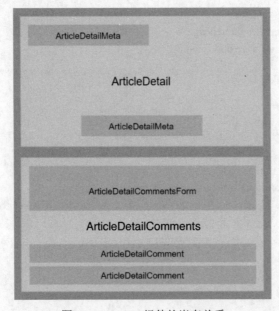

图 11-3 Article 组件的嵌套关系

11.2.2 组件代码

1. Article 组件

Article 组件是一个页面级组件，包含两个子组件：ArticleDetail 和 ArticleDetailComments。ArticleDetail 组件是文章详情的组件，负责展示文章标题、作者、发布时间、正文内容等信息，同时也是 Article 组件的主要内容区域。

ArticleDetailComments 组件是评论区的组件，负责展示文章的评论列表以及评论发表表单。

Article 组件的代码如下：

```
<template>
  <div class="article-page">
```

```
            <Suspense>
              <ArticleDetail />
              <template #fallback>
                <div class="container page">
                   Article is downloading...
                </div>
              </template>
            </Suspense>

            <Suspense>
              <div class="row">
                <div class="col-xs-12 col-md-8 offset-md-2">
                   <ArticleDetailComments />
                </div>
              </div>
              <template #fallback>
                <div class="container page">
                   Comments are downloading...
                </div>
              </template>
            </Suspense>
          </div>
        </template>

        <script setup lang="ts">
        import ArticleDetail from 'src/components/ArticleDetail.vue'
        import ArticleDetailComments from 'src/components/ArticleDetailComments.vue'
        </script>

        <style scoped>
        .row{
           margin-right: 0;
        }
        </style>
```

在代码中，ArticleDetail 和 ArticleDetailComments 都使用了 Vue 3 中的 Suspense 组件，用来处理异步组件加载的状态。如果异步加载时间较长，会显示 fallback 中的内容，即"Article is downloading..."和"Comments are downloading..."。因此这种拆解方式更加注重性能优化和用户体验，同时，这种方式也更加符合 Vue 3 的设计理念和特性。

2. ArticleDetail 组件

ArticleDetail 组件的拆分思路主要是将文章详情页面分为两部分，即文章标题和元信息（ArticleDetailMeta）以及文章内容和标签。其中文章标题和元信息使用了 ArticleDetailMeta 组件，而文章内容和标签则直接在当前组件中渲染。代码如下：

```
        <template>
          <div class="banner">
            <div class="container">
```

```html
      <h1>{{ article.title }}</h1>
      <ArticleDetailMeta
        v-if="article"
        :article="article"
        @update="updateArticle"
      />
    </div>
  </div>
  <div class="container page">
    <div class="row article-content">
      <!--  eslint-disable vue/no-v-html  -->
      <div
        class="col-md-12"
        v-html="articleHandledBody"
      />
      <ul class="tag-list">
        <li
          v-for="tag in article.tagList"
          :key="tag"
          class="tag-default tag-pill tag-outline"
        >
          {{ tag }}
        </li>
      </ul>
    </div>
    <hr>
    <div class="article-actions">
      <ArticleDetailMeta
        v-if="article"
        :article="article"
        @update="updateArticle"
      />
    </div>
  </div>
</template>

<script setup lang="ts">
import marked from 'src/plugins/marked'
import { api } from 'src/services'
import type { Article } from 'src/services/api'
import { computed, reactive } from 'vue'
import { useRoute } from 'vue-router'
import ArticleDetailMeta from './ArticleDetailMeta.vue'

const route = useRoute()
const slug = route.params.slug as string
const article: Article = reactive(await api.articles.getArticle(slug).then(res => res.data.article))
```

```
    const articleHandledBody = computed(() => marked(article.body))
    const updateArticle = (newArticle: Article) => {
        Object.assign(article, newArticle)
    }
</script>
```

3. ArticleDetailComments 组件

ArticleDetailComments 是文章的评论组件，用于发表文章的评论、显示评论列表和删除自己的评论。代码如下：

```
<template>
    <ArticleDetailCommentsForm
        :article-slug="slug"
        @add-comment="addComment"
    />
    <ArticleDetailComment
        v-for="comment in comments"
        :key="comment.id"
        :comment="comment"
        :username="username"
        @remove-comment="() => removeComment(comment.id)"
    />
</template>

<script setup lang="ts">
import { storeToRefs } from 'pinia'
import { api } from 'src/services'
import type { Comment } from 'src/services/api'
import { useUserStore } from 'src/store/user'
import { computed, ref } from 'vue'
import { useRoute } from 'vue-router'
import ArticleDetailComment from './ArticleDetailComment.vue'
import ArticleDetailCommentsForm from './ArticleDetailCommentsForm.vue'

const route = useRoute()
const slug = route.params.slug as string
const { user } = storeToRefs(useUserStore())
const username = computed(() => user.value?.username)
const comments = ref<Comment[]>([])
const addComment = async (comment: Comment) => {
    comments.value.unshift(comment)
}
const removeComment = async (commentId: number) => {
    await api.articles.deleteArticleComment(slug, commentId)
    comments.value = comments.value.filter(c => c.id !== commentId)
}
comments.value = await api.articles.getArticleComments(slug).then(res => res.data.comments)
</script>
```

- <ArticleDetailCommentsForm>：这是一个名为 ArticleDetailCommentsForm 的自定义组件，用于添加文章评论。它接收 article-slug 属性和监听 add-comment 事件，当有新评论添加时，会调用组件中的 addComment 方法。

- <ArticleDetailComment>：这是一个名为 ArticleDetailComment 的自定义组件，用于显示文章评论。通过使用 v-for 指令遍历 comments 数组中的评论，为每个评论创建一个 ArticleDetailComment 组件实例。还通过属性绑定将评论内容、用户名等传递给子组件。监听 remove-comment 事件，以便在删除评论时调用 removeComment 方法。

4. ArticleDetailMeta 组件

ArticleDetailMeta 组件是 ArticleDetail 组件的子组件，用于展示文章的元信息（作者信息、创建时间、点赞、关注等）以及编辑、删除等操作。代码如下：

```
<template>
  <div class="article-meta">
    <AppLink
      name="profile"
      :params="{username: article.author.username}"
    >
      <img :src="article.author.image" :alt="article.author.username">
    </AppLink>

    <div class="info">
      <AppLink
        name="profile"
        :params="{username: article.author.username}"
        class="author"
      >
        {{ article.author.username }}
      </AppLink>
      <span class="date">{{ (new Date(article.createdAt)).toLocaleDateString() }}</span>
    </div>

    <button
      v-if="displayFollowButton"
      :aria-label="article.author.following ? 'Unfollow' : 'Follow'"
      class="btn btn-sm btn-outline-secondary space"
      :disabled="followProcessGoing"
      @click="toggleFollow"
    >
      <i class="ion-plus-round space" />
      {{ article.author.following ? "Unfollow" : "Follow" }} {{ article.author.username }}
    </button>
    <button
      :aria-label="article.favorited ? 'Unfavorite article' : 'Favorite article'"
      class="btn btn-sm space"
      :class="[article.favorited ? 'btn-primary':'btn-outline-primary']"
```

```html
          :disabled="favoriteProcessGoing"
          @click="favoriteArticle"
        >
          <i class="ion-heart space" />
          {{ article.favorited ? 'Unfavorite' : 'Favorite' }} Article
          <span class="counter">({{ article.favoritesCount }})</span>
        </button>
        <AppLink
          v-if="displayEditButton"
          aria-label="Edit article"
          class="btn btn-outline-secondary btn-sm space"
          name="edit-article"
          :params="{slug: article.slug}"
        >
          <i class="ion-edit space" /> Edit Article
        </AppLink>
        <button
          v-if="displayEditButton"
          aria-label="Delete article"
          class="btn btn-outline-danger btn-sm"
          @click="onDelete"
        >
          <i class="ion-trash-a" /> Delete Article
        </button>
      </div>
</template>

<script setup lang="ts">
import { storeToRefs } from 'pinia'
import { useFavoriteArticle } from 'src/composable/useFavoriteArticle'
import { useFollow } from 'src/composable/useFollowProfile'
import { routerPush } from 'src/router'
import { api } from 'src/services'
import type { Article, Profile } from 'src/services/api'
import { useUserStore } from 'src/store/user'
import { computed, toRefs } from 'vue'

interface Props {
  article: Article
}
interface Emits {
  (e: 'update', article: Article): void
}
const props = defineProps<Props>()
const emit = defineEmits<Emits>()
const { article } = toRefs(props)
const { user, isAuthorized } = storeToRefs(useUserStore())
```

```
    const displayEditButton = computed(() => isAuthorized.value && user.value?.username ===
        article.value.author.username)
    const displayFollowButton = computed(() => isAuthorized.value && user.value?.username !==
        article.value.author.username)
    const { favoriteProcessGoing, favoriteArticle } = useFavoriteArticle({
        isFavorited: computed(() => article.value.favorited),
        articleSlug: computed(() => article.value.slug),
        onUpdate: newArticle => emit('update', newArticle),
    })
    const onDelete = async () => {
        await api.articles.deleteArticle(article.value.slug)
        await routerPush('global-feed')
    }
    const { followProcessGoing, toggleFollow } = useFollow({
        following: computed(() => article.value.author.following),
        username: computed(() => article.value.author.username),
        onUpdate: (author: Profile) => {
            const newArticle = { ...article.value, author }
            emit('update', newArticle)
        },
    })
</script>

<style scoped>
.space {
    margin-right: 8px;
}
</style>
```

在模板中，组件包含了一个头像、作者、发布日期、点赞和关注按钮，以及编辑和删除文章的按钮。这些元素都可以通过组件的 props 传入数据。

在脚本中，组件使用了 Pinia 的 storeToRefs 函数将 useUserStore 的状态转换为 ref，然后计算出应该显示哪些按钮，这里分 3 种情况：①未登录时，只显示点赞文章（Favorite Article）按钮；②登录成功后，如果是当前用户自己的文章，则显示点赞/取消点赞文章（Favorite Article/Unfavorite Article）按钮、编辑文章（Edit Article）按钮和删除文章（Delete Article）按钮；③登录成功后，如果不是当前用户的文章，则显示关注 / 取关作者（Follow/Unfollow）按钮和点赞/取消点赞文章按钮。

另外，在删除按钮被单击时，组件使用了服务 API 来删除文章，并使用 routerPush 函数来将路由导航到全局文章列表页面。

5. ArticleDetailCommentsForm 组件

ArticleDetailCommentsForm 组件是 ArticleDetailComments 组件的子组件。它允许已登录用户在文章详情页面发表评论，如果用户未登录，它会提示用户需要先登录或注册。

ArticleDetailCommentsForm 组件的代码如下：

```
<template>
    <p v-if="!profile">
```

```
        <AppLink name="login">
          Sign in
        </AppLink> or <AppLink name="register">
          sign up
        </AppLink> to add comments on this article.
      </p>
      <form
        v-else
        class="card comment-form"
        @submit.prevent="submitComment"
      >
        <div class="card-block">
          <textarea
            v-model="comment"
            aria-label="Write comment"
            class="form-control"
            placeholder="Write a comment..."
            :rows="3"
          />
        </div>
        <div class="card-footer">
          <img
            :src="profile.image"
            class="comment-author-img"
            :alt="profile.username"
          >
          <button
            aria-label="Submit"
            type="submit"
            :disabled="comment === ""
            class="btn btn-sm btn-primary"
          >
            Post Comment
          </button>
        </div>
      </form>
</template>

<script setup lang="ts">
import { storeToRefs } from 'pinia'
import { useProfile } from 'src/composable/useProfile'
import { api } from 'src/services'
import { useUserStore } from 'src/store/user'
import { computed, ref } from 'vue'
import type { Comment } from 'src/services/api'

interface Props {
```

```
      articleSlug: string
   }
   interface Emits {
      (e: 'add-comment', comment: Comment): void
   }
   const props = defineProps<Props>()
   const emit = defineEmits<Emits>()
   const { user } = storeToRefs(useUserStore())
   const username = computed(() => user.value?.username ?? '')
   const { profile } = useProfile({ username })
   const comment = ref('')
   const submitComment = async () => {
      const newComment = await api.articles
         .createArticleComment(props.articleSlug, { comment: { body: comment.value } })
         .then(res => res.data.comment)
      emit('add-comment', newComment)
      comment.value = ''
   }
   </script>
```

这个组件根据用户是否已经登录，展示不同的内容。若用户未登录，则显示一个提示让用户登录或注册；若用户已经登录，则显示一个表单让用户发表评论。

这个组件引入了一些依赖，如 pinia 和 src/composable/useProfile 等。这些依赖用于获取用户信息和调用后端 API。

组件接收一个 articleSlug 属性作为参数，该属性指定了当前评论所属的文章。

组件有一个 submitComment 函数用于提交用户的评论。该函数首先通过 api.articles.createArticleComment 方法将评论数据发送给后端 API，等待 API 返回新的评论数据后再通过 emit 方法将新评论数据传递给父组件。此外，该组件还通过 comment 变量实时更新用户输入的评论内容，并在用户提交评论后将其清空，以便下一次评论。

总体来说，这个组件实现了用户发表评论的功能，可以方便地集成到博客项目中。

6.　ArticleDetailComment 组件

ArticleDetailComment 组件是 ArticleDetailComments 组件的子组件，用于展示文章的评论信息。其实现的重点在于根据传入的 comment 对象渲染出评论卡片，展示评论的作者、内容、时间，以及删除评论的功能。代码如下：

```
<template>
  <div class="card">
    <div class="card-block">
      <p class="card-text">
        {{ comment.body }}
      </p>
    </div>
    <div class="card-footer">
      <AppLink
        name="profile"
        :params="{username: comment.author.username}"
```

```html
          class="comment-author"
        >
          <img
            :src="comment.author.image"
            class="comment-author-img"
            :alt="comment.author.username"
          >
        </AppLink>
         
        <AppLink
          name="profile"
          :params="{username: comment.author.username}"
          class="comment-author"
        >
          {{ comment.author.username }}
        </AppLink>
        <span class="date-posted">{{ (new Date(comment.createdAt)).toLocaleDateString() }}</span>
        <span class="mod-options">
          <i
            v-if="showRemove"
            role="button"
            aria-label="Delete comment"
            class="ion-trash-a"
            @click="emit('remove-comment')"
          />
        </span>
      </div>
    </div>
</template>

<script setup lang="ts">
import { computed } from 'vue'
import type { Comment } from 'src/services/api'

interface Props {
  comment: Comment
  username?: string
}
interface Emits {
  (e: 'remove-comment'): boolean
}

const props = defineProps<Props>()
const emit = defineEmits<Emits>()
const showRemove = computed(() => props.username !== undefined && props.username ===
  props.comment.author.username)
</script>
```

组件的 props 接收了一个名为 comment 的 Comment 类型的参数，以及一个可选的字符串类型参数 username，用于判断当前登录用户是否有权限删除该评论。组件通过 computed 函数计算了一个名为 showRemove 的属性，用于判断是否展示删除评论的按钮。

组件中使用了 AppLink 组件和 ion-trash-a 图标组件，分别用于展示评论作者的链接和删除评论的按钮。同时，组件还计算了一个格式化后的评论创建时间，并将其展示在页面上。

另外，在删除评论按钮上添加了 click 事件，并通过 emit 函数触发了名为 remove-comment 的自定义事件，以便父组件可以根据该事件来删除评论。

第三部分　用 Spring Boot 实现 RealWorld 项目后端

本部分将探讨 RealWorld 项目的后端实现。根据第 2 章对 RealWorld 项目后端架构的深入分析，我们选择了 Spring Boot 2 框架极其丰富的生态系统来实现后端功能。我们所采用的具体技术栈包括：Spring Boot 2、JDK 11、JPA、H2 数据库、Spring Security 以及 Gradle 构建工具。在众多后端开源实现中，我们选择了 RealWorld 官方推荐的项目，即 zoooo-hs/realworld-springboot，因其恰好契合了我们所构思的后端架构设计和技术栈要求。值得注意的是，zoooo-hs/realworld-springboot 项目托管于 GitHub 平台，遵循 MIT 许可证，完全符合开源规范。

在本部分，我们将引领读者逐步完成 RealWorld 项目的后端实现。通过对 realworld-springboot 项目的实际操作，我们旨在让读者更加深入地理解和掌握实际应用开发中的 Java Web 后端技术。在这个过程中，我们将深入解析项目的每一个环节，将复杂的技术概念转化为实用的步骤，从而帮助读者建立起坚实的实际开发能力。

总的来说，本部分将为读者提供一个具体而有深度的实战指南，通过实际操作来巩固之前所学的知识，使其在 Java Web 后端技术领域迈上一个更高的台阶。

本部分包括第 12~18 章，具体如下：

- 第 12 章　项目后端功能概览
- 第 13 章　搭建 Spring Boot 后端开发环境
- 第 14 章　统一异常封装
- 第 15 章　Spring Security 在项目中的应用
- 第 16 章　用户及认证
- 第 17 章　用户及关注
- 第 18 章　标签、文章及评论

第 12 章　项目后端功能概览

本章导读

本章将提供一个项目后端功能的概览，让读者对项目后端的功能有一个全面的了解。本章将介绍项目后端的各项功能，并引导读者测试项目后端的 API。通过本章的学习，读者将了解项目后端的工作原理和功能，以及如何进行接口测试。

任务 1　了解项目后端功能

● 简要介绍项目后端的功能和作用。

● 提供对项目后端功能的全面概览，让读者了解项目后端的各项功能和特点。

任务 2　测试项目后端 API

● 介绍官方制定的 API 规范，包括接口的命名规则、参数传递方式等。

● 整理项目后端的接口（EndPoints），按照官方规范进行分类和整理。

● 解释不同的请求传参方式和参数获取方式，帮助读者理解接口的调用方式。

● 引导读者进行接口测试，包括测试接口的功能和正确性。

任务 1　了解项目后端功能

RealWorld 博客项目要求实现一组符合 RealWorld 规范的、可供前端应用程序调用的 RESTful 风格的 Web API，以支持博客应用的后端功能。以下是 RealWorld 博客项目后端的主要功能和特点。

1. 用户身份验证和授权功能

用户身份验证和授权功能包括用户注册和登录功能，以及 JWT 生成和验证功能，保护用户的个人信息和敏感数据的安全性。

2. 博客文章管理功能

博客文章管理功能包括创建、读取、更新和删除文章的 API，以及分页查询和过滤文章的 API，使用户能够创建、编辑、查看和删除自己的文章，以及浏览和搜索其他用户的文章。

3. 标签管理功能

标签管理功能包括读取标签列表的 API，以及根据标签查询文章的 API，使用户能够给自己的文章添加标签，以及根据标签查找感兴趣的文章。

4. 评论管理功能

评论管理功能包括创建、读取和删除评论的 API（无更新要求），使用户能够在文章下面发表评论、回复和删除自己的评论，以及查看和回复其他用户的评论。

5. 点赞（favorite）文章功能

点赞（favorite）文章功能包括点赞和取消点赞文章的 API，使用户能够对感兴趣的文章进行点赞。

6. 关注（follow）其他用户功能

关注（follow）其他用户包括关注和取消关注其他用户的 API，使用户能够对其他感兴趣的用户进行关注。

7. 用户个人资料管理功能

用户个人资料管理功能包括更新和读取用户个人资料的 API，使用户能够更新自己的个人资料、查看自己的个人资料。

通过实现上述功能，RealWorld 博客项目后端能够提供稳定、安全、高效、易用的 API，为前端应用程序提供后端数据支持，满足用户的个性化需求和业务场景，提高用户的体验和满意度。

任务 2　测试项目后端 API

所有后端实现都必须遵守 RealWorld 官方制定的 API 规范。

12.2.1　了解官方制定的 API 规范

官方规范分为 4 个方面：EndPoints、API 响应格式、错误处理和跨域资源共享（Cross-Origin Resource Sharing，CORS）。

1. API 响应格式

所有响应均返回 JSON 对象，所以要确保返回正确的 content type：

Content-Type: application/json; charset=utf-8

2. 响应示例

（1）Users（用于身份认证）。

```
{
  "user": {
    "email": "jake@jake.jake",
    "token": "jwt.token.here",
    "username": "jake",
    "bio": "I work at statefarm",
    "image": null
  }
}
```

（2）profile。

```
{
  "profile": {
    "username": "jake",
    "bio": "I work at statefarm",
```

```
        "image": "https://api.realworld.io/images/smiley-cyrus.jpg",
        "following": false
      }
    }
  }
```

（3）单篇文章。

```
  {
    "article": {
      "slug": "how-to-train-your-dragon",
      "title": "How to train your dragon",
      "description": "Ever wonder how?",
      "body": "It takes a Jacobian",
      "tagList": ["dragons", "training"],
      "createdAt": "2016-02-18T03:22:56.637Z",
      "updatedAt": "2016-02-18T03:48:35.824Z",
      "favorited": false,
      "favoritesCount": 0,
      "author": {
        "username": "jake",
        "bio": "I work at statefarm",
        "image": "https://i.stack.imgur.com/xHWG8.jpg",
        "following": false
      }
    }
  }
```

（4）文章列表。

```
  {
    "articles":[{
      "slug": "how-to-train-your-dragon",
      "title": "How to train your dragon",
      "description": "Ever wonder how?",
      "body": "It takes a Jacobian",
      "tagList": ["dragons", "training"],
      "createdAt": "2016-02-18T03:22:56.637Z",
      "updatedAt": "2016-02-18T03:48:35.824Z",
      "favorited": false,
      "favoritesCount": 0,
      "author": {
        "username": "jake",
        "bio": "I work at statefarm",
        "image": "https://i.stack.imgur.com/xHWG8.jpg",
        "following": false
      }
    }, {
      "slug": "how-to-train-your-dragon-2",
      "title": "How to train your dragon 2",
      "description": "So toothless",
```

```
    "body": "It a dragon",
    "tagList": ["dragons", "training"],
    "createdAt": "2016-02-18T03:22:56.637Z",
    "updatedAt": "2016-02-18T03:48:35.824Z",
    "favorited": false,
    "favoritesCount": 0,
    "author": {
      "username": "jake",
      "bio": "I work at statefarm",
      "image": "https://i.stack.imgur.com/xHWG8.jpg",
      "following": false
    }
  }],
  "articlesCount": 2
}
```

（5）单条评论。

```
{
  "comment": {
    "id": 1,
    "createdAt": "2016-02-18T03:22:56.637Z",
    "updatedAt": "2016-02-18T03:22:56.637Z",
    "body": "It takes a Jacobian",
    "author": {
      "username": "jake",
      "bio": "I work at statefarm",
      "image": "https://i.stack.imgur.com/xHWG8.jpg",
      "following": false
    }
  }
}
```

（6）多条评论。

```
{
  "comments": [{
    "id": 1,
    "createdAt": "2016-02-18T03:22:56.637Z",
    "updatedAt": "2016-02-18T03:22:56.637Z",
    "body": "It takes a Jacobian",
    "author": {
      "username": "jake",
      "bio": "I work at statefarm",
      "image": "https://i.stack.imgur.com/xHWG8.jpg",
      "following": false
    }
  }]
}
```

（7）标签列表。

```
{
  "tags": [
    "reactjs",
    "angularjs"
  ]
}
```

3. 错误处理

若请求未通过任何验证，则会返回状态码 422 和以下格式的出错信息：

```
{
  "errors": {
    "body": [
      "can't be empty"
    ]
  }
}
```

其他状态代码：

- 401 表示未经授权的请求，当请求需要身份验证但未提供时。
- 403 表示禁止的请求，当请求可能有效但用户没有执行操作的权限时。
- 404 表示未找到请求，当找不到资源来满足请求时。

4. CORS

如果前后端跨域部署，后端应确保对 OPTIONS 请求进行处理，并返回正确的 Access-Control-Allow-Origin 和 Access-Control-Allow-Headers。

12.2.2　按官方规范整理后端接口（EndPoints）

根据该规范，RealWorld 博客项目后端提供了许多 API。我们在实现这些接口前，必须先了解这些接口。由于这些接口较多，所以不容易很快记住，但可以先按类型进行整理，形成初步印象，后续使用时可以随时查阅。

1. 用户及认证接口

用户认证相关接口（CRU-）如下：

- POST /api/users：注册新用户。
- POST /api/users/login：用户登录。
- GET /api/user：获取当前用户的信息。
- PUT /api/user：更新当前用户的信息。

2. 文章接口

博客文章相关接口（CRUD）如下：

- GET /api/articles：获取文章列表。
- GET /api/articles?tag=:tag：获取指定标签的文章列表。
- GET /api/articles?author=:author：获取指定用户的文章列表。
- GET /api/articles?favorited=:user：获取用户点赞的文章列表。
- GET /api/articles?limit=:number：获取指定数量（默认 20）的文章列表。

- GET /api/articles?offset=:from：按起始位置（默认 0）获取文章列表。
- GET /api/articles/feed：获取关注用户的文章列表。
- GET /api/articles/:slug：获取指定文章详情。
- POST /api/articles：创建新文章。
- PUT /api/articles/:slug：更新指定文章。
- DELETE /api/articles/:slug：删除指定文章。
- POST /api/articles/:slug/favorite：为文章点赞。
- DELETE /api/articles/:slug/favorite：取消对文章的点赞。

3. 文章评论接口

文章评论相关接口（CR-D）如下：

- POST /api/articles/:slug/comments：添加评论。
- GET /api/articles/:slug/comments：获取指定文章的评论列表。
- DELETE /api/articles/:slug/comments/:id：删除指定文章的评论。

4. 用户和关注接口

用户和关注相关接口如下：

- GET /api/profiles/:username：获取指定用户的信息。
- POST /api/profiles/:username/follow：关注指定用户。
- DELETE /api/profiles/:username/follow：取消关注指定用户。

5. 标签接口

标签相关接口只有如下一个：

- GET /api/tags：获取所有标签。

注意：所有 API 都返回 JSON 格式的数据。除非特别声明，要使用这些接口，需要在 HTTP 请求头中设置 Authorization 字段，其值为用户的身份认证信息（JWT）。

12.2.3　区分不同的请求传参方式及参数获取方式

从我们整理出的 RealWorld 博客项目的众多接口，可以看出这些请求有多种传参方式，具体如下：

- 路径参数：用于标识资源，常见于 RESTful 风格的接口。例如，GET /api/articles/:slug 中的:slug 就是路径参数，用于获取指定 slug 值的文章。
- 查询参数：用于对资源进行过滤、排序、分页等操作，适用于获取符合特定条件的资源。例如，GET /api/articles?author=:author 中的 author 就是查询参数，用于获取特定作者的文章。
- 请求体参数：用于传递数据到服务器，适用于创建、更新等操作。在 RealWorld 博客项目中，请求体参数采用以下两种方式：
  - ➢ 表单数据：适用于通过表单提交的数据，如注册、登录等场景。
  - ➢ JSON 数据：适用于通过 AJAX 发送的 JSON 数据，常用于复杂数据结构的传递。在 RealWorld 博客项目中，大部分请求体参数都采用这种方式，通过 JSON 来传递数据。

不同的传参方式，有不同的参数获取方式，具体如下：

1. 路径参数的获取方式

路径参数可以通过@PathVariable 注解在 Spring MVC 中进行绑定。例如：

```
@GetMapping("/hello/{name}/{age}")
public String sayHelloWithPathVariable(
    @PathVariable("name") String name,
    @PathVariable("age") int age
) {
    // ...
}
```

@PathVariable 注解中不支持设置默认值，因为路径参数是必需的。

2. 查询参数的获取方式

（1）@RequestParam。查询参数可以通过@RequestParam 注解在 Spring MVC 中进行绑定。举例如下：

```
@GetMapping("/hello")
public String sayHelloWithRequestParam(
    @RequestParam("name") String name,
    @RequestParam(value = "age", defaultValue = "18") int age
) {
    // ...
}
```

上面的代码中，@RequestParam 用于获取查询参数 name 和 age，其中 name 是必需的参数，而 age 则有默认值。

（2）@ModelAttribue。@ModelAttribute 通常用于将多个请求参数绑定到一个自定义的 POJO（Plain Ordinary Java Object，简单的 Java 对象）上，例如：

```
@GetMapping("/hello")
public String sayHelloWithModelAttribute(@ModelAttribute User user) {
    // ...
}
```

上面的代码中，@ModelAttribute 用于将请求中的参数映射到一个 User 对象上，其中的参数名称必须与 User 类的属性名称相同。

因此，虽然 @ModelAttribute 和@RequestParam 都可以获取查询参数，但它们的使用场景是不同的，需要根据具体情况选择合适的注解。

3. 请求体参数的获取方式

（1）@ModelAttribute 。请求体中的数据格式与表单提交的数据格式类似时，@ModelAttribute 可以将请求体中的表单数据绑定到一个对象上。具体来说，如果请求体中的数据是以类似于表单字段的形式进行提交，例如 key1=value1&key2=value2 这种形式，那么可以使用@ModelAttribute 来获取这些数据。

例如，假设请求体中的数据是 name=John&age=25，可以这样使用@ModelAttribute 来获取：

```
@PostMapping("/submit")
public String sayHelloWithModelAttribute(@ModelAttribute User user) {
    String name = user.getName();
    int age = user.getAge();
```

```
        // ...
    }
```

在这种情况下，User 是一个 POJO 类，其属性与请求体中的字段相对应。可以在这个类中定义与请求体中数据对应的属性，并提供对应的 getter 和 setter 方法。

（2）@RequestBody。

```
@PostMapping("/hello")
public String sayHelloWithRequestBody(@RequestBody User user) {
    String name = user.getName();
    int age = user.getAge();
    // ...
}
```

在这个示例中，我们再次使用了 User 这个 POJO 类，用于接收请求体中的数据。@RequestBody 适合处理请求体中的数据，尤其是接收 JSON 格式的数据，用于处理较为复杂的数据结构。

12.2.4   测试接口

RealWorld 官方实现了上述 API，官方文档中推荐的是在本地或自己的
服务器上部署 API。

测试接口

在第 2 章任务 3 的 2.3.1 小节中，我们已经整理了 RealWorld 项目后端 API 接口文档。为了加深对这些接口的理解，我们现在将利用已经在官方部署的这套 API 进行接口测试和学习。

1. 下载安装 Postman

可以按照以下步骤下载安装 Postman。

（1）打开浏览器，进入 Postman 的官方下载页面。

（2）根据自己的操作系统选择相应的版本，如 Windows、Mac 或 Linux。

（3）单击"下载"按钮，等待下载完成。

（4）对于 Windows 用户，下载完成后双击下载文件，按照提示完成安装。

（5）对于 Mac 用户，下载完成后将下载的文件拖动到"应用程序"文件夹中，然后打开应用程序即可。

安装完成后，可以使用 Postman 进行 HTTP 请求的构建、测试和调试，Postman 提供了直观的界面和强大的功能，可以帮助用户更加高效地开发和测试 API。

2. 手动测试注册接口

在 Postman 中进行接口测试的一般步骤如下。

（1）打开 Postman 应用程序，并单击 Add Request 按钮。

（2）输入请求的 URL，选择请求方法（GET、POST、PUT、DELETE 等），并添加必要的请求头和请求体。

（3）单击 Send 按钮，等待请求完成。如果请求成功，将在响应面板中看到服务器返回的响应结果，包括响应状态码、响应头、响应体等信息。

请按照上述步骤，测试注册新用户接口 POST /api/users：按请求参数格式输入数据，并将服务端返回的数据与预期结果进行对比。RealWorld 博客官方提供了所有 API 的请求参数和响应数据参考格式。

手动输入 URL 进行测试需要手动输入每个请求的 URL、请求方法、请求头、请求体等信息，比较烦琐，适合进行单次或少量请求的测试。而在 Postman 中创建集合后，可以使用变量、环境等功能来批量生成测试用例，提高测试效率。

3. 使用集合文件进行测试

RealWorld 官方提供的 Conduit.postman_collection.json 文件就是一个 Postman 集合文件，其中包含了 RealWorld 博客项目后端 API 的所有请求和测试脚本，每个请求对应了 RealWorld 博客项目后端 API 中的一个具体接口。

要使用 RealWorld 官方提供的 Conduit.postman_collection.json 文件进行 API 测试，可以按照以下步骤进行。

（1）下载 Conduit.postman_collection.json 文件。可以从 RealWorld 官方 GitHub 仓库中下载该文件，或者从 RealWorld 官方文档中下载。

（2）打开 Postman 应用程序，并单击"导入"按钮。

（3）选择"文件"选项卡，并选择下载的 Conduit.postman_collection.json 文件。

（4）单击"导入"按钮，等待导入完成。

（5）导入完成后，将在 Postman 应用程序中看到名为"Conduit"或"RealWorld API"（取决于文件名）的集合。展开该集合，将看到其中包含了多个文件夹和请求。

（6）选择一个请求，可以看到有 {{}} 括起来的变量，需要根据情况进行替换并在请求中填写所需的参数。如果需要修改请求头、请求体等信息，可以在请求的 Header、Body 选项卡中进行设置。

（7）单击"发送"按钮，等待请求完成。如果请求成功，将在响应面板中看到服务器返回的响应结果。

请按上述说明再次测试注册新用户接口 POST /api/users：把原 url 进行替换，即把 {{APIURL}}/users 替换为 api.realworld.io/api/users，把原 body 也进行替换，即把 {"user":{"email":"{{EMAIL}}", "password":"{{PASSWORD}}", "username":"{{USERNAME}}"}} 替换为 {"user":{"email":"tom@163.com", "password":"123", "username":"tom"}}，然后单击 Send 按钮。

如果得到如下响应，表明该 username 已经存在。

```
{
    "errors": {
        "username": [
            "has already been taken"
        ]
    }
}
```

把 username 修改为 tom99 后，再次单击 Send 按钮，如果得到如下响应，表明注册成功。

```
{
    "user": {
        "email": "tom@163.com",
        "username": "tom99",
        "bio": null,
        "image": "https://api.realworld.io/images/smiley-cyrus.jpeg",
```

```
        "token": "eyJhbGciOiJIUzI1NiIsInR5cCI6IkpXVCJ9.eyJlbWFpbCI6InRvbUAxNjMuY29t
IiwidXNlcm5hbWUiOiJ0b205OSIsImlhdCI6MTY3ODEwNjY5OSwiZXhwIjoxNjgz
MjkwNjk5fQ.C5_f8calDxM8aIiglxx7oQR0DFD7UyUAviiHwJShsJ8"
    }
}
```

4. 使用环境变量

在步骤 3 中，虽然我们不用再为每个 API 手动输入 URL 和参数，但是双花括号{{}}还得手动替换，这也是一个不小的工作量，这时使用环境变量的必要性就体现出来了。

具体来说，我们可以把双花括号里面的变量添加到环境变量中，在发送请求时，Postman 会自动帮我们进行替换。可以按照以下步骤设置环境变量。

（1）在 Postman 左侧导航栏中，单击"环境"按钮，进入环境管理页面。

（2）在环境管理页面中，单击"添加"按钮，输入环境名称（如 Conduit），单击"创建"按钮。

（3）在新建的环境中，单击"Add new variable"按钮，输入变量名和变量值，然后单击"Save"按钮。例如，可以设置一个名为 url 的变量，其值为 https://conduit.productionready.io/api。

（4）在 Postman 中使用环境变量时，需要使用双花括号将变量名括起来。例如，如果要发送 GET 请求到 https://conduit.productionready.io/api/tags，可以在 URL 中输入{{url}}/tags，Postman 会自动替换为 https://conduit.productionready.io/api/tags。

可以在请求的 Header、Body 等部分使用环境变量，使用方法与 URL 中的环境变量相同。通过设置环境变量，可以方便地切换不同的环境（如测试环境和生产环境），避免手动修改请求 URL 和参数，提高测试效率和可维护性。

创建好环境变量后，请再次单击 Send 按钮发送请求进行测试。

第 13 章　搭建 Spring Boot 后端开发环境

本章导读

本章将引导读者分析后端技术架构，并搭建后端开发环境。本章将介绍确定后端技术架构的方法，并指导读者选择合适的开源项目作为后端框架。同时，本章还将详细介绍搭建后端开发环境的步骤，包括 JDK 版本选择、IDE 选择和项目基本配置。

本章要点

任务 1　搭建后端开发环境
- 指导读者选择合适的 JDK 版本，并提供下载和安装的步骤。
- 推荐 IDE 选择，重点介绍 IntelliJ IDEA 的下载和安装过程。
- 指导读者新建项目，并了解项目的基本结构。

任务 2　项目基本配置
- 介绍如何为项目添加基本配置信息，包括数据库连接、服务器端口等。
- 提供详细的配置过程，确保项目能够正常运行并满足基本需求。

任务 1　搭建后端开发环境

13.1.1　JDK 版本的选择

realworld-springboot 项目采用了 JDK 11 而不是 JDK 8，一方面是因为 JDK 11 相比 JDK 8 在性能和安全性方面有所提升，同时 JDK 8 的官方支持也已于 2020 年底结束；另一方面，JDK 11 中还引入了一些新特性，如 var 关键字、字符串新方法、局部变量语法等，使编写 Java 代码更加简洁高效。此外，采用 JDK 11 还能够更好地支持新的技术栈，如容器化、云原生等，更加适合现代化的应用开发。因此，对于新项目而言，采用 JDK 11 是更好的选择。

13.1.2　JDK 的下载安装步骤

（1）打开官网查看 Oracle JDK。

（2）在页面底部找到 Java SE Development Kit 11 Downloads，选择适合计算机操作系统的版本进行下载。

（3）安装 JDK。按照下载后得到的安装程序提示进行操作即可。

（4）验证安装是否成功。打开命令行窗口，输入命令 java -version，若出现以下信息：

```
java version "11.0.17" 2022-10-18 LTS
Java(TM) SE Runtime Environment 18.9 (build 11.0.17+10-LTS-269)
Java HotSpot(TM) 64-Bit Server VM 18.9 (build 11.0.17+10-LTS-269, mixed mode)
```

说明安装成功；否则，可能需要手动配置环境变量 JAVA_HOME 和 PATH。

13.1.3　IDE 的选择

在 IDE 的选择上，每个人都有自己的偏好和使用习惯。不过，相对于 Eclipse，选择 IntelliJ IDEA 的原因有以下几个。

- 更好的性能：相比 Eclipse，IntelliJ IDEA 的性能更好，尤其是在处理大型项目时。它的代码智能提示更快、更准确，还有更好的代码分析和重构功能。
- 更好的用户界面：IntelliJ IDEA 的用户界面更现代、更美观。它的默认主题看起来更加清新自然，也更容易调整。
- 更好的插件生态：IntelliJ IDEA 的插件市场更加活跃，有更多的第三方插件和工具可以用来扩展功能。
- 更好地支持新技术：IntelliJ IDEA 对新技术的支持更快更好。例如，它很快就支持了 Kotlin 语言和 Spring Boot 框架。

13.1.4　IntelliJ IDEA 的下载安装过程

下面是下载安装 IntelliJ IDEA 的过程：

（1）访问官网下载 IntelliJ IDEA 最新版的安装程序。如果是学生或教育工作者，可以考虑申请教育许可证，获得免费使用 IntelliJ IDEA 的机会。

（2）根据计算机操作系统选择适当的版本，如 Windows、macOS 或 Linux。

（3）下载安装程序后，运行它以启动安装向导。

（4）选择安装选项，例如选择安装目录和是否创建桌面快捷方式等。

（5）安装完成后，打开 IntelliJ IDEA 并开始使用它。

安装 JDK 11 后，IntelliJ IDEA 会自动检测到它并将其配置为默认 JDK。

13.1.5　新建项目

根据我们选择的后端开发技术栈，在 IDEA 中新建一个 Spring Boot 项目。在创建项目的过程中，可以选择使用 Gradle 作为项目的构建工具。以下是创建项目的一般步骤：

（1）在 IntelliJ IDEA 的欢迎界面，单击 New Project 按钮，为项目取名 realworld-springboot。

（2）在左边列表中选择 Spring Initializr 选项，然后在右边窗格中选择 11 作为 JDK 和 Java 的版本，选择 Gradle 作为构建工具。group 可以修改或保持不变。然后单击 Next 按钮。

（3）在依赖选择窗口，不选择任何依赖，等项目创建完成后到 build.gradle 文件中手动添加。

（4）单击 Next 按钮，完成新建过程。

（5）为了确保与开源 realworld-springboot 项目的构建环境保持一致，请将以下内容复制并替换刚创建的 realworld-springboot 项目中的 build.gradle 文件。

```
plugins {
    id 'org.springframework.boot' version '2.6.7'
    id 'io.spring.dependency-management' version '1.0.11.RELEASE'
```

```
        id 'java'
    }

    group = 'io.zoooohs'
    version = '0.0.1-SNAPSHOT'
    sourceCompatibility = '11'

    configurations {
        compileOnly {
            extendsFrom annotationProcessor
        }
    }

    repositories {
        mavenCentral()
    }

    dependencies {
        implementation 'org.springframework.boot:spring-boot-starter-data-jpa'
        implementation 'org.springframework.boot:spring-boot-starter-jdbc'
        implementation 'org.springframework.boot:spring-boot-starter-web'
        implementation 'org.springframework.boot:spring-boot-starter-security'
        implementation 'org.springframework.security:spring-security-test'
        implementation 'org.springframework.boot:spring-boot-starter-validation'
        implementation 'mysql:mysql-connector-java'
        compileOnly 'org.projectlombok:lombok'
        runtimeOnly 'com.h2database:h2'
        annotationProcessor 'org.projectlombok:lombok'
        testImplementation 'org.springframework.boot:spring-boot-starter-test'
        testImplementation group: 'org.mockito', name: 'mockito-inline', version: '4.0.0'
        compileOnly 'io.jsonwebtoken:jjwt-api:0.11.4'
        runtimeOnly 'io.jsonwebtoken:jjwt-impl:0.11.4'
        runtimeOnly 'io.jsonwebtoken:jjwt-jackson:0.11.4'
    }

    tasks.named('test') {
        useJUnitPlatform()
    }
```

（6）同步项目依赖。在 build.gradle 文件的右上角，会有一个 Sync Now 按钮或类似的按钮，单击它可以触发同步项目依赖。如果 IntelliJ IDEA 没有自动检测到依赖项的更改，可以手动执行命令，即使用 Ctrl+Shift+O（Windows/Linux）或 Cmd+Shift+I（Mac）快捷键来执行项目依赖的同步。

13.1.6　了解项目结构

在初学 Spring Boot+Gradle 项目开发时，搞清楚项目结构非常重要，因为一个清晰的项目结构有以下好处。

● 帮助用户更好地理解 Gradle 的构建过程：Gradle 是一个非常强大的构建工具，但是学习它的过程可能有些艰难。通过了解 Spring Boot+Gradle 项目的结构，可以更好地理解 Gradle 如何工作，包括如何管理依赖项、构建应用程序、运行测试等。

- 提高项目构建的效率：通过合理组织 Gradle 的配置文件和项目文件夹，可以使项目的构建过程更加高效和可靠。例如，将依赖项放置在正确的位置，可以使 Gradle 更轻松地找到和加载这些依赖项，从而提高构建效率。
- 提高项目可维护性和可扩展性：一个好的项目结构可以使应用程序更容易扩展和修改。例如，通过将 Gradle 的不同任务放置在不同的文件夹中，可以更轻松地添加或删除这些任务，而无须修改其他部分的代码。
- 提高团队协作效率：当多个开发人员一起工作时，他们需要了解应用程序的不同组件和如何协同工作。一个清晰的项目结构可以帮助团队成员更快地了解应用程序的整体结构并更好地协同开发。
- 便于与其他开发人员交流：当需要与其他开发人员交流时，他们可以通过查看项目结构来更好地理解您的应用程序。这可以帮助您更有效地与其他开发人员沟通和协作。

因此，了解和使用一个清晰、规范的 Spring Boot+Gradle 项目结构是开发高质量、可维护、可扩展和易于协作的应用程序的重要组成部分。

在使用 Gradle 作为构建工具的 Spring Boot 项目中，项目的结构并不是固定的，可以根据需要进行调整。Gradle 提供了很大的灵活性，可以自定义项目的目录结构、依赖关系等。

Spring Boot 官方建议的项目结构如下：

```
.
├── gradle
│   └── wrapper
│       ├── gradle-wrapper.jar
│       └── gradle-wrapper.properties
├── src
│   ├── main
│   │   ├── java
│   │   │   └── com
│   │   │       └── example
│   │   │           └── demo
│   │   │               └── DemoApplication.java
│   │   └── resources
│   │       └── application.properties
│   │
│   └── test
│       ├── java
│       │   └── com
│       │       └── example
│       │           └── demo
│       │               └── DemoApplicationTests.java
│       └── resources
│           └── application.properties
├── build.gradle
├── gradlew
├── gradlew.bat
└── settings.gradle
```

（1）gradle 文件夹：包含了 Gradle 相关的配置文件和脚本，其中 wrapper 文件夹下的文件是 Gradle Wrapper 相关的配置文件。Gradle Wrapper 是 Gradle 的一个功能，可以让项目自带一个指定版本的 Gradle，方便在没有安装 Gradle 的情况下构建项目。虽然 gradle 文件夹通常是存在的，但是它并不是 Spring Boot 项目必需的组成部分，可以根据实际需要进行添加或删除。

（2）src 文件夹：项目的源代码和资源文件目录。

1）main 文件夹：主要的源代码和资源文件目录。

main/java 文件夹：Java 源代码目录。

com.example.demo：示例的包名，根据实际情况可能会有所不同。

DemoApplication.java：Spring Boot 应用程序的入口类。

main/resources 文件夹：资源文件目录。

application.properties：应用程序配置文件，存放应用程序的配置信息。

2）test 文件夹：测试源代码和资源文件目录，结构和 main 目录相同，用于存放测试用例和资源文件。

（3）build.gradle 和 settings.gradle 分别是 Gradle 构建文件和 Gradle 项目配置文件。

（4）gradlew 和 gradlew.bat 是 Gradle Wrapper 相关脚本，用于在不安装 Gradle 的情况下运行 Gradle 命令。在使用 Gradle Wrapper 的项目中，通常不需要手动安装 Gradle，只需要在项目根目录下运行 ./gradlew 或 gradlew.bat 命令即可执行 Gradle 构建。gradlew 脚本适用于 Linux 和 macOS 系统，gradlew.bat 脚本适用于 Windows 系统。这样可以保证项目的构建在不同的环境中保持一致性和可复现性，同时也减少了项目维护的难度。

需要注意的是，Gradle 并不会强制要求使用这个结构，如果想要修改项目结构，可以通过 Gradle 构建文件进行自定义配置。

请对比自己新建项目的结构跟官方建议的项目结构的异同。

任务 2　项目基本配置

项目基本配置

13.2.1　为项目添加基本配置信息

在 Spring Boot 项目中，application.properties 文件或 application.yaml 文件用于存储应用程序的配置属性。application.properties 文件位于项目的 src/main/resources 目录下。

application.properties 文件允许指定应用程序的配置属性。例如，可以设置服务器端口、数据库连接详细信息、日志级别等。Spring Boot 将读取这个文件并将属性注入应用程序中。

通过这个配置文件，可以轻松地配置应用程序的行为，而不需要在代码中硬编码这些值。这样可以使应用程序更具灵活性，可以快速地更改配置属性而无须重新编译代码。

13.2.2　配置过程

1. 替换默认的配置文件 application.properties

在实际项目开发中，更推荐使用 YAML 格式的配置文件（如 application.yml 或

application.yaml）。首先，YAML 格式的配置文件更加直观和易于阅读。相比于 properties 格式的键值对形式，YAML 格式的文件使用了缩进和层级结构，可以更清晰地表达不同配置之间的关系和层次。其次，YAML 格式的文件还支持注释，可以为配置文件添加一些额外的说明和解释，使配置更加易于理解和维护。最后，Spring Boot 对于 YAML 格式的配置文件也提供了更加完善的支持。Spring Boot 可以自动解析 YAML 格式的文件，并将配置信息注入相应的 Bean 中。

所以，我们在这里就把 application.properties 文件改名为 application.yaml。

2. 在 application.yaml 文件中写入配置信息

添加的配置信息如下：

```
server:
  servlet:
    context-path: /api
realworld:
  auth:
    token:
      sign-key: signKey0123456789012345678901023456789
      valid-time: 3000000
```

在这个 YAML 格式的配置文件中，我们定义了一些属性，下面是对这些属性的简单解释。

● server.servlet.context-path：指定应用程序的上下文路径为/api，即应用程序的根路径为http://localhost:8080/api，而不是http://localhost:8080/。在 RealWorld 项目的 API 规范中，我们发现所有的 Endpoint 都是以/api 路径开头的，所以在这里进行统一配置。以后在控制器类上使用@RequestMapping 时，就会自动使用 server.servlet.context-path 属性的值作为根路径，不需要再次指定。例如@RequestMapping("/articles")映射的路径就是/api/articles。

● realworld.auth.token.sign-key：指定了一个名为 sign-key 的属性，用于生成和验证 JWT 的签名密钥。这个密钥应该是一个随机生成的字符串，长度至少为 32 个字符。

● realworld.auth.token.valid-time：指定了 JWT 的有效时间，单位为毫秒。在这个例子中，JWT 的有效期为 3000000 毫秒，即 50 分钟。这个值应该根据应用程序的需要进行调整。

这些属性都可以在 Spring Boot 应用程序中使用@Value 或@ConfigurationProperties 注解进行注入和使用。例如，可以通过以下方式在应用程序中使用 realworld.auth.token.sign-key 属性：

```
@RestController
public class MyController {
    @Value("${realworld.auth.token.sign-key}")
    private String signKey;

    // ...
}
```

3. H2 数据库配置

大家可能已经发现，应用配置文件 application.yaml 里没有针对 H2 数据库的配置。如果只是安装了 H2 数据库的依赖，没有做其他配置，那么 H2 就是按默认方式，即内存数据库使用。Spring Boot 具有自动配置功能，它可以根据用户的类路径和已定义的 bean 自动配置应用程序。当在 Spring Boot 项目中添加 H2 数据库依赖项并使用 Spring Data JPA 时，Spring Boot 会自动配置应用程序以连接到内存中的 H2 数据库。默认情况下，它使用用户名 sa 和空密码进行连接。

第 14 章　统一异常封装

本章将介绍如何统一封装异常，并对错误进行统一处理。通过对异常和错误的封装，可以提高代码的可维护性和可读性，并且方便进行错误的统一管理和处理。本章将指导读者封装异常和错误，并提供实现过程的详细说明。

任务 1　封装 Exception
- 介绍如何封装 Exception 类，用于统一处理异常情况。
- 解释异常处理的重要性，并指导读者实现统一处理的方法。
- 提供实现过程的步骤和细节，确保异常处理能够正确生效。

任务 2　封装 Error
- 引导读者封装 Error 类，用于统一管理和处理错误。
- 解释错误封装的好处，包括减少重复代码、提高代码可读性等。
- 提供实现过程的详细说明，确保错误的封装能够顺利进行。

任务 1　封 装　Exception

封装 Exception

在应用开发中，通常会对异常进行统一封装，这样做的好处有以下几点。
- 提高代码的可读性和可维护性：通过对异常进行封装，可以把异常的处理逻辑统一在一个地方进行处理，避免代码中出现大量的 try-catch 代码块，从而提高代码的可读性和可维护性。
- 统一异常处理：通过封装异常，可以使应用程序中所有的异常都经过同一层的处理，可以统一处理和记录异常信息，从而避免出现不同的开发人员处理异常的方式不一致的情况，提高应用程序的稳定性。
- 提高代码的可测试性：通过封装异常，可以使异常的处理逻辑可以单独进行测试，从而提高代码的可测试性。
- 提高应用程序的安全性：通过对异常进行封装，可以减少对应用程序的暴露程度，从而提高应用程序的安全性，避免因为应用程序暴露太多信息而受到攻击。

14.1.1　实现 Exception 的统一处理

如果每个模块都使用不同的异常类型，那么在处理异常时，需要根据不同的异常类型进行分类处理，代码会变得非常冗长和混乱，所以对异常进行统一处理就显得很有必要。对异常进行统一处理的前提是对异常进行统一封装。通过封装，我们可以把所有的异常都转化为一个或几个通用的异常类型，这样就能够在一个地方进行处理，提高代码的复用性和可维护性。

14.1.2 实现过程

1. 创建 exception 子包

在项目 realworld-springboot 的 src/main/java 中创建一个叫 io.zoooohs.realworld 的包（如果没有的话），RealWorld 项目的代码就写在这里面。在 io.zoooohs.realworld 包中新建 exception 子包，与异常有关的类都放在这个子包下。

2. 创建 AppException 类

定义一个继承自 RuntimeException 的 AppException 类，用于封装应用程序可能会抛出的异常。其主要内容如下：

```
@Getter
public class AppException extends RuntimeException {
    private final Error error;
    public AppException(Error error) {
        super(error.getMessage());
        this.error = error;
    }
}
```

这个类的构造函数接收一个 Error 对象，将该对象的错误信息作为 RuntimeException 的构造函数的参数传递，并将该 Error 对象保存在类的私有变量 error 中。

在这个类中，我们可以看到这个异常处理机制使用了一个 Error 对象，该对象包含了异常的类型、错误信息等内容。通过这种方式，我们可以更加清晰地描述异常的类型和异常发生的原因，使异常处理更加规范化和易于维护。

使用这个 AppException 类，在实际开发中可以通过抛出异常来处理应用程序中可能出现的异常，从而使代码更加可读和易于维护。同时，这个类还可以根据实际需求进行扩展，如添加其他的错误码、错误信息等。

3. 创建 AppExceptionHandler 类

定义一个用于处理应用程序中异常的类，取名 AppExceptionHandler，其主要内容如下：

```
@ControllerAdvice
public class AppExceptionHandler {
    @ExceptionHandler(AppException.class)
    public ResponseEntity<ErrorMessages> handleAppException(AppException exception) {
        return responseErrorMessages(List.of(exception.getMessage()),
            exception.getError().getStatus());
    }

    @ExceptionHandler(MethodArgumentNotValidException.class)
    public ResponseEntity<ErrorMessages> handleValidationError(MethodArgumentNotValidException
exception) {
        List<String> messages = exception.getBindingResult().getFieldErrors().stream().map
```

```
            (this::createFieldErrorMessage).collect(Collectors.toList());
                return responseErrorMessages(messages, HttpStatus.UNPROCESSABLE_ENTITY);
        }

        @ExceptionHandler(Exception.class)
        public ResponseEntity<ErrorMessages> handleException(Exception exception) {
            return responseErrorMessages(List.of("internal server error"),
                    HttpStatus.UNPROCESSABLE_ENTITY);
        }

        private ResponseEntity<ErrorMessages> responseErrorMessages(List<String> messages,
HttpStatus status) {
            ErrorMessages errorMessages = new ErrorMessages();
            messages.forEach(errorMessages::append);
            return new ResponseEntity<>(errorMessages, status);
        }

        private String createFieldErrorMessage(FieldError fieldError) {
            return "[" +
                    fieldError.getField() +
                    "] must be " +
                    fieldError.getDefaultMessage() +
                    ". your input: [" +
                    fieldError.getRejectedValue() +
                    "]";
        }
    }
```

该类使用了@ControllerAdvice 注解标记，表明这是一个控制器增强类，用于处理全局异常。具体来说，该类处理了以下 3 类异常。

- AppException：应用程序自定义异常，这里通过@ExceptionHandler 注解来处理该类型的异常。处理函数中将 exception.getMessage()作为错误信息，将 exception.getError().getStatus()作为 HTTP 响应状态码，最终通过 responseErrorMessages 方法返回错误信息和响应状态码。

- MethodArgumentNotValidException：当请求参数校验不通过时，抛出该异常。处理函数中通过 getBindingResult().getFieldErrors()方法获取请求参数校验不通过的字段和错误信息，然后使用 createFieldErrorMessage 方法将这些错误信息转化成可读性更高的格式，最终通过 responseErrorMessages 方法返回错误信息和 HTTP 响应状态码。

- Exception：未被其他异常处理函数处理的异常，处理函数中直接返回 "internal server error" 错误信息和 HTTP 响应状态码。

除了处理异常，该类还定义了 responseErrorMessages 方法，用于将多个错误信息封装成 ErrorMessages 对象，并返回带有 HTTP 响应状态码的响应实体。同时，该类还定义了 createFieldErrorMessage 方法，将请求参数校验不通过的字段和错误信息转化成可读性更高的格式。

总的来说，AppExceptionHandler 类的作用是对应用程序中抛出的异常进行统一处理，并将错误信息封装成 ErrorMessages 对象返回到前端。这样做的好处是，可以统一处理异常，便于维护和调试；同时将错误信息封装成 ErrorMessages 对象，也方便了前端的处理。

任务 2 封 装 Error

在 Java 中，Exception 和 Error 都继承自 Throwable 类，表示程序中出现的异常情况。但是它们在使用上有一些区别。

Exception 通常表示程序本身出现的问题，如输入不正确、文件不存在等。Exception 可以被程序处理并恢复，通常需要在代码中显式地捕获和处理它，否则程序将无法编译或运行。

Error 则表示 Java 虚拟机或本地系统出现的问题，通常是不可恢复的，如内存不足、栈溢出等。Error 通常无法被程序处理，只能让程序崩溃或终止运行。

因此，Exception 是程序员在编写代码时可以预见到的问题，需要在代码中进行处理，而 Error 则表示程序出现了无法预测的问题，通常需要采取其他方式来解决。

14.2.1 封装 Error

在 Spring Boot 项目中，封装 Error 的主要意义有以下几点。

- 统一处理错误信息：将不同类型的错误信息封装成一个标准格式，方便进行统一处理和返回给前端，提高了代码的可维护性和可读性。
- 方便错误信息的管理：封装错误信息可以让错误信息的管理更加方便。错误信息可以被集中管理、维护和修改，而不是分散在代码的各个角落。
- 提高代码的可扩展性：当需要添加新的错误类型时，只需要在封装错误信息的类中添加对应的错误类型即可，而不需要修改其他地方的代码，提高了代码的可扩展性。
- 方便错误的排查和定位：当程序出现异常时，封装错误信息可以帮助开发人员更快地定位错误，缩短故障修复的时间。

综上所述，封装 Error 是开发高质量、可维护、可扩展的 Spring Boot 项目的重要一环。

14.2.2 实现过程

1. 创建 Error 枚举
在前面创建的 exception 包中定义一个枚举类型 Error，用于表示应用程序中的各种错误类型，包括错误消息和错误状态码。其主要内容如下：

```
@Getter
public enum Error {
    DUPLICATED_USER("there is duplicated user information",
            HttpStatus.UNPROCESSABLE_ENTITY),
    LOGIN_INFO_INVALID("login information is invalid",
            HttpStatus.UNPROCESSABLE_ENTITY),
    ALREADY_FOLLOWED_USER("already followed user",
            HttpStatus.UNPROCESSABLE_ENTITY),
    ALREADY_FAVORITED_ARTICLE("already followed user",
```

```
                    HttpStatus.UNPROCESSABLE_ENTITY),

        USER_NOT_FOUND("user not found", HttpStatus.NOT_FOUND),
        FOLLOW_NOT_FOUND("such follow not found", HttpStatus.NOT_FOUND),
        ARTICLE_NOT_FOUND("article not found", HttpStatus.NOT_FOUND),
        FAVORITE_NOT_FOUND("favorite not found", HttpStatus.NOT_FOUND),
        COMMENT_NOT_FOUND("comment not found", HttpStatus.NOT_FOUND),
        ;

        private final String message;
        private final HttpStatus status;

        Error(String message, HttpStatus status) {
            this.message = message;
            this.status = status;
        }
    }
```

这段代码中每个错误都有一个对应的 HttpStatus 状态码和一个消息字符串，其中 HttpStatus 用于指示客户端应如何处理错误，而消息字符串则提供有关错误的更多信息，以便在需要时进行记录或调试。这些错误被用于 AppException 类中，以便在应用程序中抛出错误时提供一致的错误格式。这种统一的错误格式能够帮助应用程序开发人员更快地识别问题，并在应用程序中实现更好的错误处理机制。

2. 创建 ErrorMessages 类

新建一个用于封装错误消息的类，取名 ErrorMessages，同样放在 exception 包里。其主要内容如下：

```
@Getter
@JsonTypeName("errors")
@JsonTypeInfo(use = JsonTypeInfo.Id.NAME, include = JsonTypeInfo.As.WRAPPER_OBJECT)
public class ErrorMessages {
    private final List<String> body;
    public ErrorMessages() {
        body = new ArrayList<>();
    }
    public void append(String message) {
        body.add(message);
    }
}
```

这个类使用了 Jackson 库中的 JsonTypeInfo 和 JsonTypeName 注解，用于序列化时指定类型信息。

该类包含了一个 List<String> 类型的成员变量 body，用于存储错误信息。它还提供了一个 append 方法，用于向错误信息列表中添加一条错误信息。

这个类在异常处理中的作用是将多个错误信息封装为一个统一格式的对象，便于序列化和传输。在 AppExceptionHandler 中，使用 ErrorMessages 对象来存储和返回错误信息，同时使用 JsonTypeName 注解将其序列化为 errors 的包装对象，方便客户端解析。

第 15 章　Spring Security 在项目中的应用

本章将介绍如何在项目中应用 Spring Security，实现基本认证和授权功能。Spring Security 是一个功能强大的安全框架，可以帮助我们保护应用程序的资源和提供身份认证和授权功能。本章将指导读者在项目中配置和使用 Spring Security，包括实现基本认证和授权、使用 JWT 进行身份认证，以及在 RealWorld 项目中应用 Spring Security 的具体过程。

任务 1　实现 Spring Security 基本认证和授权
- 创建 Spring Boot 项目并添加 Spring Security 依赖。
- 介绍基本认证的概念和流程。
- 演示如何使用基本身份验证（Basic Auth）进行认证，并通过浏览器和 Postman 进行访问测试。
- 演示如何授权。

任务 2　使用 JWT
- 介绍 JWT 的概念和原理。
- 指导读者结合 Spring Security 和 JWT 实现身份认证和授权。
- 提供使用 JWT 的项目创建过程和详细步骤。

任务 3　在 RealWorld 项目中使用 Spring Security 和 JWT
- 在 Spring Boot 项目中引入 Spring Security 依赖。
- 详细说明在 RealWorld 项目中应用 Spring Security 的具体过程和步骤。

任务 1　实现 Spring Security 基本认证和授权

当涉及 Web 应用程序的安全性时，认证和授权是两个核心概念，简而言之：
- 认证：确保用户是谁，即验证用户的身份。
- 授权：决定用户能做什么，即给用户分配合适的权限和角色。

在 Web 应用程序中，使用 Spring Security 等安全框架可以简化认证和授权的实现，提供了一种可靠的方式来确保应用程序的安全性。

15.1.1　创建一个 Spring Boot 的 Gradle 项目

基于 Spring Initializr 创建一个 Spring Boot 项目，构建工具选择 Gradle，JDK 和 Java 都选

择 11，如图 15-1 所示。

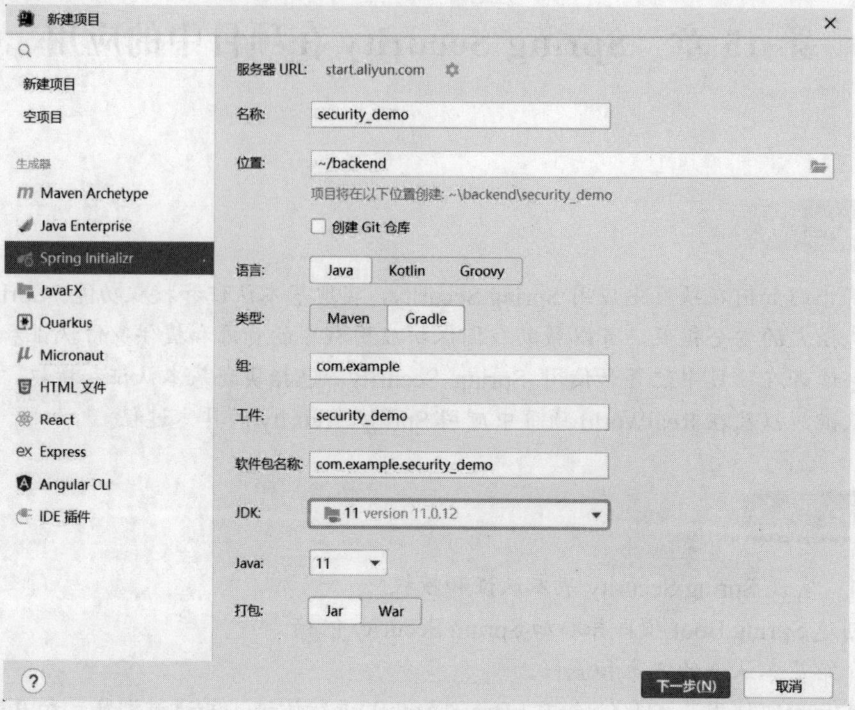

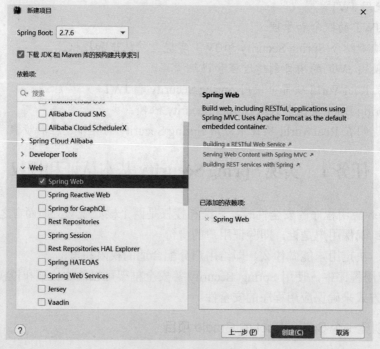

图 15-1　新建项目

选择 Spring Boot 版本，添加 Spring Web 依赖项，如图 15-2 所示。

图 15-2　添加依赖

15.1.2　创建一个接口

新建 HomeController 类，其中定义一个/api/hello 的 RESTful 接口，代码如下：

```
@RestController
@RequestMapping("/api")
public class HomeController {
  @GetMapping("/hello")
  public String sayHello(){
    System.out.println("an access to /api/hello");
    return "Welcome you!";
  }
}
```

当接收到客户端访问这个接口的 GET 请求时，将返回字符串"Welcome you!"。

启动服务端，然后在浏览器输入地址"http://localhost:8080/api/hello"，现在还没有添加 Spring Security，所以可以自由访问，如图 15-3 所示。

图 15-3　浏览器访问 API

15.1.3　添加 Spring Security 依赖并验证

1．在 build.gradle 中添加依赖

添加依赖的代码如下：

```
implementation 'org.springframework.boot:spring-boot-starter-security'
```

然后安装依赖（单击编辑区右上角 Load Gradle Changes 图标）。

2．验证

重启项目后，浏览器再次访问 http://localhost:8080/api/hello，请求被重定向到 http://localhost:8080/login，打开了图 15-4 所示的登录界面，这是 Spring Security 项目默认的登录界面，表明 Spring Security 已经生效。我们还没有创建账号，如何登录呢？其实 Spring Security 给我们提供了一个默认账号：

默认用户名：user

密码：b0a70bea-ad7e-44e5-8004-3b7089d01393

密码是随机产生的，在服务端启动项目时的控制台日志中可以查看到。

输入正确的用户名和密码后，再次被重定向到原来的请求，顺利显示出"Welcome you!"。

我们还可以通过访问 http://localhost:8080/logout 接口进行退出操作，打开的退出界面如图 15-5 所示。

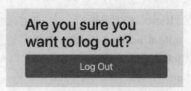

图 15-4   Spring Security 项目默认的登录界面   图 15-5   退出界面

为什么访问接口时会显示一个表单呢？

当添加 Spring Security 依赖项后，在应用程序启动时，Spring 查找一个类型为 SecurityFilterChain 的接口对象或 Bean。一旦找到，就会显示其中设置的配置。

默认情况下，Spring Security 在名为 defaultSecurityFilterChain(HttpSecurity http)的方法中通过@Bean 注解了一个 Bean，并在其内部配置了默认的表单和基本身份验证。这正是 Spring Security 在添加 build.gradle 中的依赖项时默认启动的安全配置，还给该 Bean 赋予了 @Order(2147483642)，它的顺序默认在最后。

上述 Bean 位于以下类中：

```
.../SpringBootWebSecurityConfiguration.class
@Bean
@Order(2147483642)
public SecurityFilterChain defaultSecurityFilterChain(HttpSecurity http) throws Exception {
    http.authorizeRequests((requests) -> requests.anyRequest().authenticated());
    http.formLogin();
    http.csrf().and().logout();
    return http.build();
}
```

15.1.4   创建基本身份认证

1. 创建过程

创建一个自定义的 securityFilterChain 方法，它返回一个 SecurityFilterChain 接口类型的对象，并使用@Bean 注解将其注册到 Spring 容器中。由于它具有默认的 Bean 顺序，Spring 会选择此处创建的 Bean，而不是 Spring 自动提供的默认 Bean。

将默认配置中的.formLogin()删除，保留其余内容，包括.httpBasic()。如果为了简单，可以将下面的方法添加到启动类中。

```
@Bean
public SecurityFilterChain securityFilterChain(HttpSecurity http) throws Exception {
    http
        .authorizeRequests()
        .anyRequest()
        .authenticated()
        .and()
        .httpBasic();
    return http.build();
}
```

我们在此处进行的配置将覆盖 Spring 默认提供的配置。

但是更通常的做法是，单独创建一个 config 包，然后在这个包中创建一个配置类，如 SecurityConfig，内容如下：

```
@EnableWebSecurity
public class SecurityConfig {
    // securityFilterChain()方法
}
```

注意这里的@EnableWebSecurity 注解不要遗漏了，它的作用是启用 Web 安全性，通过它告诉 Spring 这是一个配置类，并且包含了安全性配置。然后，把 securityFilterChain 方法复制到这里即可。

2. 访问接口进行验证

重启项目后，分别通过浏览器和 Postman 进行验证。

（1）从浏览器访问。由于我们创建了自定义@Bean 进行身份验证，所以在浏览器中访问时，它不再重定向，也不显示登录表单，而是显示一个图 15-6 所示的提示框，要求我们输入用户名和密码，用户名仍然是 user，密码在项目启动时的控制台日志中查看。

图 15-6　登录提示框

登录成功后，就可以正常访问接口了。

（2）从 Postman 访问。我们也可以通过 Postman 访问接口，如果没有任何其他配置，我们将得到 401 未经授权的响应代码，这是因为我们没有提供用户名和密码的凭据。

[GET] http://localhost:8080/api/hello

状态：401 未经授权

为了提供凭据，我们需要输入用户名和密码，如图 15-7 所示。

图 15-7　在 Postman 中验证登录

现在如果发送请求，我们将看到已经通过身份验证，并可以访问我们的端点了。

如果我们查看请求头选项，我们将看到以下键值对，也就是说，我们的凭据已经以 Base64 编码的形式提供了。

```
key：Authorization
value：Basic dXNlcjo1NTJjZGYyMC0zMzlkLTRjZGYtODQ0Yy1jMzE1Yjk4ZjU2NzY==
```

我们也可以设置自己的用户名和密码用于登录，只需要在 application.yaml 文件中添加以下内容即可：

```
spring:
  security:
    user:
      name: gaspar
      password: 123456
```

重新运行项目，就可以用账号"gaspar"和密码"123456"登录了。

15.1.5　为基本身份认证添加授权功能

1. 配置用户和角色

在 application.yaml 文件中，配置用户的用户名、密码和角色信息。

```
spring:
  security:
    user:
      name: user
      password: password
      roles: USER

      # 添加一个具有 ADMIN 角色的用户
      another:
        name: admin
        password: adminpassword
        roles: ADMIN
```

2. 修改 HomeController 类

把 HomeController 类的内容替换为下面的代码：

```
@RestController
@RequestMapping("/api")
public class HomeController {
  @GetMapping("/public")
  public String publicResource(){
    return "This is a public resource. Anyone can access.";
  }
  @GetMapping("/private")
  public String privateResource() {
    return "This is a private resource. Only authenticated users can access.";
  }
  @GetMapping("/admin")
```

```
    public String adminResource() {
        return "This is an admin resource. Only users with 'ROLE_ADMIN' can access.";
    }
}
```

3. 配置 Spring Security 角色授权

如果只需要简单的身份验证和授权，可以使用 Spring Security 提供的默认配置和注解进行快速开发。但是，如果需要更复杂的安全需求，如自定义认证逻辑、添加过滤器等，就需要创建自定义的 Spring Security 配置类。这里新建配置类 SecurityConfig，配置 Spring Security 进行角色授权，以保护不同权限的资源。代码如下：

```
@Configuration
@EnableWebSecurity
public class SecurityConfig extends WebSecurityConfigurerAdapter {
    @Override
    protected void configure(HttpSecurity http) throws Exception {
        http
            .authorizeRequests()
                .antMatchers("/api/public").permitAll()
                .antMatchers("/api/private").authenticated()
                .antMatchers("/api/admin").hasRole("ADMIN")
            .and()
                .httpBasic();
    }
}
```

4. 测试接口

启动项目并使用合适的工具（如 cURL、浏览器或 Postman 等）来测试接口。

● 访问/api/public：应该能够访问，因为它是公共资源。

● 访问/api/private：需要使用用户名和密码进行认证，然后才能访问。

● 访问/api/admin：使用具有 ADMIN 角色的用户名和密码进行认证，然后才能访问。

之前我们已经用过浏览器和 Postman 进行测试，这次我们尝试使用 cURL 测试/api/admin 接口。

```
curl -u admin:adminpassword http://localhost:8080/api/admin
```

执行成功，返回相关的 JSON 数据。如果用户凭证不正确，它将会执行失败，返回 HTTP 401 Unauthorized 错误。这样就可以根据用户的角色配置，测试 /api/admin 接口是否按预期工作。其他两个接口也可以这样测试。

15.1.6　基本身份认证的漏洞

基本身份认证的漏洞

基本身份认证中，用户名和密码是以明文形式传输的，容易被窃取。以刚才的身份认证为例，虽然用户名和密码已经进行了 Base64 编码，但很容易解码为明文。我们来验证一下，首先打开图 15-8 所示的在线 Base64 编解码网站（https://c.runoob.com/front-end/693/），然后把编码后的凭据复制到左边的框中，最后单击红框处的"解码"按钮，在右边的框中就出现了用户名和密码的明文。

图 15-8　在线 Base64 编解码

攻击者可以通过网络监听等方式拦截请求，并解码获取用户名和密码信息，从而实现攻击。保护后端 API 的更好方法是使用 JWT。

任务 2　使　用　JWT

15.2.1　JWT 入门

JWT 认证使用 JSON Web Token 来验证身份，这是一种轻量级、自包含的令牌。在该方案中，客户端在认证后获取 JWT，随后将其嵌入请求的头部。JWT 携带用户身份等信息，但不包含密码，因而具有更高的安全性。服务器使用 JWT 验证用户身份，决定是否授予访问权限。

JWT 由 3 部分构成：头部（Header）、载荷（Payload）和签名（Signature）。头部描述令牌元信息，如类型和加密算法。载荷包含主要信息，如用户身份和权限。签名用于验证令牌完整性，根据头部、载荷和密钥生成。

JWT 的特点是更高的安全性和无状态性，特别适用于前后端分离，不需在各系统存储敏感信息或进行传统会话管理，从而减轻了服务器压力。同时，JWT 提供安全机制，保护数据在传输过程中的机密性和完整性。

15.2.2　用 Spring Security+JWT 实现身份认证

将 JWT 与 Spring Security 结合，可以实现认证，带来如下优势。

用 Spring Security+JWT
实现身份认证和授权

- 无状态：JWT 在服务端不需要存储会话信息，因为 JWT 本身包含了用户的认证信息，这样可以降低服务器的存储压力。
- 跨平台：由于 JWT 是一种基于标准的开放协议，所以可以在不同的编程语言和操作系统之间共享信息。
- 可扩展性：JWT 可以包含自定义的声明信息，这使它在扩展性方面更加灵活。
- 安全性：JWT 使用数字签名来验证数据的完整性和真实性，因此可以防止数据被篡改或伪造。
- 易于集成：Spring Security 提供了对 JWT 的支持，这使在 Spring 应用程序中使用 JWT 进行身份认证变得非常容易。

总之，JWT 和 Spring Security 的结合可以提供一种安全、可靠、高效的身份认证方案，适用于各种 Web 应用程序。

15.2.3　JWT 项目创建过程

1. 创建 Spring Boot+Spring Security+Gradle 项目

创建过程与本章任务 1 一样，这里不再赘述。最终完成的项目结构如下：

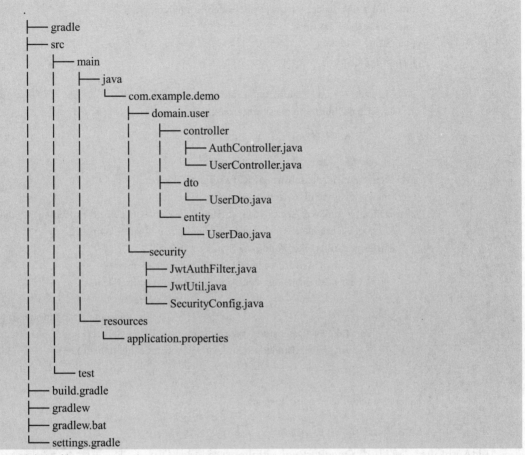

```
.
├── gradle
├── src
│   ├── main
│   │   ├── java
│   │   │   └── com.example.demo
│   │   │       ├── domain.user
│   │   │       │   ├── controller
│   │   │       │   │   ├── AuthController.java
│   │   │       │   │   └── UserController.java
│   │   │       │   ├── dto
│   │   │       │   │   └── UserDto.java
│   │   │       │   └── entity
│   │   │       │       └── UserDao.java
│   │   │       └── security
│   │   │           ├── JwtAuthFilter.java
│   │   │           ├── JwtUtil.java
│   │   │           └── SecurityConfig.java
│   │   └── resources
│   │       └── application.properties
│   │
│   └── test
├── build.gradle
├── gradlew
├── gradlew.bat
└── settings.gradle
```

2. 添加依赖

首先，需要在 build.gradle 中添加 jjwt 依赖和 lombok 依赖：

```
compileOnly 'io.jsonwebtoken:jjwt-api:0.11.4'
runtimeOnly 'io.jsonwebtoken:jjwt-impl:0.11.4'
runtimeOnly 'io.jsonwebtoken:jjwt-jackson:0.11.4'
compileOnly 'org.projectlombok:lombok'
```

3. 创建 JWT 过滤器

在 Spring Security 配置中，需要定义一个过滤器来处理 JWT：

```
@RequiredArgsConstructor
@Component
public class JwtAuthFilter extends OncePerRequestFilter {
    private final UserDao userDao;
    private final JwtUtil jwtUtil;
```

```
@Override
protected void doFilterInternal( HttpServletRequest request,
                                 HttpServletResponse response,
                                 FilterChain filterChain)
        throws ServletException, IOException {
    final String authHeader = request.getHeader("Authorization");
    final String userEmail;
    final String jwtToken;
    final String PREFIX = "Bearer ";

    if (authHeader == null || !authHeader.startsWith(PREFIX)) {
        filterChain.doFilter(request, response);
        return;
    }

    jwtToken = authHeader.substring(PREFIX.length());
    userEmail = this.jwtUtil.extractUsername(jwtToken);
    if (userEmail != null && SecurityContextHolder.getContext().getAuthentication() == null) {
        UserDetails userDetails = this.userDao.findUserByEmail(userEmail);
        if (this.jwtUtil.isTokenValid(jwtToken, userDetails)) {
            UsernamePasswordAuthenticationToken authToken =
                new UsernamePasswordAuthenticationToken(userDetails,
                                                        null,
                                                        userDetails.getAuthorities());
            authToken.setDetails(new WebAuthenticationDetailsSource().buildDetails(request));
            SecurityContextHolder.getContext().setAuthentication(authToken);
        }
    }
    filterChain.doFilter(request, response);
}
}
```

　　JwtAuthFilter 类的基类 OncePerRequestFilter 通过设计保证了过滤逻辑不会在同一个请求中被重复执行。这个特性有助于确保过滤器的逻辑不会因为容器的内部行为而出现重复执行的情况。

　　JwtAuthFilter 类使用了@RequiredArgsConstructor 和@Component 注解。@RequiredArgsConstructor 是 Lombok 提供的注解，它会为标记为 final 的所有非空字段生成构造函数。@Component 注解是 Spring 提供的注解，它可以将一个类标记为 Spring 管理的组件，从而使这个类可以被其他组件引用。

　　这个类是一个实现了 JWT 身份验证的过滤器，它在每个请求被处理之前检查请求的头部中是否包含 JWT。若请求中不包含 JWT 或 JWT 无效，则直接将请求传递给后续的过滤器或处理程序。否则，这个过滤器会调用 UserDao 类来查找与 JWT 关联的用户，以及调用 JwtUtil 类来验证 JWT 的有效性。如果 JWT 有效，那么该过滤器将创建一个 UsernamePasswordAuthenticationToken 对象并将其设置为当前安全上下文的身份验证对象。

　　因为使用了 JwtUtil 类和 UserDao 类，所以还需要将这两个类创建出来。

4. 创建 JwtUtil 类

```java
@Component
public class JwtUtil {
    private String SECRET_KEY = "0123456789abcdef0123456789abcdef0123456789abcdef";
    public String extractUsername(String token) {
        return extractClaim(token, Claims::getSubject);
    }
    public Date extractExpiration(String token) {
        return extractClaim(token, Claims::getExpiration);
    }
    public <T> T extractClaim(String token, Function<Claims, T> claimsResolver) {
        final Claims claims = extractAllClaims(token);
        return claimsResolver.apply(claims);
    }
    private Claims extractAllClaims(String token) {
        return Jwts.parser().setSigningKey(SECRET_KEY).parseClaimsJws(token).getBody();
    }
    private Boolean isTokenExpired(String token) {
        return extractExpiration(token).before(new Date());
    }
    public String generateToken(UserDetails userDetails) {
        Map<String, Object> claims = new HashMap<>();
        return createToken(claims, userDetails);
    }
    private String createToken(Map<String, Object> claims, UserDetails userDetails) {
        return Jwts.builder().setClaims(claims)
                .setSubject(userDetails.getUsername())
                .claim("authorities", userDetails.getAuthorities())
                .setIssuedAt(new Date(System.currentTimeMillis()))
                .setExpiration(new Date(System.currentTimeMillis()+TimeUnit.HOURS.toMillis(24)))
                .signWith(SignatureAlgorithm.HS256, SECRET_KEY).compact();
    }
    public Boolean isTokenValid(String token, UserDetails userDetails) {
        final String username = extractUsername(token);
        return (username.equals(userDetails.getUsername()) && !isTokenExpired(token));
    }
}
```

这是一个用于创建和验证 JWT 的工具类，其中用到了在 Java 8 引入的"方法引用"语法，如"return extractClaim(token, Claims::getSubject);"语句中的"Claims::getSubject"，它是一种"实例方法引用"，用于将 getSubject 方法作为参数传递给 extractClaim 方法的函数式接口参数。将方法引用作为参数传递，有点类似于 JavaScript 语言中的传递回调函数的作用。

这个工具类包括以下方法。

- extractUsername(String token)从 JWT 中提取用户名。
- extractExpiration(String token)从 JWT 中提取到期时间。

- extractClaim(String token, Function<Claims, T> claimsResolver)从 JWT 中提取声明，可以通过声明解析器自定义返回类型。
- generateToken(UserDetails userDetails)根据给定的用户详细信息生成一个 JWT。
- createToken(Map<String, Object> claims, UserDetails userDetails)创建 JWT，设置声明、主题、发行时间和过期时间，并使用 SignatureAlgorithm 枚举和 SECRET_KEY 签名 JWT。它返回一个 JWT 字符串。它需要以下两个参数。
  - ➢ claims：一个包含 JWT 声明的 Map。
  - ➢ userDetails：一个包含用户详细信息的 UserDetails 对象。
- isTokenExpired(String token)检查给定的 JWT 是否过期。它通过比较 JWT 的过期时间和当前时间来确定 JWT 是否过期。若过期时间早于当前时间，则 JWT 已经过期，返回 true，否则返回 false。
- isTokenValid(String token, UserDetails userDetails)验证给定的 JWT 是否有效，包括检查 JWT 是否过期并比较 JWT 中的用户名与给定的用户详细信息中的用户名是否相同。
- extractAllClaims(String token) 从 JWT 中提取所有声明。

此外，该类还有一个私有密钥 SECRET_KEY，值为"secret"，使用的是 HS256 签名算法。

5. 创建 UserDao 类

定义一个名为 UserDao 的类，用于管理应用程序中的用户信息。

```
@Repository
public class UserDao {
    // password: 12345
    private final static List<UserDetails> APPLICATION_USERS = Arrays.asList(
            new User("admin@gmail.com",
                "$2a$10$u98UVvWxO3kXqlt1dP9gNeKmh3xmBj2UwJmitxO8HaK/i5vjXfZu6",
Collections.singleton(new SimpleGrantedAuthority("ROLE_ADMIN"))),
            new User("user@gmail.com",
                "$2a$10$yzCRTNhP46MV4rmrYvSBvun5lHhCiuuvALdFNA.AKgMLDRfdIvAhq",
Collections.singleton(new SimpleGrantedAuthority("ROLE_USER")))
    );
    public UserDetails findUserByEmail(String email) {
        return APPLICATION_USERS.stream()
                .filter(userDetails -> userDetails.getUsername().equals(email))
                .findFirst()
                .orElseThrow(() -> new UsernameNotFoundException("No user was found!!!"));
    }
}
```

- UserDao 类使用@Repository 注解进行了标注，这表明它是一个 Spring 框架中的存储库组件。
- 这个类包含一个名为 APPLICATION_USERS 的私有静态成员变量，它是一个包含应用程序用户详细信息的列表。这里，APPLICATION_USERS 列表中包含了两个 User 对象，它们代表了具有不同角色的两个应用程序用户。其中一个用户具有 ROLE_ADMIN 角色，另一个用户具有 ROLE_USER 角色。这些用户的用户名、密码和角色都被硬编码在这个类中。

- UserDao 类还定义了一个名为 findUserByEmail 的公共方法，它接收一个字符串类型的参数 email，并返回与该电子邮件地址匹配的 UserDetails 对象。在该方法中，使用 Java 8 Stream API 从 APPLICATION_USERS 列表中查找一个具有与给定电子邮件地址相同的用户名的 UserDetails 对象。若找不到，则抛出 UsernameNotFoundException 异常。

- 在这个类中，还使用 Collections.singleton()方法创建了一个包含单个元素的集合，其目的是简化代码和确保集合的不可变性。

  ➢ 这里，每个用户只有一个角色，所以只需要创建一个包含单个元素的集合来表示用户的角色，这就是使用 Collections.singleton()方法的原因。若用户有多个角色，则需要使用其他类型的集合来存储这些角色。

  ➢ Collections.singleton()方法返回一个包含指定元素的不可变集合。由于集合是不可变的，所以无法向其中添加或删除元素。这可以保证集合中的元素在整个程序生命周期内保持不变，这对于代码的可预测性和可靠性都是很有好处的。

  ➢ 这个集合中的元素是一个 Spring Security 框架中的 SimpleGrantedAuthority 对象，表示一个授予用户的权限。这里创建的两个 SimpleGrantedAuthority 对象的参数分别是 ROLE_ADMIN 和 ROLE_USER，分别表示授予用户 ROLE_ADMIN 权限和 ROLE_ADMIN 权限。

综上所述，这个 UserDao 类可以看作是一个伪造的用户存储库，目的是简化操作。它提供了一个简单的方法来获取应用程序中已知的用户详细信息。实际应用程序通常会将用户信息存储在数据库中，并使用 UserDetailsService 接口来获取用户详细信息。

6. 启用 JWT 认证

在 Spring Security 配置中，需要配置 HttpSecurity，以启用 JWT 认证。

创建 SecurityConfig 类进行相关配置，内容如下：

```java
@RequiredArgsConstructor
@EnableWebSecurity
public class SecurityConfig {
    private final JwtAuthFilter jwtAuthFilter;
    private final UserDao userDao;

    @Bean
    public SecurityFilterChain securityFilterChain(HttpSecurity http) throws Exception {
        http
                .csrf().disable()
                .authorizeRequests()
                .antMatchers("/**/auth/**").permitAll()
                .anyRequest()
                .authenticated()
                .and()
                .sessionManagement()
                .sessionCreationPolicy(SessionCreationPolicy.STATELESS)
                .and()
                .authenticationProvider(this.authenticationProvider())
                .addFilterBefore(jwtAuthFilter, UsernamePasswordAuthenticationFilter.class);
```

```
            return http.build();
        }

        @Bean
        public AuthenticationProvider authenticationProvider() {
            final DaoAuthenticationProvider authenticationProvider = new DaoAuthenticationProvider();
            authenticationProvider.setUserDetailsService(this.userDetailsService());
            authenticationProvider.setPasswordEncoder(this.passwordEncoder());
            return authenticationProvider;
        }

        @Bean
        public AuthenticationManager authenticationManager(AuthenticationConfiguration config) throws
Exception {
            return config.getAuthenticationManager();
        }

        @Bean
        public PasswordEncoder passwordEncoder() {
            return new BCryptPasswordEncoder();
        }

        @Bean
        public UserDetailsService userDetailsService() {
            return new UserDetailsService() {
                @Override
                public UserDetails loadUserByUsername(String email) throws UsernameNotFoundException {
                    return userDao.findUserByEmail(email);
                }
            };
        }
    }
```

这是一个 Spring Security 的配置类，用于配置应用程序的安全策略。这个类使用了一些注解来启用 Web 安全和请求授权，并定义了几个 Bean 用于身份验证和加密密码。

下面是对每个 Bean 的简要分析。

- JwtAuthFilter 和 UserDao：这两个都是通过@RequiredArgsConstructor 注解实现的构造函数注入，它们将在后面的方法中使用。

- securityFilterChain：这个 Bean 定义了 Spring Security 的安全策略。在这里，我们定义了一组规则，这些规则告诉 Spring Security 应该如何处理所有的请求。具体来说，我们允许所有/auth/**的请求通过，其余所有请求需要进行身份验证。

- authenticationProvider：这个 Bean 定义了身份验证的方法，用于验证用户输入的用户名和密码是否与数据库中存储的匹配。这个 Bean 还将 PasswordEncoder Bean 注入其中，用于加密和验证密码。

- authenticationManager：这个 Bean 将用于控制器中，以便委托身份验证请求给 Spring 进行处理。

- passwordEncoder：这个 Bean 将使用 BCryptPasswordEncoder 来加密和验证密码。
- userDetailsService：这个 Bean 是用于加载用户信息的，例如通过用户名查找用户信息。在这里，我们实现了 UserDetailsService 的接口，并在 loadUserByUsername 方法中使用 UserDao 来查找用户信息。

7. 封装请求数据

在实际应用中，当用户提交认证请求时，我们可以通过构造一个 AuthenticationRequest 对象来封装用户提交的用户名和密码，然后将这个对象传递给认证逻辑进行处理，最终得到认证结果。

创建 AuthenticationRequest 类：

```
@Getter
@Setter
@NoArgsConstructor
public class AuthenticationRequest {
    private String email;
    private String password;
}
```

这个类有以下特征。

- 使用了@Getter 和@Setter 注解，这两个注解可以帮助我们自动生成对应的 getter 和 setter 方法，方便我们对类中的属性进行操作。
- 使用了@NoArgsConstructor 注解，表示这个类有一个无参构造函数。
- 定义了两个私有属性 email 和 password，分别表示认证请求中的用户名和密码。

8. 编写认证控制器

万事俱备，只欠东风。现在可以编写一个控制器了，让它接收客户端的请求，并进行认证和授权。

创建 AuthenticationController 类：

```
@RequiredArgsConstructor
@RestController
@RequestMapping(path = "/api/auth")
public class AuthenticationController {
    private final AuthenticationManager authenticationManager;
    private final UserDao userDao;
    private final JwtUtil jwtUtil;

    @PostMapping(path = "/authenticate")
    public ResponseEntity<String> authenticate(@RequestBody AuthenticationRequest request) {
        this.authenticationManager.authenticate(new
UsernamePasswordAuthenticationToken(request.getEmail(), request.getPassword()));
        final UserDetails userDetails = this.userDao.findUserByEmail(request.getEmail());
        if(userDetails != null) {
            return ResponseEntity.ok(jwtUtil.generateToken(userDetails));
        }
        return ResponseEntity.badRequest().body("Some error has ocurred");
    }
}
```

- 这是一个 Spring Boot 的 RestController，用于处理与用户身份验证相关的请求。它有一个 POST 请求处理方法，路径为 /api/auth/authenticate，它接收一个 AuthenticationRequest 对象作为请求体，并返回一个包含 JWT 的 ResponseEntity 对象，以便在客户端进行后续请求时进行身份验证。
- 在这个 RestController 中，我们注入了一个 AuthenticationManager 对象、一个 UserDao 对象和一个 JwtUtil 对象。其中，AuthenticationManager 对象是用于身份验证的关键组件，UserDao 对象用于查找用户的详细信息，JwtUtil 对象用于生成 JWT。
- 在 authenticate 方法中，我们首先使用 AuthenticationManager 对象对传入的用户名和密码进行身份验证，若验证失败，则会抛出 AuthenticationException 异常。如果验证成功，我们使用 UserDao 对象来查找用户详细信息，然后使用 JwtUtil 对象生成 JWT 并将其添加到响应中返回给客户端。

总之，这段代码是一个处理用户身份验证请求的 RestController，它使用 Spring Security 提供的身份验证机制对用户进行身份验证，并使用 JWT 来处理后续的请求。

9. 运行项目并测试接口

运行项目后，在浏览器或 Postman 访问 http://localhost:8080/api/hello。

返回结果：

```
浏览器：
    HTTP ERROR 403
postman：
    Status: 403 Forbidden
```

因为没有经过身份认证而直接访问 API 被拒绝。

进行身份认证，需要访问 http://localhost:8080/api/auth/authenticate。

由于需要发送 POST 请求，所以在 Postman 中测试比较方便。访问结果如图 15-9 所示。

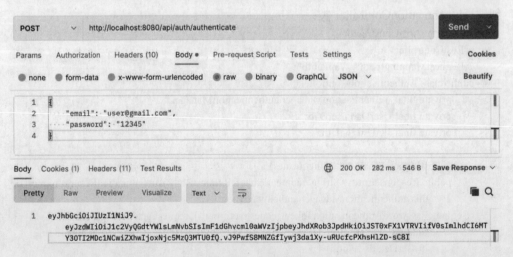

图 15-9　访问结果

认证成功并返回了 JWT。

将该 JWT 保存到/api/hello 和/api/bye 接口的请求头部后，再次发出请求。

图 15-10 是/api/hello 接口的访问结果，表明请求成功。

图 15-10　访问/api/hello 接口

图 15-11 是/api/bye 接口的访问结果，也表明请求成功。

图 15-11　访问/api/bye 接口

任务 3　在 RealWorld 项目中使用 Spring Security 和 JWT

15.3.1　在 RealWorld 项目中引入 Spring Security 和 JWT

首先要确保 RealWorld 项目的 build.gradle 文件中包含了 Spring Security 和 JWT 的依赖：

```
implementation 'org.springframework.boot:spring-boot-starter-security'
implementation 'org.springframework.security:spring-security-test'
compileOnly 'io.jsonwebtoken:jwt-api:0.11.4'
runtimeOnly 'io.jsonwebtoken:jwt-impl:0.11.4'
runtimeOnly 'io.jsonwebtoken:jwt-jackson:0.11.4'
```

其次，创建 Spring Security 配置类是使用 Spring Security 的一种常见方式，但不是唯一的方式。如果只需要简单的身份验证和授权，可以使用 Spring Security 提供的默认配置和注解进行快速开发。但是，如果需要更复杂的安全需求，如自定义认证逻辑、添加过滤器等，就需要创建自定义的 Spring Security 配置类。

15.3.2 身份认证流程分析

我们先来梳理一下认证流程以及需要创建的 7 个类及类之间的关系。这 7 个类分别是 JWTAuthFilter、UserDetailsServiceImpl、WebSecurityConfiguration、JwtUtils、JwtUtilsConfiguration、AuthUserDetails 和 AuthenticationProvider。

当请求进入时，它首先通过 JWTAuthFilter 类进行 JWT 验证，在默认情况下，JWTAuthFilter 会负责从请求头中提取 JWT，并验证其有效性。如果令牌有效，就通过 UserDetailsServiceImpl 类加载用户详细信息，并创建一个认证凭证（Authentication 对象）存储在 SecurityContextHolder 中，然后 Spring Security 会识别认证成功。

WebSecurityConfiguration 类配置了安全过滤链和权限规则，确保只有经过认证的用户可以访问受保护的资源。在 Spring Security 中，可以通过配置 SecurityFilterChain 来确保请求在经过安全过滤链时首先通过特定的过滤器，这也包括 JWTAuthFilter。在本项目中，WebSecurityConfiguration 类中的 securityFilterChain 方法就是用来配置安全过滤链的地方。在这个方法中，通过 http.addFilterBefore(jwtAuthFilter, UsernamePasswordAuthenticationFilter.class) 将 JWTAuthFilter 类的实例 jwtAuthFilter 添加到过滤链中，并指定要在 UsernamePasswordAuthenticationFilter 之前执行它。

如果从请求头中提取 JWT 失败或令牌无效，流程会再进入其他身份验证过程，如基于用户名和密码的认证流程（UsernamePasswordAuthenticationFilter）。

其余的 4 个类 JwtUtils、JwtUtilsConfiguration、AuthUserDetails 和 AuthenticationProvider 在 Spring Security 和 JWT 的工作流程中为上述 3 个类提供了支持和服务。

15.3.3 身份认证的实现

在项目 realworld-springboot 的 build.gradle 文件中添加 Spring Security 和 JWT 相关依赖，具体添加方法在前面已经介绍过了，这里不再赘述。

在项目的 io.zoooohs.realworld 包下创建 security 包，以下步骤将在这个包中创建多个与 Spring Security 和 JWT 相关的类。

1. 创建 Web 安全配置类

创建 WebSecurityConfiguration 类，使用@EnableWebSecurity 注解。内容如下：

```
@RequiredArgsConstructor
@EnableWebSecurity
public class WebSecurityConfiguration {
    private final JWTAuthFilter jwtAuthFilter;
    @Bean
    public PasswordEncoder passwordEncoder() {
        return new BCryptPasswordEncoder();
    }
    @Bean
    public SecurityFilterChain securityFilterChain(HttpSecurity http) throws Exception {
```

```
                // TODO: 添加 CORS
                http
                        .csrf().disable()
                        .formLogin().disable()
                        .authorizeRequests()
                        .antMatchers(HttpMethod.GET,"/users/**").permitAll()
                        .antMatchers(HttpMethod.GET,"/user/**").permitAll()
                        .antMatchers(HttpMethod.GET,"/articles/**").permitAll()
                        .anyRequest().authenticated()
                        .and()
                        .exceptionHandling().authenticationEntryPoint(new HttpStatusEntryPoint
                            (HttpStatus.UNAUTHORIZED))
                        .and()
                        .addFilterBefore(jwtAuthFilter, UsernamePasswordAuthenticationFilter.class);
                return http.build();
        }
    }
```

关于@EnableWebSecurity 注解的进一步说明如下。

（1）@EnableWebSecurity 注解是 Spring Security 提供的一个开箱即用的配置类，用于在 Spring Boot 中启用 Web 安全性。@EnableWebSecurity 包含了@Configuration 注解，因此，使用@EnableWebSecurity 注解的类将被 Spring 框架视为一个配置类，并启用 Spring Security 的 Web 安全功能。

（2）正因为@EnableWebSecurity 注解本身就带有@Configuration 注解，所以使用 @EnableWebSecurity 注解相当于创建了一个带有@Configuration 注解的配置类，并且这个配置 类也是 Spring 容器中的一个 Bean。因此，@EnableWebSecurity 注解可以视为一个替代方案，避免自己手动创建一个配置类并使用@Configuration 注解标记。

（3）@EnableWebSecurity 注解还提供了许多方便的方法和配置选项，可以方便地进行安全配置。

关于@RequiredArgsConstructor 注解的进一步说明如下。

（1）@RequiredArgsConstructor 是 Lombok 提供的注解之一，用于自动生成一个包含所有 必需参数的构造函数。通常情况下，我们需要为每一个类编写构造函数，用来初始化该类的实例。使用@RequiredArgsConstructor 注解可以让编写构造函数这个烦琐的任务自动化，省去了 手动编写构造函数的麻烦。

（2）使用@RequiredArgsConstructor 注解需要满足两个条件：首先，类中必须至少有一个 final 或@NonNull 注解的成员变量；其次，该类不能显式定义任何构造函数。

（3）需要注意的是，生成的构造函数仅包含有参构造函数，没有无参构造函数，如果我们需要无参构造函数，仍需手动添加。同时，@RequiredArgsConstructor 注解还提供了其他的属性，用于定制生成的构造函数，例如可以通过 access 属性来控制生成的构造函数的访问权限，默认为 Package。

这里的 WebSecurityConfiguration 类完成了以下工作。

（1）使用@EnableWebSecurity 注解开启 Web Security 配置。

（2）声明了一个名为 jwtAuthFilter 的 bean，其类型为 JWTAuthFilter，通过@Required ArgsConstructor 注解进行构造注入。这个 filter 用于验证请求中的 JWT，并设置对应的 Authentication 对象到 SecurityContextHolder 中。这里使用了 Spring Security 中的 SecurityFilter Chain 把这个 filter 添加到过滤器链中。

（3）声明了一个名为 passwordEncoder 的 bean，其类型为 BCryptPasswordEncoder，用于密码加密。

（4）Spring Security 通过过滤器链来实现安全策略，这个过滤器链由许多安全过滤器组成，每个过滤器负责执行一个特定的安全任务，如认证、授权、防止跨站点请求伪造（Cross-Site Request Forgery，CSRF）等。这段代码就是通过实现 securityFilterChain 方法，来得到一个用于配置安全性的过滤器链。其中：

- 禁用了 CSRF 防护。
- 禁用了表单登录。
- 在 authorizeRequests 后面的方法链中，可以使用一些方法来定义授权规则，如 antMatchers、permitAll、hasRole 等。
- antMatchers("/users/**").permitAll()配置了/users/** 路径下的请求，不需要进行认证。
- antMatchers(HttpMethod.GET,"/articles/").permitAll()配置了/articles/路径下的 GET 请求，不需要进行认证。
- anyRequest().authenticated()表明其他所有请求都需要进行认证。
- 配置了未认证的请求，返回 HttpStatus.UNAUTHORIZED。
- 将 jwtAuthFilter 添加到了过滤器链中，确保它会在 Spring Security 的认证过程中执行。

（5）我们需要将这个 SecurityFilterChain 方法返回的安全过滤器链注册为一个 Bean，以便在 Spring Security 初始化时自动应用它，所以用@Bean 注解对 securityFilterChain 方法进行了标注，它返回的 SecurityFilterChain 实例会被作为一个 Bean 交给 Spring 容器管理。这个安全过滤器链将被应用到应用程序的所有 HTTP 请求上。

总之，WebSecurityConfiguration 完成了一个简单的 Spring Security 配置，用于控制 RealWorld 应用的 Web 安全性。

2. 创建 JWTAuthFilter 类

新建一个过滤器类，取名 JWTAuthFilter，用于在 Spring Security 的认证过程中，从请求头中获取 JWT，进行验证，并将验证结果保存到 Spring Security 的上下文中。其主要内容如下：

```java
@Component
@RequiredArgsConstructor
public class JWTAuthFilter extends GenericFilter {
    public static final String TOKEN_PREFIX = "Token ";
    private final JwtUtils jwtUtils;
    private final AuthenticationProvider authenticationProvider;

    @Override
    public void doFilter(ServletRequest request, ServletResponse response, FilterChain chain) throws
IOException, ServletException {
        Optional.ofNullable(((HttpServletRequest)request).getHeader(HttpHeaders.AUTHORIZATION))
            .filter(authHeader -> authHeader.startsWith(TOKEN_PREFIX))
```

```
                    .map(authHeader -> authHeader.substring(TOKEN_PREFIX.length()))
                    .filter(jwtUtils::validateToken)
                    .map(jwtUtils::getSub)
                    .map(authenticationProvider::getAuthentication)
                    .ifPresent(SecurityContextHolder.getContext()::setAuthentication);
            chain.doFilter(request, response);
        }
    }
```

JWTAuthFilter 类的基类是 GenericFilter，它和我们之前遇到的 OncePerRequestFilter 都是 Spring Framework 中用于创建自定义过滤器的基类。这个基类的过滤器在过滤器链中的执行顺序由开发者显式设置。

JWTAuthFilter 类包含以下字段和方法。

- TOKEN_PREFIX：表示 JWT 在请求头中的前缀字符串。
- jwtUtils：一个 JwtUtils 对象，用于验证和解析 JWT。
- authenticationProvider：一个 AuthenticationProvider 对象，用于根据 JWT 中的信息生成认证对象。
- doFilter(ServletRequest request, ServletResponse response, FilterChain chain)：重写了 GenericFilter 的 doFilter 方法，用于实现过滤器的具体逻辑。它从 ServletRequest 中获取 HttpServletRequest 对象，从中获取请求头中的 Authorization 字段，并进行一系列的过滤、验证、解析和生成认证对象的操作，最后将生成的认证对象保存到 Spring Security 的上下文中，以便后续的授权操作。

总体来说，这个类是一个过滤器，在 Spring Security 的认证过程中，实现从 JWT 中生成认证对象的功能。它通过调用 JwtUtils 和 AuthenticationProvider 的方法，实现了 JWT 的验证和解析、生成认证对象等一系列功能。在 Spring Security 的配置中，可以将该过滤器添加到过滤器链中，以实现对 JWT 的认证和授权功能。

3. 创建 JWT 工具类 JwtUtils

新建一个 JWT 工具类，取名 JwtUtils。这个类提供 JWT 的生成、验证和解析等功能。其主要内容如下：

```
public class JwtUtils {
    private final Long validSeconds;
    private final Key key;

    public JwtUtils(String signKey, Long validSeconds) {
        this.validSeconds = validSeconds;
        key = Keys.hmacShaKeyFor(signKey.getBytes(StandardCharsets.UTF_8));
    }

    public String encode(String sub) {
        if (sub == null || sub.equals("")) {
            return null;
        }
        Instant exp = Instant.now();
```

```
            return Jwts.builder().setSubject(sub).setIssuedAt(new
        Date(exp.toEpochMilli())).setExpiration(new Date(exp.toEpochMilli()+
        validSeconds*1000)).signWith(key).compact();
            }

            public boolean validateToken(String jwt) {
                try {
                    Claims claims =
                Jwts.parserBuilder().setSigningKey(key).build().parseClaimsJws(jwt).getBody();
                    Instant now = Instant.now();
                    Date exp = claims.getExpiration();
                    return exp.after(Date.from(now));
                } catch (JwtException e) {
                    return false;
                }
            }

            public String getSub(String jwt) {
                try {
                    Claims claims =
                        Jwts.parserBuilder().setSigningKey(key).build().parseClaimsJws(jwt).getBody();
                    return claims.getSubject();
                } catch (JwtException e) {
                    return null;
                }
            }
        }
```

该类包含以下字段和方法。

- validSeconds 和 key：分别表示 JWT 的有效期（单位为秒）和加密密钥。
- JwtUtils(String signKey, Long validSeconds)：构造函数，接收一个字符串类型的密钥和一个 Long 类型的有效期（单位为秒），用于生成加密密钥和设置 JWT 的有效期。
- encode(String sub)：生成 JWT，并返回生成的 JWT 字符串，接收一个字符串类型的 sub 参数，用于设置 JWT 的 subject（主题）。
- validateToken(String jwt)：验证 JWT 的有效性，并返回验证结果，接收一个字符串类型的 jwt 参数，用于验证 JWT 的有效期和签名。
- getSub(String jwt)：从 JWT 中获取 subject，并返回获取的字符串，接收一个字符串类型的 jwt 参数，用于获取 JWT 的 subject。

总体来说，这个类提供了 JWT 的生成和验证功能，并可以从 JWT 中获取 subject 等信息。在实现认证和授权过程中，JWT 是一种常用的身份验证和授权方式，该类提供的功能能够方便地生成、验证和解析 JWT。

4. 创建 AuthenticationProvider 类

新建一个认证提供者类，取名 AuthenticationProvider，用于根据用户名获取认证对象。其主要内容如下：

```
@Component
@RequiredArgsConstructor
public class AuthenticationProvider {
    private final UserDetailsService userDetailsService;

    public Authentication getAuthentication(String username) {
        return Optional.ofNullable(username)
                .map(userDetailsService::loadUserByUsername)
                .map(userDetails ->
                        new UsernamePasswordAuthenticationToken(userDetails,
                                userDetails.getPassword(), userDetails.getAuthorities()))
                .orElse(null);
    }
}
```

该类使用了 Spring Security 框架提供的相关类和注解。

具体来说，该类使用了@Component 注解，将其声明为 Spring 容器中的一个组件，以便在其他类中进行依赖注入。同时，该类还使用了@RequiredArgsConstructor 注解，表示通过构造函数注入依赖。

该类中有一个名为 userDetailsService 的私有成员变量，该变量通过构造函数注入。该变量的类型为 UserDetailsService，它是 Spring Security 框架提供的用于加载用户信息的接口。

该类中有一个公有方法 getAuthentication，用于根据用户名获取认证对象。该方法首先使用 Optional 类对用户名进行非空判断，然后通过调用 userDetailsService 的 loadUserByUsername 方法加载用户信息，将用户信息转换为 UsernamePasswordAuthenticationToken 对象，并返回该对象作为认证对象。需要注意的是，若用户名为 null，则该方法返回 null。

5. 创建 UserDetailsServiceImpl 类

新建一个服务类实现 Spring Security 提供的 UserDetailsService 接口，取名 UserDetailsServiceImpl。这个类可以根据用户名查询用户信息并返回一个 UserDetails 对象，用于认证和授权等安全相关操作。其主要内容如下：

```
@Service
@RequiredArgsConstructor
public class UserDetailsServiceImpl implements UserDetailsService {
    private final UserRepository userRepository;

    @Transactional(readOnly = true)
    @Override
    public UserDetails loadUserByUsername(String email) throws UsernameNotFoundException {
        return userRepository.findByEmail(email)
                .map(userEntity ->
                        AuthUserDetails.builder()
                                .id(userEntity.getId())
                                .email(userEntity.getEmail())
                                .build())
                .orElse(null);
    }
}
```

该类通过实现 UserDetailsService 接口的 loadUserByUsername 方法，提供了一种方式来加载用户的详细信息，以供 Spring Security 进行身份验证和授权。

在 loadUserByUsername 方法中，通过调用 UserRepository 的 findByEmail 方法来获取对应的 UserEntity，然后将其转换为 AuthUserDetails。若该 UserEntity 不存在，则返回 null。

这里使用了 Lombok 的@RequiredArgsConstructor 注解，表示生成一个带有 final 属性的构造函数，可以省略该类中所有的构造函数。同时，也使用了@Transactional(readOnly = true) 注解，表示这是一个只读事务，不会对数据库进行修改。

6. 创建 AuthUserDetails 类

AuthUserDetails 类是自定义用户详情类，它实现了 Spring Security 框架中的 UserDetails 接口。

```java
public class AuthUserDetails implements UserDetails {
    private final Long id;
    private final String email;

    @Builder
    public AuthUserDetails(Long id, String email) {
        this.id = id;
        this.email = email;
    }

    public Long getId() {
        return id;
    }

    public String getEmail() {
        return email;
    }

    @Override
    public Collection<? extends GrantedAuthority> getAuthorities() {
        // no authority in this project
        return null;
    }

    @Override
    public String getPassword() {
        return null;
    }

    @Override
    public String getUsername() {
        return email;
    }

    @Override
    public boolean isAccountNonExpired() {
```

```
            return true;
        }

        @Override
        public boolean isAccountNonLocked() {
            return true;
        }

        @Override
        public boolean isCredentialsNonExpired() {
            return true;
        }

        @Override
        public boolean isEnabled() {
            return true;
        }
    }
```

　　UserDetails 接口是 Spring Security 用于表示用户详细信息的核心接口之一，它包含了关于用户的基本信息和安全相关的属性。AuthUserDetails 类实现了 UserDetails 接口，适用于基本的用户身份验证需求。

　　7.　创建 JWTUtilsConfiguration 类

　　新建一个 Spring 的配置类，取名 JWTUtilsConfiguration，用于创建一个 JwtUtils 的 Bean。该类的主要内容如下：

```
    @Configuration
    public class JwtUtilsConfiguration {
        @Bean
        public JwtUtils getJwtUtils(
                @Value("${realworld.auth.token.sign-key}") String signKey,
                @Value("${realworld.auth.token.valid-time}") Long validTime
        ) throws Exception {
            if (signKey.length() < 32) {
                throw new Exception("signKey must have length at least 32");
            }
            return new JwtUtils(signKey, validTime);
        }
    }
```

　　该 Bean 的创建是通过注入配置文件中的属性来实现的，具体来说是通过@Value 注解将配置文件中的 realworld.auth.token.sign-key 和 realworld.auth.token.valid-time 属性值注入方法中，然后使用这些属性值创建 JwtUtils 对象并返回。需要注意的是，在创建 JwtUtils 之前会检查 signKey 的长度是否大于或等于 32，若不满足则抛出异常。

第 16 章　用户及认证

本章将围绕用户及认证展开，介绍如何使用 Spring Data JPA 实现数据库操作，并实现用户注册、登录以及获取和更新当前用户信息的功能。通过使用 Spring Data JPA，可以简化数据库操作的开发，并实现与数据库的交互。本章还将详细讲解各个功能的 API 规范和实现。

任务 1　体验 Spring Data JPA
- 介绍 Spring Data JPA 的概念和作用。
- 使用 Spring Data JPA 实现简单的数据库操作，包括数据的增加、查询、更新和删除。
- 总结使用 Spring Data JPA 的优点和注意事项。

任务 2　实现注册功能
- 了解 Spring Boot+JPA 项目的分层结构。
- 定义注册功能的 API 及其规范。
- 实现注册功能的 API 及其规范，包括处理用户注册请求、验证用户信息和保存用户数据。

任务 3　实现登录功能
- 定义登录功能的 API 及其规范。
- 实现登录功能的 API 及其规范，包括处理用户登录请求、验证用户身份和生成认证令牌。

任务 4　获取和更新当前用户信息
- 定义获取和更新当前用户信息的 API 及其规范。
- 实现获取和更新当前用户信息的API 及其规范，包括获取当前用户信息和更新当前用户的用户名和密码等信息。

任务 1　体验 Spring Data JPA

16.1.1　了解 Spring Data JPA

1. 什么是 Spring Data JPA

Spring Data JPA 是 Spring 框架的一个模块，它是基于 JPA（Java Persistence API）规范的一个扩展，为开发者提供了更加方便、快捷的数据访问方式。Spring Data JPA 80%查询功能都以约定的方式提供，另外 20%复杂的场景，提供另外的技术手段来解决，是典型的约定优于配置的实现。

2. Spring Data JPA 的基本流程

Spring Data JPA 的基本流程包括以下几个步骤。

（1）定义实体类（Entity Class）：实体类对应数据库中的一张表，通过注解的方式将实体类映射到数据库中的表。

（2）定义仓库接口（Repository Interface）：仓库接口定义了数据库的访问方法，继承自 JPA 提供的 Repository 接口。Spring Data JPA 会自动为仓库接口生成实现类。

（3）注入仓库：通过@Autowired 或@Inject 注解将仓库注入 Service 或 Controller 中，即可使用仓库提供的方法访问数据库。

3. Spring Data JPA 的注解

Spring Data JPA 提供了一些注解，用于配置实体类和仓库接口。以下是一些常用的注解。

● @Entity：标记一个类为实体类，对应数据库中的一张表。
● @Id：定义实体类的主键属性。
● @GeneratedValue：定义主键的生成策略，如自增、UUID、序列等。
● @Table：指定实体类对应的数据库表名。
● @Column：指定实体类属性对应的数据库列名。

4. Spring Data JPA 的基本操作

Spring Data JPA 提供了一些基本操作方法，包括增、删、改、查等。以下是一些常用的操作方法。

● save(entity)：保存实体类对象。
● delete(entity)：删除实体类对象。
● findAll()：查询所有的实体类对象。
● findById(id)：根据主键查询实体类对象。
● findByXxx(xxx)：根据某个属性查询实体类对象。

5. Spring Data JPA 的高级特性

Spring Data JPA 还提供了一些高级特性，包括动态查询、分页、排序等功能。以下是一些常用的高级特性。

● 动态查询：可以根据方法名自动生成查询语句，也可以使用@Query 注解自定义查询语句。
● 分页：通过 Pageable 和 Page 接口实现分页查询。
● 排序：可以使用 Sort 对象进行排序操作。

6. Specification

可以通过 Specification 对象实现动态查询，支持 AND、OR、NOT 等逻辑操作符。

16.1.2 用 Spring Date JPA 实现简单的数据库操作

学习如何快速搭建一个基于 Spring Boot 的 Web 应用程序，并基于 Spring Data JPA 提供对数据库 user 表的增、删、改、查。

以下是一个简单的示例，演示了如何使用 Spring Data JPA 完成对

用 Spring Date JPA
实现简单的数据库操作

数据库的增、删、改、查操作。

（1）定义实体类 Customer。Customer 实体类与数据库表的关联是通过@Entity 注解实现的。在实体类上使用@Entity 注解告诉 JPA 框架这个类是一个 JPA 实体，需要与数据库表进行映射。成员变量名和表列名会自动对应，而@Id 和@GeneratedValue 注解则用于指定主键的生成策略。

```
@Entity
public class Customer {
    @Id
    @GeneratedValue(strategy = GenerationType.AUTO)
    private Long id;
    private String firstName;
    private String lastName;

    // getters and setters
}
```

以上代码中，我们使用@Entity 注解标记 Customer 类为实体类。Customer 实体类会与数据库中的表（默认情况下表名为 customer）建立映射关系。firstName 和 lastName 字段会映射为数据库表的普通列，@Id 注解会告诉 JPA 将 Customer 实体类的 id 字段映射为数据库表的主键列。@GeneratedValue(strategy = GenerationType.AUTO) 注解告诉 JPA 使用适合数据库的主键生成策略，这样就不需要手动指定主键的值，数据库会自动管理它。

（2）定义仓库接口。

```
@Repository
public interface CustomerRepository extends JpaRepository<Customer, Long> {
    List<Customer> findByLastName(String lastName);
}
```

CustomerRepository 接口继承了 JpaRepository 接口，从而获得了基本的增、删、改、查方法。同时，该接口中还定义了一个 findByLastName 方法，用于根据 lastName 属性查询 Customer 对象。

（3）创建服务类并注入仓库。创建 CustomerService 服务类，并通过属性注入的方式注入仓库。

```
@Service
public class CustomerService {
    @Autowired
    private CustomerRepository customerRepository;

    public Customer findById(Long id) {
        return customerRepository.findById(id).orElse(null);
    }

    public Customer save(Customer customer) {
        return customerRepository.save(customer);
    }
```

```
public void delete(Long id) {
    customerRepository.deleteById(id);
}

public List<Customer> findByFirstName(String firstName) {
    return customerRepository.findByFirstName(firstName);
}

public List<Customer> findByLastName(String lastName) {
    return customerRepository.findByLastName(lastName);
}

public Customer updateCustomer(Long id, Customer updatedCustomer) {
    Customer existingCustomer = customerRepository.findById(id).orElse(null);

    if (existingCustomer == null) {
        return null; // Or throw an exception
    }

    existingCustomer.setFirstName(updatedCustomer.getFirstName());
    existingCustomer.setLastName(updatedCustomer.getLastName());

    return customerRepository.save(existingCustomer);
    }
}
```

在 CustomerService 类中，我们通过@Autowired 注解将 CustomerRepository 注入 Service 类中，从而可以使用仓库提供的方法完成对数据库的操作。

（4）新建控制器类定义 API。新建 CustomerController 控制器类并通过构造注入的方式注入 Service 服务类的实例。

```
@RestController
@RequestMapping("/api/customers")
public class CustomerController {
    private final CustomerService customerService;

    @Autowired
    public CustomerController(CustomerService customerService) {
        this.customerService = customerService;
    }

    @PostMapping
    public Customer createCustomer(@RequestBody Customer customer) {
        return customerService.save(customer);
    }

    @GetMapping("/{id}")
    public Customer getCustomerById(@PathVariable Long id) {
```

```
        return customerService.findById(id);
    }

    @GetMapping("/lastname/{lastName}")
    public List<Customer> getCustomersByLastName(@PathVariable String lastName) {
        return customerService.findByLastName(lastName);
    }

    @DeleteMapping("/{id}")
    public void deleteCustomer(@PathVariable Long id) {
        customerService.delete(id);
    }

    @PutMapping("/{id}")
    public ResponseEntity<Customer> updateCustomer(
            @PathVariable Long id,
            @RequestBody Customer updatedCustomer
    ) {
        Customer updated = customerService.updateCustomer(id, updatedCustomer);
        if (updated == null) {
            return ResponseEntity.notFound().build();
        }
        return ResponseEntity.ok(updated);
    }
}
```

（5）在 application.yaml 配置文件中加入数据库和 JPA 相关信息。

```
spring:
  datasource:
    url: jdbc:mysql://localhost:3306/test_jpa
    username: [您的 mysql 用户名]
    password: [您的 mysql 密码]
    driver-class-name: com.mysql.cj.jdbc.Driver
  jpa:
    hibernate:
      ddl-auto: update
    show-sql: true
```

- spring.jpa.hibernate.ddl-auto：指定 Hibernate 在启动时如何操作数据库表的创建和更新。update 表示 Hibernate 会自动更新数据库表结构，适用于开发环境。在生产环境中，可能会选择 none，以防止自动更新表结构。
- spring.jpa.show-sql 设置为 true，这会在控制台中显示 SQL 语句，方便调试和了解实际执行的 SQL。

（6）确保项目中已经包含了以下依赖：

```
implementation 'org.springframework.boot:spring-boot-starter-data-jpa'
implementation 'mysql:mysql-connector-java'
implementation 'org.springframework.boot:spring-boot-starter-web'
```

（7）运行项目并测试接口功能。使用 Postman 可以更直观地进行 API 的测试和验证，确保应用程序按预期工作。下面是在 Postman 中的验证步骤。

1）创建新的用户（POST 请求）。

- 打开 Postman，选择 POST 请求类型。
- 输入 URL：http://localhost:8080/api/customers。
- 在 Headers 部分添加一个键值对：Content-Type 和 application/json。
- 在 Body 部分选择 raw，并输入 JSON 数据，例如：

  {"firstName": "NewFirstName", "lastName": "NewLastName"}
- 单击 Send 按钮发送请求。

2）根据 ID 获取用户信息（GET 请求）。

- 打开 Postman，选择 GET 请求类型。
- 输入 URL，如 http://localhost:8080/api/customers/1。
- 单击 Send 按钮发送请求。

3）根据姓氏获取用户列表（GET 请求）。

- 打开 Postman，选择 GET 请求类型。
- 输入 URL，如 http://localhost:8080/api/customers/lastname/Doe。
- 单击 Send 按钮发送请求。

4）更新用户（UPDATE 请求）。

- 打开 Postman，选择 PUT 请求类型。
- 输入 URL，如 http://localhost:8080/api/customers/1。
- 单击 Send 按钮发送请求。
- 在 Headers 部分添加一个键值对：Content-Type 和 application/json。
- 在 Body 部分选择 raw，并输入 JSON 数据，例如：

  {"firstName": "NewFirstName", "lastName": "NewLastName"}
- 单击 Send 按钮发送请求。

5）删除用户（DELETE 请求）。

- 打开 Postman，选择 DELETE 请求类型。
- 输入 URL，如 http://localhost:8080/api/customers/1。
- 单击 Send 按钮发送请求。

在每个步骤中，确保输入了正确的 URL 和请求类型，以及适当的请求数据（如果需要）。发送请求后，Postman 将会显示服务器的响应，可以从中查看返回的数据和状态码。

16.1.3 总结

本节介绍了 Spring Data JPA 的基本概念、使用方法以及一些高级特性。Spring Data JPA 是基于 JPA 规范的一个扩展，它提供了一种更加方便、快捷的数据访问方式，让开发者可以更加专注于业务逻辑的实现。Spring Data JPA 的使用方法很简单，只需要定义实体类、仓库接口以及注入仓库即可。同时，Spring Data JPA 还提供了一些高级特性，如动态查询、分页、排序等功能，可以满足开发者更加复杂的需求。

任务 2　实现注册功能

在了解了 Spring Boot+JPA 项目的基本结构以后，我们来学习 realworld-springboot 项目的注册功能是如何实现的。

16.2.1　realworld-springboot 项目的分层结构

realworld-springboot 项目是一个典型的 Spring Boot+Spring Security+Spring Data JPA 项目，其分层结构也反映了这 3 个框架的特点，具体如下：

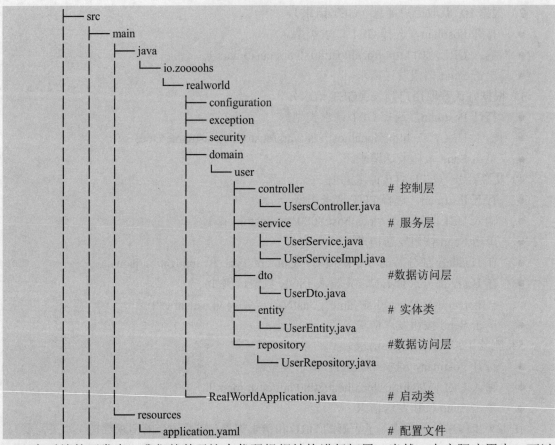

```
├── src
│   ├── main
│   │   ├── java
│   │   │   └── io.zoooohs
│   │   │       └── realworld
│   │   │           ├── configuration
│   │   │           ├── exception
│   │   │           ├── security
│   │   │           ├── domain
│   │   │           │   └── user
│   │   │           │       ├── controller          # 控制层
│   │   │           │       │   └── UsersController.java
│   │   │           │       ├── service             # 服务层
│   │   │           │       │   ├── UserService.java
│   │   │           │       │   └── UserServiceImpl.java
│   │   │           │       ├── dto                 #数据访问层
│   │   │           │       │   └── UserDto.java
│   │   │           │       ├── entity              # 实体类
│   │   │           │       │   └── UserEntity.java
│   │   │           │       └── repository          #数据访问层
│   │   │           │           └── UserRepository.java
│   │   │           └── RealWorldApplication.java   # 启动类
│   │   └── resources
│   │       └── application.yaml                     # 配置文件
```

在后续的开发中，我们就基于这个代码组织结构进行拓展。当然，在实际应用中，可以根据需要对包的组织结构进行自定义，以满足特定的需求。

16.2.2　注册 API 功能

注册 API 用于在 RealWorld 博客项目中注册新用户。当用户通过这个接口提交一个包含用户名、电子邮件和密码的表单时，服务器将创建一个新的用户账户，并返回一个包含用户详细信息的 JSON 对象，其中包括用户名、电子邮件、JWT 以及其他可选的用户信息，如简介和头像等。

这个接口的返回值可以在客户端被保存，以便在后续的请求中使用 JWT 进行身份验证。通过这个接口注册的用户可以使用其凭证登录并在博客平台上发表文章、发布评论等。

16.2.3　注册 API 规范

RealWorld 项目的注册 API 规范如下。

（1）接口：POST /api/users。

（2）描述：此接口用于注册新用户。

（3）是否需要认证：否。

（4）请求参数：

- email：string 类型，必需，表示注册用户的邮箱。
- username：string 类型，必需，表示注册用户的用户名。
- password：string 类型，必需，表示注册用户的密码。

（5）请求示例：

```
{
    "user": {
        "email": "jane@example.com",
        "username": "jane",
        "password": "password123"
    }
}
```

（6）响应参数：

响应参数 user:包含当前用户信息的 JSON 对象，包括以下属性。

- email：string 类型，表示注册用户的邮箱。
- username：string 类型，表示注册用户的用户名。
- bio：string 类型，可选，表示注册用户的个人介绍。
- image：string 类型，可选，表示注册用户的头像 URL。
- token：string 类型，表示用户的身份认证 token。

（7）响应示例：

```
{
    "user": {
        "email": "jane@example.com",
        "username": "jane",
        "bio": "",
        "image": null,
        "token": "jwt.token.here"
    }
}
```

16.2.4　注册 API 实现

注册 API 实现

1. 在项目中新建 domain 包

在 realworld-springboot 项目的 io.zoooohs.realworld 包下创建
domain.user 包，与用户有关的子包就放在这个包下。

采用分层实现的思想，从上到下分别编写每层的代码。所以需要事先为每层新建一个对应的子包。

2. 在 domain 包中新建多个子包

在刚才创建的 domain.user 包中，新建如下子包：controller、dto、entity、repository 和 service。接下来我们将从 controller 层开始，一步步实现 RealWorld 项目中的用户注册功能。

3. 创建用户控制器类 UsersController

新建 UsersController.java 文件，并保存在 user.controller 包中。这个文件的主要内容如下：

```
@RestController
@RequestMapping("/users")
@RequiredArgsConstructor
public class UsersController {
    private final UserService userService;

    @PostMapping
    public UserDto registration(@RequestBody @Valid UserDto.Registration registration) {
        return userService.registration(registration);
    }

}
```

使用了@RestController 注解，表示这是一个 RESTful 风格的控制器。@RequestMapping ("/users")注解指定了该控制器的请求路径前缀为"/users"。

该控制器类注入了 UserService 组件，通过构造函数注入实现。在该类中定义了一个 registration 方法，使用@PostMapping 注解标记该方法为处理 POST 请求的方法，路径为"/users"，即处理注册请求。

该方法的参数为@RequestBody 注解的 UserDto.Registration 类型对象 registration，表示该方法从 HTTP 请求中获取请求体中的 JSON 数据，将其转换为 UserDto.Registration 对象，并作为该方法的参数进行处理。

该方法的返回值为 UserDto 类型对象，表示该方法的响应体为 JSON 格式的用户信息。该方法的具体实现是通过调用 UserService 的 registration 方法来完成的。

4. 创建用户服务类

新建 UserService.java 文件和 UserServiceImpl.java 文件，并保存在 user.service 包中。

UserService.java 定义了 UserService 接口，包含一个方法：registration。方法接收不同的参数，并返回 UserDto 对象。

```
public interface UserService {
    UserDto registration(final UserDto.Registration registration);
}
```

UserServiceImpl.java 实现了 UserService 接口，包含 registration 方法的具体实现。

```
@Service
@RequiredArgsConstructor
public class UserServiceImpl implements UserService {
    private final UserRepository userRepository;
    private final JwtUtils jwtUtils;
    private final PasswordEncoder passwordEncoder;

    @Override
    public UserDto registration(final UserDto.Registration registration) {
```

```
            userRepository.findByUsernameOrEmail(
                registration.getUsername(),
                registration.getEmail()
            )
                .stream()
                .findAny()
                .ifPresent(entity -> {
                    throw new AppException(Error.DUPLICATED_USER);
                });
            UserEntity userEntity = UserEntity.builder()
                .username(registration.getUsername())
                .email(registration.getEmail())
                .password(passwordEncoder.encode(registration.getPassword()))
                .bio("")
                .build();
            userRepository.save(userEntity);
            return convertEntityToDto(userEntity);
        }

        private UserDto convertEntityToDto(UserEntity userEntity) {
            return UserDto.builder()
                .username(userEntity.getUsername())
                .bio(userEntity.getBio())
                .email(userEntity.getEmail())
                .image(userEntity.getImage())
                .token(jwtUtils.encode(userEntity.getEmail()))
                .build();
        }
    }
```

用户服务实现类 UserServiceImpl 使用@Service 注解标识为 Spring Bean，实现了 UserService 接口定义的 registration 方法。

在构造函数中，使用了 Lombok 提供的@RequiredArgsConstructor 注解，省略了对依赖的 注入以及构造函数的定义。

用户注册的方法 registration 接收 UserDto.Registration 对象作为参数，检查用户名或邮箱 是否已经存在，若存在则抛出 AppException 异常，若不存在则创建 UserEntity 对象并存储到 UserRepository 中，最后将创建的 UserEntity 对象转换为 UserDto 对象返回。

5. 创建 UserDto 类

在软件开发中，DTO（Data Transfer Object，数据传输对象）是一种设计模式，用于在不 同的层之间传递数据。在实际开发中，DTO 通常用于业务层（Service）和表示层（Controller） 之间的数据传输。它可以将数据从数据库中提取并转换为表示层需要的格式，以便在 UI 上显 示，同时也可以接收来自表示层的用户输入数据并将其转换为业务层需要的格式。

DTO 还能将不同层之间的数据进行转换，使这些层可以彼此独立地进行开发和维护。通 过使用 DTO，我们可以在不破坏系统整体结构的情况下，轻松地更改数据传递的方式，从而 实现更好的代码重用和可维护性。

在前面创建的 user.dto 包中，新建 UserDto.java 文件，内容如下：

```java
@Getter
@AllArgsConstructor
@Builder
@JsonTypeName("user")
@JsonTypeInfo(use = JsonTypeInfo.Id.NAME, include = JsonTypeInfo.As.WRAPPER_OBJECT)
public class UserDto {
    private String email;
    private String token;
    private String username;
    private String bio;
    private String image;

    @Getter
    @AllArgsConstructor
    @Builder
    @JsonTypeName("user")
    @JsonTypeInfo(use = JsonTypeInfo.Id.NAME, include = JsonTypeInfo.As.WRAPPER_OBJECT)
    public static class Registration {
        @NotNull
        @Pattern(
          regexp = "[\\w\\d]{1,30}",
          message = "string contains alphabet or digit with length 1 to 30"
        )
        private String username;

        @NotNull
        @Email
        private String email;

        @NotBlank
        @Size(min = 8, max = 32)
        private String password;
    }
}
```

UserDto 类包含了一个静态嵌套类：Registration。静态嵌套类是在另一个类中定义的类，并且可以像静态成员一样访问，而不需要先创建外部类的实例。在这里，Registration 是 UserDto 类的一部分，但它也可以像独立的类一样使用。这种设计方式可以使代码更加模块化和可读性更强。

UserDto 类使用了 Lombok 注解（@Getter、@AllArgsConstructor、@Builder）来简化代码，并且通过 Jackson 注解（@JsonTypeName、@JsonTypeInfo）来指定 JSON 的序列化方式。

具体而言，UserDto 包含以下属性。

● email：邮箱地址。

● token：JWT 字符串。

● username：用户名。

- bio：个人简介。

- image：头像 URL。

Registration 类代表用户注册需要的信息，包含以下属性。

- username：用户名。

- email：邮箱地址。

- password：密码。

6. 创建 UserEntity 类

在 Spring Boot 中，实体（Entity）类通常与 JPA 一起使用，用于映射数据库中的用户表，以便在数据库中存储和检索数据。

本项目中也可以创建一个实体类 UserEntity，用来映射用户表。在 user.entity 包中，新建一个 UserEntity.java 文件，内容如下：

```java
@Getter
@Setter
@NoArgsConstructor
@Entity
@Table(name = "users")
public class UserEntity extends BaseEntity {
    @Column(nullable = false, unique = true)
    private String username;
    @Column(nullable = false, unique = true)
    private String email;
    @Column(nullable = false)
    private String password;
    @Column
    private String bio;
    @Column
    private String image;

    @Builder
    public UserEntity(Long id, String username, String email, String password, String bio, String image) {
        this.id = id;
        this.username = username;
        this.email = email;
        this.password = password;
        this.bio = bio;
        this.image = image;
    }
}
```

在此实体类中，@Table 注解用于指定与实体映射的数据库表的名称。若没有指定@Table 注解，则默认情况下将使用实体类名作为表名。这里通过@Table(name = "users")注解，实体类 UserEntity 将与名为"users"的数据库表进行映射。

同时，类中定义了与用户表对应的属性，包括用户名、电子邮件、密码、个人简介和头像等。此外，还使用了注解@Column 来指定各个属性在数据库中的约束条件，例如用户名和电子邮件必须是唯一的。还有一个特殊的注解@Builder，用于自动生成构造方法，可以方便地创建对象实例。

另外，此实体类继承了 BaseEntity，目的是把本项目一些公共的属性提取到 BaseEntity 中，使代码更加简洁和易于维护。比如说 createdAt 和 updatedAt 这样的时间戳属性，它们需要被所有实体类继承，但是不需要被其他类访问。在这种情况下，我们可以将这些属性定义为受保护的。

7. 创建 BaseEntity

首先在 domain 包中新建一个名为 common.entity 的子包，然后在这个子包中创建 BaseEntity 类，该类的内容如下：

```
@Getter
@Setter
@MappedSuperclass
@EntityListeners(AuditingEntityListener.class)
public class BaseEntity {
    @Id
    @GeneratedValue(strategy = GenerationType.IDENTITY)
    protected Long id;

    @CreatedDate
    @Column(name = "created_at")
    protected LocalDateTime createdAt;

    @LastModifiedDate
    @Column(name = "updated_at")
    protected LocalDateTime updatedAt;
}
```

BaseEntity 类中使用了如下注解：

- @Getter：这是 Lombok 的一个注解，用于生成类字段的 getter 方法。
- @Setter：这是 Lombok 的一个注解，用于生成类字段的 setter 方法。
- @MappedSuperclass：这是一个 JPA 注解，标记类为超类，其映射将应用于其子类。在这种情况下，它意味着任何扩展此类的实体将继承其字段和映射。
- @EntityListeners(AuditingEntityListener.class)：这是一个 JPA 注解，指定要通知实体生命周期事件的监听器类，例如当创建或更新实体时。在这种情况下，指定了 AuditingEntityListener 类作为监听器类。
- @Id：这是一个 JPA 注解，标记字段为实体的主键。
- @GeneratedValue(strategy = GenerationType.IDENTITY)：这是一个 JPA 注解，指定主键的生成策略。在这种情况下，它指定主键应使用标识列生成。
- @CreatedDate：这是一个 Spring Data 注解，它可以自动设置实体创建时的时间戳。
- @LastModifiedDate：这是一个 Spring Data 注解，它可以自动设置实体更新时的时间戳。

这个类作为一个基类，为其他需要创建时间和更新时间的实体类提供了基本的映射配置信息，同时这个类的映射信息也可以被它的子类继承。

8. 创建 UserRepository 接口

在 Spring 框架中，Spring Data JPA 是对 JPA 规范的实现，提供了一种便捷的方式来访问数据库。JpaRepository 是 Spring Data JPA 的一个子接口，提供了一组常用的数据库操作方法，如 save、delete、findById、findAll 等等，同时也支持自定义查询方法。在使用 JpaRepository 时，只需定义一个接口，然后继承 JpaRepository，传递实体类和主键类型作为泛型参数即可，Spring 会根据实体类的定义自动生成相应的查询方法。

在本项目中，我们事先创建的 user.repository 文件夹就是用来存放 UserRepository 接口文件的，它的内容如下：

```
@Repository
public interface UserRepository extends JpaRepository<UserEntity, Long> {
    @Query("SELECT u FROM UserEntity u WHERE u.username = :username OR u.email = :email")
    List<UserEntity> findByUsernameOrEmail(
        @Param("username") String username,
        @Param("email") String email
    );
    Optional<UserEntity> findByEmail(String email);
    Optional<UserEntity> findByUsername(String username);
}
```

UserRepository 是一个使用 Spring Data JPA 实现的 Repository 接口，用于操作 UserEntity 实体类对应的数据库表。该接口继承了 JpaRepository 接口，提供了常用的增、删、改、查方法，包括保存（save）、删除（delete）、查找（findById）等方法。以 save 方法为例，在 UserServiceImpl 类中调用 userRepository.save(userEntity)，实际上是调用了 JpaRepository 接口中的 save 方法。

除此之外，该接口还定义了以下 3 个自定义查询方法。

● findByUsernameOrEmail(String username, String email)：根据用户名或邮箱查找用户列表。

● findByEmail(String email)：根据邮箱查找单个用户。

● findByUsername(String username)：根据用户名查找单个用户。

这些方法通过使用@Query 注解来定义 JPQL 查询语句，也可以使用 Spring Data JPA 提供的方法命名规则来自动生成查询语句，从而实现对数据库表的操作。

任务 3 实现登录功能

16.3.1 登录 API 功能

RealWorld 博客项目的登录 API 的作用是允许已注册的用户使用其用户名和密码进行身份验证，以便在博客平台上进行各种操作。

在请求主体中，用户提供其电子邮件和密码。若提供的凭据是有效的，则服务器将返回一个名为"token"的 JWT，用于在后续请求中进行身份验证。若凭据无效，则服务器将返回一个错误消息。

客户端可以在后续请求中使用 JWT 进行身份验证，以便访问需要身份验证的资源。

16.3.2 登录 API 规范

RealWorld 项目的登录 API 规范如下。

（1）接口：POST /api/users/login。

（2）描述：此接口用于登录用户。

（3）是否需要认证：否。

（4）请求参数：

● email：string 类型，必需，表示用户的邮箱。

● password：string 类型，必需，表示用户的密码。

（5）请求示例：

```
{
  "user": {
    "email": "jake@jake.jake",
    "password": "jakejake"
  }
}
```

（6）响应参数：

● user：包含当前用户信息的 JSON 对象，包括以下属性。

➢ email：string 类型，表示注册用户的邮箱。

➢ username：string 类型，表示注册用户的用户名。

➢ bio：string 类型，可选，表示注册用户的个人介绍。

➢ image：string 类型，可选，表示注册用户的头像 URL。

➢ token：string 类型，表示用户的身份认证 token。

（7）响应示例：

```
{
  "user": {
    "email": "jake@jake.com",
    "username": "jake",
    "bio": null,
    "image": "https://api.realworld.io/images/smiley-cyrus.jpeg",
    "token": "jwt.token.here"
  }
}
```

16.3.3 登录 API 实现

与注册功能的实现一样，我们仍将从 controller 层开始，一步步实现 RealWorld 项目中的用户登录功能，具体的步骤如下。

1. 在用户控制器类中添加 login 方法

在 user.controller 包找到 UsersController.java 文件，添加一个 login 方法：

```
@PostMapping("/login")
public UserDto login(@RequestBody @Valid UserDto.Login login) {
    return userService.login(login);
}
```

这是一个 POST 请求的/login 接口，接收一个包含用户登录信息的 JSON 请求体。请求体的格式需要符合 UserDto.Login 类的定义。在处理请求时，会调用 UserService 的 login 方法来处理登录逻辑，并将结果转换为一个包含用户信息的 JSON 响应体返回。

2．在用户服务类中添加 login 方法

在 user.service 包的 UserService.java 文件和 UserServiceImpl.java 文件中，分别添加 login 方法。

UserService.java 定义了 UserService 接口，之前已经包含了一个方法 registration，现在再添加一个 login 方法。

```
UserDto login(final UserDto.Login login);
```

UserServiceImpl.java 实现了 UserService 接口，所以这里也必须包含 login 方法的具体实现，代码如下：

```
@Transactional(readOnly = true)
@Override
public UserDto login(UserDto.Login login) {
    UserEntity userEntity = userRepository.findByEmail(login.getEmail())
        .filter(user -> passwordEncoder.matches(login.getPassword(), user.getPassword()))
        .orElseThrow(() -> new AppException(Error.LOGIN_INFO_INVALID));
    return convertEntityToDto(userEntity);
}
```

这段代码包含了以下几个主要部分。

- @Transactional(readOnly = true)：用于声明该方法是一个只读事务，即只从数据库中读取数据，不对数据进行修改操作，以提高效率并防止数据出现不一致情况。
- UserEntity userEntity = userRepository.findByEmail(login.getEmail())：调用 userRepository 中的 findByEmail 方法，通过 email 查询数据库中的用户信息，并将查询结果保存在 userEntity 中。
- .filter(user -> passwordEncoder.matches(login.getPassword(), user.getPassword()))：使用 Java 8 中的 Stream API，对查询结果进行过滤筛选，判断用户输入的密码是否和查询结果中的密码匹配。这里用到了 PasswordEncoder 的 matches 方法，用于将用户输入的密码与数据库中加密过后的密码进行比对。
- .orElseThrow(() -> new AppException(Error.LOGIN_INFO_INVALID))：若查询结果为空或密码不匹配，则抛出一个自定义的异常 AppException，异常的类型是 Error.LOGIN_INFO_INVALID，表示用户登录信息无效。
- return convertEntityToDto(userEntity)：将查询结果中的 UserEntity 对象转换成 UserDto 对象，并返回给调用方。

3．在 UserDto 类中添加 Login 嵌套类

添加了 Login 嵌套类之后的 UserDao 如下所示。

```
public class UserDto {
    // 其他部分
    // ......
        @Getter
    @AllArgsConstructor
```

```
@Builder
@JsonTypeName("user")
@JsonTypeInfo(use = JsonTypeInfo.Id.NAME, include = JsonTypeInfo.As.WRAPPER_OBJECT)
  public static class Login {
  @NotNull
  @Email
  private String email;

  @NotBlank
  @Size(min = 8, max = 32)
  private String password;
  }
}
```

Login 类是一个静态的嵌套类，表示用户的登录凭据，它有以下两个私有字段。

（1）email：一个表示用户电子邮件地址的字符串。该字段使用@NotNull 注解表示它不能为空，并使用@Email 注解以确保输入值是有效的电子邮件格式。

（2）password：一个表示用户密码的字符串。该字段使用@NotBlank 注解以确保它不为空或空白，并使用@Size 注解指定输入值必须在 8 到 32 个字符之间。

总的来说，这个类用于确保用户的登录凭据是有效的，并满足特定的要求（有效的电子邮件格式、非空密码以及适当的密码长度）。

任务 4   获取和更新当前用户信息

16.4.1   获取和更新当前用户信息 API 功能

1. 获取当前用户信息 API

获取当前用户信息 API 返回当前用户的详细信息，如用户名、电子邮件、JWT 和其他可选的用户信息，如简介和头像等。

2. 更新当前用户信息 API

更新当前用户信息 API 允许当前用户更新其个人信息，如用户名、电子邮件、密码、头像和简介等。在请求主体中，用户可以提供要更新的信息，然后服务器将更新当前用户的信息，并返回更新后的用户信息。若提供了新密码，则服务器会使用密码哈希算法将其存储在安全的方式下。

16.4.2   获取当前用户信息 API 规范

RealWorld 项目获取当前用户信息的 API 规范如下。

（1）接口：GET /api/user。

（2）描述：此接口用于获取当前已登录用户的信息。

（3）是否需要认证：需要。请求头中必须包含有效的身份验证令牌。

（4）请求参数：无。

（5）响应参数：

● user：包含当前用户信息的 JSON 对象。

（6）响应状态码：

- 200：请求成功，返回用户信息。
- 401：用户未登录，需要登录后才能获取用户信息。
- 404：用户不存在。

16.4.3　更新当前用户信息 API 规范

RealWorld 项目更新当前用户信息的 API 规范如下。

（1）接口：PUT　/api/user。

（2）描述：此接口用于更新当前已登录用户的信息。

（3）是否需要认证：需要。请求头中必须包含有效的身份验证令牌。

（4）请求参数：

- user：更新后用户信息的 JSON 对象，除 ID 和 Email 外其他为可选。

（5）响应参数：

- user：更新后的用户信息的 JSON 对象。

（6）响应状态码：

- 200：请求成功，返回更新后的用户信息。
- 401：用户未登录，需要登录后才能更新用户信息。
- 422：用户信息格式不正确，无法更新。
- 404：用户不存在。

16.4.4　获取和更新当前用户信息 API 的实现

1. 创建用户控制器类 UserController

新建 UserController.java 文件，并保存在 user.controller 包中。这个文件的主要内容如下：

```java
@RestController
@RequestMapping("/user")
@RequiredArgsConstructor
public class UserController {
    private final UserService userService;

    @GetMapping
    public UserDto currentUser(@AuthenticationPrincipal AuthUserDetails authUserDetails) {
        return userService.currentUser(authUserDetails);
    }

    @PutMapping
    public UserDto update(
        @Valid @RequestBody UserDto.Update update,
        @AuthenticationPrincipal AuthUserDetails authUserDetails
    ) {
        return userService.update(update, authUserDetails);
    }
}
```

这个控制器类中有以下两个处理 HTTP 请求的方法。

- @GetMapping 方法 currentUser 处理 HTTP GET 请求，并且将@AuthenticationPrincipal 注解作为参数来获取当前已经认证的用户的详细信息。它调用 UserService 的 currentUser 方法来获取用户信息，并将其转换为一个 UserDto 对象并返回。

- @PutMapping 方法 update 处理 HTTP PUT 请求，并且使用@Valid 和@RequestBody 注解验证请求体中的用户数据，并且将@AuthenticationPrincipal 注解作为参数来获取当前已经认证的用户的详细信息。它调用 UserService 的 update 方法来更新用户信息，并将其转换为一个 UserDto 对象并返回。

currentUser 方法和 update 方法都有形式参数 authUserDetails，接收 AuthUserDetails 类的实例，这个类我们在 security 包中已经定义过了，并且知道这个类提供了用户的基本信息，但没有提供密码和权限等敏感信息，这意味着该类的实例不能用于密码验证和授权访问控制，但适合用于认证和授权过程中对用户进行识别和判断。

总之，这段代码实现了一个 RESTful API，用于管理用户信息，包括获取当前用户信息和更新用户信息。

2. 在用户服务类中添加实现方法

在 user.service 包的 UserService.java 文件和 UserServiceImpl.java 文件中，已经包含了一些方法，如 registration 和 login 方法，现在添加 currentUser 方法和 update 方法。

```java
public interface UserService {
    // registration 方法
    // ...
    // login 方法
    // ...

    UserDto currentUser(final AuthUserDetails authUserDetails);
    UserDto update(final UserDto.Update update, final AuthUserDetails authUserDetails);
}
```

UserServiceImpl.java 实现了 UserService 接口，包含 currentUser 方法和 update 方法的具体实现。

```java
@Service
@RequiredArgsConstructor
public class UserServiceImpl implements UserService {
    private final UserRepository userRepository;
    private final JwtUtils jwtUtils;
    private final PasswordEncoder passwordEncoder;

    // 其他方法
    // ...

    @Transactional(readOnly = true)
    @Override
    public UserDto currentUser(AuthUserDetails authUserDetails) {
        UserEntity userEntity = userRepository.findById(authUserDetails.getId())
            .orElseThrow(() -> new AppException(Error.USER_NOT_FOUND));
```

```
                return convertEntityToDto(userEntity);
            }

            @Override
            public UserDto update(UserDto.Update update, AuthUserDetails authUserDetails) {
                UserEntity userEntity = userRepository
                    .findById(authUserDetails.getId())
                    .orElseThrow(() -> new AppException(Error.USER_NOT_FOUND));
                if (update.getUsername() != null) {
                    userRepository
                        .findByUsername(update.getUsername())
                        .filter(found -> !found.getId().equals(userEntity.getId()))
                        .ifPresent(found -> {throw new AppException(Error.DUPLICATED_USER);});
                    userEntity.setUsername(update.getUsername());
                }
                if (update.getEmail() != null) {
                    userRepository
                        .findByEmail(update.getEmail())
                        .filter(found -> !found.getId().equals(userEntity.getId()))
                        .ifPresent(found -> {throw new AppException(Error.DUPLICATED_USER);});
                    userEntity.setEmail(update.getEmail());
                }
                if (update.getPassword() != null) {
                    userEntity.setPassword(passwordEncoder.encode(update.getPassword()));
                }
                if (update.getBio() != null) {
                    userEntity.setBio(update.getBio());
                }
                if (update.getImage() != null) {
                    userEntity.setImage(update.getImage());
                }
                userRepository.save(userEntity);
                return convertEntityToDto(userEntity);
            }
        }
```

这段代码解释如下。

（1）UserServiceImpl 类中有 3 个属性，分别是 userRepository、jwtUtils 和 passwordEncoder。这些属性在构造函数中被注入，这意味着它们是由 Spring Framework 管理的 Bean。我们之前已经在 security 包中创建了 JwtUtils 类，用于 JWT 的生成、验证和解析等。PasswordEncoder 是 Spring Security 的一个接口，该接口定义了两个方法 encode 和 matches，用于将密码进行加密和解密。这里注入的是 PasswordEncoder 的实例。

提示：Spring Security 库中提供了多个 PasswordEncoder 的实现类，每个实现类都有不同的加密算法。在 UserServiceImpl.java 中，没有明确指定使用哪个 PasswordEncoder 实现类，因此会根据配置自动选择一个 PasswordEncoder 实现类。

一般来说，如果使用了 Spring Security，那么可以在配置文件中指定使用哪个 PasswordEncoder

实现类。例如，在 Spring Boot 中，可以在 application.properties 或 application.yml 文件中添加以下配置：

　　spring.security.user.password.encoder=bcrypt

这个配置指定了使用 BCryptPasswordEncoder 实现类进行密码加密。当然，也可以使用其他实现类，如 StandardPasswordEncoder 或 Pbkdf2PasswordEncoder，取决于具体需求。若没有配置该项，则会使用默认的实现类 NoOpPasswordEncoder。这个实现类不会对密码进行加密或解密，而是直接返回原始的密码字符串。这是为了方便开发和调试，在不需要真正的密码加密和解密的情况下使用。不过，强烈建议在生产环境下使用安全的密码加密算法，以保障用户密码的安全性。

（2）currentUser 方法使用@Transactional(readOnly = true) 注解表示这是一个只读事务。它通过 userRepository.findById()方法获取用户实体，然后通过 convertEntityToDto 方法将其转换为 UserDto 对象并返回。若找不到用户实体，则抛出 AppException。

（3）update 方法接收一个 UserDto.Update 对象和一个 AuthUserDetails 对象，用于更新用户信息。它首先通过 userRepository.findById()方法获取当前用户的实体，然后根据传入的 UserDto.Update 对象更新用户信息。若更新的用户名或电子邮件已经存在，则抛出 AppException。最后，它保存更新后的用户实体，并将其转换为 UserDto 对象并返回。若找不到用户实体，则抛出 AppException。

3. 在 UserDto 类中添加 Update 嵌套类

添加了 Update 嵌套类之后的 UserDto 如下所示。

```java
public class UserDto {
    // 其他部分
    // ......
    @Getter
    @AllArgsConstructor
    @Builder
    @JsonTypeName("user")
    @JsonTypeInfo(use = JsonTypeInfo.Id.NAME, include = JsonTypeInfo.As.WRAPPER_OBJECT)
    public static class Update {
        private Long id;
        private String email;
        private String username;
        private String bio;
        private String image;
        private String password;
    }
}
```

Update 类是一个静态的嵌套类。

@JsonTypeName("user")注解用于指定序列化为 JSON 时的类型名称。

@JsonTypeInfo 注解用于在序列化 JSON 对象时包含类型信息。在这种情况下，JsonTypeInfo.Id.NAME 参数指定应使用类型名称，JsonTypeInfo.As.WRAPPER_OBJECT 参数指定序列化的 JSON 对象应该包装在一个带有类型信息的 JSON 对象中。

第 17 章　用户及关注

本章导读

本章将继续探讨用户相关的功能，包括获取指定用户的资料、关注指定用户以及取消关注指定用户。通过这些功能，用户可以查看其他用户的资料，进行关注和取消关注操作，从而建立和管理用户之间的关系。本章将介绍这些功能的 API 规范和实现方法。

本章要点

任务 1　获取指定用户资料
- 定义获取指定用户资料的 API 和功能。
- 设计获取指定用户资料的 API 规范。
- 实现获取指定用户资料的 API，包括根据用户 ID 查询用户信息并返回。

任务 2　关注指定用户
- 定义关注指定用户的 API 和功能。
- 设计关注指定用户的 API 规范。
- 实现关注指定用户的 API，包括建立用户之间的关注关系。

任务 3　取消关注指定用户
- 定义取消关注指定用户的 API 和功能。
- 设计取消关注指定用户的 API 规范。
- 实现取消关注指定用户的 API，包括解除用户之间的关注关系。

任务 1　获取指定用户资料

17.1.1　获取指定用户资料 API 功能

获取指定用户资料 API 允许通过指定用户名获取其他用户的公开资料，如用户名、简介、头像和关注状态等。若当前用户已经登录，则服务器将检查当前用户是否关注指定的用户，并将其值作为响应中的 following 字段返回。若当前用户已关注该用户，则响应中的 following 属性值将为 true，否则为 false。

通过获取其他用户信息，当前用户可以了解其他用户在博客平台上的活动，如发布的文章、关注的用户和被关注的情况等。

此 API 可用于显示其他用户的详细信息，或者用于检查当前用户是否关注了其他用户。

17.1.2 获取指定用户资料 API 规范

RealWorld 项目的客户端获取指定用户 API 的规范如下。

（1）接口：GET /api/profiles/:username。

（2）描述：获取指定用户的公开资料。

（3）是否需要认证：可选。

（4）请求参数：不需要其他参数。

（5）响应：

● 若找到了该用户，则应该返回一个 HTTP 200 OK 响应，响应内容为该用户资料。

● 若找不到该用户，则应该返回一个 HTTP 404 Not Found 响应。

（6）响应示例：

```
{
    "profile": {
        "username": "jake",
        "bio": "I work at statefarm",
        "image": "https://api.realworld.io/images/smiley-cyrus.jpg",
        "following": false
    }
}
```

17.1.3 获取指定用户资料 API 实现

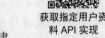

获取指定用户资
料 API 实现

与登录和注册功能的实现一样，具体的步骤如下。

1. 在 domain 包中新建多个子包

首先在 domain 包中创建 profile 子包，然后在 profile 子包中同样新建

如下子包：controller、dto、entity、repository 和 service。

接下来我们仍将从 controller 层开始，一步步实现 RealWorld 项目中的获取用户个人资料
功能。

2. 创建 profile 控制器类

新建 ProfilesController.java 文件，并保存在 profile.controller 包中。这个文件的主要内容
如下：

```java
@RestController
@RequestMapping("/profiles")
@RequiredArgsConstructor
public class ProfilesController {
    private final ProfileService profileService;

    @GetMapping("/{username}")
    public ProfileDto.Single getProfile(
            @PathVariable("username") String name,
            @AuthenticationPrincipal AuthUserDetails authUserDetails
    ) {
        return new ProfileDto.Single(profileService.getProfile(name, authUserDetails));
```

```
        }
        @PostMapping("/{username}/follow")
        public ProfileDto.Single followUser(
                @PathVariable("username") String name,
                @AuthenticationPrincipal AuthUserDetails authUserDetails
        ) {
    return new ProfileDto.Single(profileService.followUser(name, authUserDetails));
        }
        @DeleteMapping("/{username}/follow")
        public ProfileDto.Single unfollowUser(
                @PathVariable("username") String name,
                @AuthenticationPrincipal AuthUserDetails authUserDetails
        ) {
            return new ProfileDto.Single(profileService.unfollowUser(name, authUserDetails));
        }
    }
```

这段代码定义了一个名为 ProfilesController 的控制器，在 Spring Web 应用程序中处理有关用户资料的请求。这个控制器使用了实现了 ProfileService 接口的对象，并且使用了 Lombok 的@RequiredArgsConstructor 注解来自动生成构造函数用于注入依赖。

这个控制器有以下 3 个请求处理方法。

- getProfile 方法使用@GetMapping 注解，处理接收到/profiles/{username}的 GET 请求，其中{username}是路径变量，表示请求用户名。此方法调用 profileService.getProfile 方法获取该用户名的用户资料，并封装为一个 ProfileDto.Single 对象返回给客户端。
- followUser 方法使用@PostMapping 注解，处理接收到/profiles/{username}/follow 的 POST 请求，其中{username}是路径变量，表示请求用户名。此方法调用 profileService.followUser 方法关注该用户名的用户，将关注信息封装为一个 ProfileDto.Single 对象返回给客户端。
- unfollowUser 方法使用@DeleteMapping 注解，处理接收到/profiles/{username}/follow 的 DELETE 请求，其中{username}是路径变量，表示请求用户名。此方法调用 profileService.unfollowUser 方法取消关注该用户名的用户，将取消关注信息封装为一个 ProfileDto.Single 对象返回给客户端。

注解@AuthenticationPrincipal 用于通过 Spring Security 获取当前用户详情，如用户 ID 和权限。在此段代码中，它用于注入 AuthUserDetails 对象，以获取当前经过身份验证的用户的详细信息。

3. 创建 profile 服务类

新建 PofileService.java 文件和 ProfileServiceImpl.java 文件，并保存在 profile.service 包中。

在 ProfileService.java 中定义了 ProfileService 接口，该接口中定义了获取用户资料的两个方法。

```
public interface ProfileService {
    ProfileDto getProfile(final String username, final AuthUserDetails authUserDetails);
    ProfileDto getProfileByUserId(Long userId, AuthUserDetails authUserDetails);
}
```

ProfileServiceImpl.java 实现了 ProfileService 接口，包含 getProfile 方法和 getProfileByUserId 方法的具体实现。

```java
@Service
@RequiredArgsConstructor
public class ProfileServiceImpl implements ProfileService {
    private final UserRepository userRepository;
    private final FollowRepository followRepository;

    @Override
    public ProfileDto getProfile(String name, AuthUserDetails authUserDetails) {
        UserEntity user = userRepository
            .findByUsername(name)
            .orElseThrow(() -> new AppException(Error.USER_NOT_FOUND));
        Boolean following = followRepository
            .findByFolloweeIdAndFollowerId(user.getId(),
            authUserDetails.getId()).isPresent();
        return convertToProfile(user, following);
    }

    @Override
    public ProfileDto getProfileByUserId(Long userId, AuthUserDetails authUserDetails) {
        UserEntity user = userRepository
            .findById(userId)
            .orElseThrow(() -> new AppException(Error.USER_NOT_FOUND));
        Boolean following = followRepository
            .findByFolloweeIdAndFollowerId(user.getId(), authUserDetails.getId())
            .isPresent();
        return convertToProfile(user, following);
    }
    private ProfileDto convertToProfile(UserEntity user, Boolean following) {
        return ProfileDto.builder()
                .username(user.getUsername())
                .bio(user.getBio())
                .image(user.getImage())
                .following(following)
                .build();
    }
}
```

ProfileServiceImpl 类实现了 ProfileService 接口。该类使用了两个 Repository：UserRepository 和 FollowRepository。这些 Repository 通过@RequiredArgsConstructor 注解进行构造函数注入。@RequiredArgsConstructor 注解会生成一个构造函数，用于初始化类中的 final 字段。

该类有以下两个获取用户资料的方法。

● getProfile(String name, AuthUserDetails authUserDetails)：通过用户名检索用户资料。该方法首先使用 findByUsername 方法从 UserRepository 检索 UserEntity。若找不到该用户，则抛出一个带有 USER_NOT_FOUND 错误代码的 AppException。然后，该方

法通过调用 FollowRepository 上的 findByFolloweeIdAndFollowerId 方法来检查已认证
用户（authUserDetails）是否关注检索到的用户。该方法使用 convertToProfile 方法和
检索到的用户以及关注检查的结果来创建并返回一个 ProfileDto 对象。

- getProfileByUserId(Long userId, AuthUserDetails authUserDetails)：通过用户 id 检索用
户资料。该方法首先使用 findById()方法从 UserRepository 检索 UserEntity。若找不到
该用户，则抛出一个带有 USER_NOT_FOUND 错误代码的 AppException。然后，该方
法通过调用 FollowRepository 上的 findByFolloweeIdAndFollowerId 方法来检查已认证
用户（authUserDetails）是否关注检索到的用户。该方法使用 convertToProfile 方法和
检索到的用户以及关注检查的结果来创建并返回一个 ProfileDto 对象。

convertToProfile 方法是一个私有的辅助方法，user 和 following 参数分别接收一个
UserEntity 对象和一个 Boolean 值。following 参数被映射到了 ProfileDto 对象的 following 属性，
其 Boolean 值表示已认证用户是否关注该用户。最后，该方法通过将 UserEntity 对象的属性
映射到 ProfileDto 对象的相应属性来创建并返回一个 ProfileDto 对象。

4. 创建 ProfileDto 类

在前面创建的 profile.dto 包中，新建 ProfileDto.java 文件，内容如下：

```
@Getter
@AllArgsConstructor
@NoArgsConstructor
@Builder
public class ProfileDto {
    private String username;
    private String bio;
    private String image;
    private Boolean following;

    @Getter
    @AllArgsConstructor
    @NoArgsConstructor
    @Builder
    public static class Single {
        private ProfileDto profile;
    }
}
```

这是一个包含 Profile 信息的 DTO 类，它有以下字段。

- username：用户名。
- bio：用户的简介。
- image：用户的头像图片 URL。
- following：表示当前用户是否关注了此用户。

它还有一个内部类 Single，用于封装单个用户资料，具有以下字段。

- profile：包含 ProfileDto 对象的 profile 字段。

此 DTO 类使用 Lombok 库的@Getter、@AllArgsConstructor、@NoArgsConstructor 和
@Builder 注解自动生成 getter 方法、全参构造函数、无参构造函数和 Builder 模式方法。这些

注解简化了代码，并提高了可读性。

5. 创建 FollowEntity 类

在 profile.entity 包中，新建一个名为 FollowEntity.java 的文件，内容如下：

```java
@Getter
@Setter
@Builder
@NoArgsConstructor
@AllArgsConstructor
@Entity
@Table(
    name = "follows",
    uniqueConstraints = {
        @UniqueConstraint(
            name = "u_follow_followee_pair_must_be_unique",
            columnNames = {"followee", "follower"}
        )
    }
)
public class FollowEntity extends BaseEntity {
    @ManyToOne(fetch = FetchType.LAZY)
    @JoinColumn(nullable = false, name = "followee")
    private UserEntity followee;

    @ManyToOne(fetch = FetchType.LAZY)
    @JoinColumn(nullable = false, name = "follower")
    private UserEntity follower;
}
```

FollowEntity 类用于表示数据库中的"关注"关系，具有以下字段。

● 　followee：被关注的用户（被关注者）的 UserEntity 对象。

● 　follower：关注者的 UserEntity 对象。

这个类除了使用 Lombok 库的注解来简化代码，还使用了 JPA 注解@Entity 和@Table 来将该类映射到数据库中的 follows 表，并使用了@ManyToOne 和@JoinColumn 注解来指定该类的关系。特别地，uniqueConstraints 字段指定了一个名为 u_follow_followee_pair_ must_be_unique 的唯一约束，以确保每个用户只能被关注一次。

6. 创建 FollowRepository 接口

在本项目中，我们事先创建的 profile.repository 文件夹就是用来存放 FollowRepository 接口文件的，它的内容如下：

```java
@Repository
public interface FollowRepository extends JpaRepository<FollowEntity, Long> {
    Optional<FollowEntity> findByFolloweeIdAndFollowerId(Long followeeId, Long followerId);
    List<FollowEntity> findByFollowerId(Long id);
    List<FollowEntity> findByFollowerIdAndFolloweeIdIn(Long id, List<Long> authorIds);
}
```

FollowRepository 接口用于定义对 FollowEntity 实体的 CRUD 操作，具有以下方法。

（1）findByFolloweeIdAndFollowerId(Long followeeId, Long followerId)：根据被关注者和关注者的 ID 查找关注实体，并返回一个可选的 FollowEntity 对象。

（2）findByFollowerId(Long id)：根据关注者的 ID 查找关注实体，并返回一个包含 FollowEntity 对象的列表。

（3）findByFollowerIdAndFolloweeIdIn(Long id, List<Long> authorIds)：根据关注者的 ID 和被关注者的 ID 列表查找关注实体，并返回包含 FollowEntity 对象的列表。

此接口扩展了 Spring Data JPA 的 JpaRepository 接口，通过继承 JpaRepository，可以自动获得许多常用的 CRUD 操作。其中，Long 类型参数表示实体的 ID 类型。使用@Repository 注解来声明这个接口为一个 Spring Bean，用于在 Spring 应用程序中进行依赖注入。

任务 2　关注指定用户

关注功能是 RealWorld 博客项目的另一个重要功能。关注功能允许用户关注其他用户，以便更好地了解他们的文章、评论等内容。关注功能还可以为用户提供更好的交流和社交体验。在实现关注功能时，需要考虑到关注关系的建立和解除，以及通知用户关注情况等问题。

17.2.1　关注指定用户 API 功能

为实现关注功能，RealWorld 博客项目的后端需要提供一个 API，允许客户端通过调用该 API 达到关注指定用户的目的。为了实现这个需求，后端需要提供一个 HTTP POST 请求的 API，该 API 需要使用指定的用户名作为参数来指定被关注用户。具体地，API 应该是 POST /api/profiles/:username/follow，其中:username 是被关注用户的用户名。

17.2.2　关注指定用户 API 规范

RealWorld 项目的客户端关注指定用户 API 的规范如下。

（1）接口：POST /api/profiles/:username/follow。

（2）描述：此接口用于关注指定用户。

（3）是否需要认证：需要。请求头中必须包含有效的身份验证令牌。

（4）请求参数：无需其他参数。

（5）响应：

1）若找到了该用户，则应该返回一个 HTTP 200 OK 响应，响应内容为该用户资料。

2）若找不到该用户，则应该返回一个 HTTP 404 Not Found 响应。

3）若未经身份认证，则应该返回一个 HTTP 401 Unauthorized 响应。

（6）响应示例：

```
{
    "username": "johnsmith",
    "bio": "I love coding and hiking.",
    "image": "https://example.com/profiles/johnsmith.jpg",
    "following": true
}
```

17.2.3　关注指定用户 API 实现

关注指定用户 API 实现

1.　在 profile 控制器类中添加方法

在 profile.controller 包中找到 ProfilesController 类，往里添加
followUser 方法：

```
@PostMapping("/{username}/follow")
public ProfileDto.Single followUser(
    @PathVariable("username") String name,
    @AuthenticationPrincipal AuthUserDetails authUserDetails
) {
    return new ProfileDto.Single(profileService.followUser(name, authUserDetails));
}
```

这段代码实现了关注指定用户的功能，具体说明如下。

（1）@PostMapping("/{username}/follow") 注 解 将 followUser 方法映射到 /profiles/
{username}/follow 路径，并将 username 作为路径参数。它指定了 HTTP POST 请求是用于关注
指定用户的。

（2）@PathVariable("username")注解将路径参数 username 绑定到 name 方法参数。

（3）ProfileService 是一个服务类，通过构造函数注入控制器中。

（4）profileService.followUser 方法被调用，它使用 name 和 authUserDetails 参数执行关注
用户的逻辑，并返回一个包含更新的用户资料的 Profile 对象。

（5）ProfileDto.Single 对象是一个用于封装单个用户资料的 DTO，它使用更新的用户资
料初始化，并由控制器方法返回。

2.　在 profile 服务类中添加方法

在 profile.service 包中找到 ProfileService.java，并在其中添加 followUser 方法：

```
public interface Pr ofileService {
    // 其他方法
    // ......

    ProfileDto followUser(final String name, final AuthUserDetails authUserDetails);
}
```

在 profile.service 包中找到 ProfileServiceImpl.java，并在其中添加 followUser 方法：

```
@Service
@RequiredArgsConstructor
public class ProfileServiceImpl implements ProfileService {
    // 其他内容
    // ......

    @Transactional
    @Override
    public ProfileDto followUser(String name, AuthUserDetails authUserDetails) {
        UserEntity followee = userRepository
.findByUsername(name)
            .orElseThrow(() -> new AppException(Error.USER_NOT_FOUND));
```

```
UserEntity follower = UserEntity.builder().id(authUserDetails.getId()).build(); // myself

followRepository
    .findByFolloweeIdAndFollowerId(followee.getId(), follower.getId())
    .ifPresent(follow -> {throw new
            AppException(Error.ALREADY_FOLLOWED_USER);});

FollowEntity follow =  FollowEntity.builder().followee(followee).follower(follower).build();
followRepository.save(follow);

return convertToProfile(followee, true);
    }
}
```

followUser 方法接收两个参数：一个表示要关注的用户的用户名字符串 name，以及一个表示已认证的用户的 AuthUserDetails 对象，该用户正在关注。该方法返回一个 ProfileDto 对象，表示被关注用户的个人资料。

@Transactional 注解用于指示此方法应在事务中执行。这意味着如果抛出异常，那么在事务期间进行的任何数据库更改都将回滚。

在方法内部，使用 userRepository 的 findByUsername 方法检索要关注的用户。若未找到该用户，则抛出具有 USER_NOT_FOUND 错误代码的 AppException。使用 authUserDetails 参数创建表示关注者的新的 UserEntity 对象，然后使用 followRepository 来检查是否已经关注了该用户。若已经关注了该用户，则抛出具有 ALREADY_FOLLOWED_USER 错误代码的 AppException；若尚未关注该用户，则创建一个新的 FollowEntity 对象，表示关注关系，该对象包含 followee 和 follower 对象。然后使用 followRepository 保存新的关注关系。最后，调用 convertToProfile 方法将 followee 对象转换为 ProfileDto 对象并返回它。

任务 3 取消关注指定用户

在 RealWorld 博客项目中，取消关注功能是与关注功能相对应的，后端提供取消关注功能，让用户可以随时取消对其他用户的关注。

17.3.1 取消关注指定用户 API 说明

RealWorld 项目的后端需求之一是提供一个 API，允许客户端取消关注指定用户。为了实现这个需求，后端需要提供一个 HTTP DELETE 请求的 API，该 API 需要使用指定的用户名作为参数来取消关注。具体地，API 应该是 DELETE/api/profiles/:username/follow，其中:username 是要被取消关注的用户的用户名。

17.3.2 取消关注指定用户的 API 规范

RealWorld 项目的客户端取消关注指定用户的接口规范如下。

（1）URL：/api/profiles/:username/follow。

（2）HTTP 方法：DELETE。

（3）是否需要认证：需要。请求头中必须包含有效的身份验证令牌。

（4）请求参数：无需其他参数。

（5）响应：

1）若找到了该用户，则应该返回一个 HTTP 200 OK 响应，响应内容为被取消关注的用户资料。

2）若找不到该用户，则应该返回一个 HTTP 404 Not Found 响应。

3）若未经身份认证，则应该返回一个 HTTP 401 Unauthorized 响应。

（6）响应示例：

```
{
    "profile": {
        "username": "jake",
        "bio": "I work at statefarm",
        "image": "https://api.realworld.io/images/smiley-cyrus.jpg",
        "following": false
    }
}
```

17.3.3 取消关注指定用户 API 实现

1. 在 profile 控制器类中添加方法

在 profile.controller 包中找到 ProfilesController 类，往里添加 unfollowUser 方法：

```
@DeleteMapping("/{username}/follow")
public ProfileDto.Single unfollowUser(
        @PathVariable("username") String name,
        @AuthenticationPrincipal AuthUserDetails authUserDetails
) {
    return new ProfileDto.Single(profileService.unfollowUser(name, authUserDetails));
}
```

这段代码实现了取消关注指定用户的功能，具体说明如下。

（1）@DeleteMapping("/{username}/follow")注解将 unfollowUser 方法映射到/profiles/{username}/follow 路径，并将 username 作为路径参数。它指定了 HTTP DELETE 请求是用于取消关注指定用户的。

（2）profileService.unfollowUser 方法被调用，它使用 name 和 authUserDetails 参数执行取消关注用户的逻辑，并返回一个包含更新的用户资料的 Profile 对象。

（3）ProfileDto.Single 对象是一个用于封装单个用户资料的 DTO，它使用更新的用户资料初始化，并由控制器方法返回。

2. 在 profile 服务类中添加方法

在 profile.service 包中找到 ProfileService.java，并在其中添加 unfollowUser 方法：

```
public interface ProfileService {
    // 其他方法
    // ......
```

```
            ProfileDto unfollowUser(final String name, final AuthUserDetails authUserDetails);
    }
```

在 profile.service 包中找到 ProfileServiceImpl.java，并在其中添加 unfollowUser 方法：

```
    @Service
    @RequiredArgsConstructor
    public class ProfileServiceImpl implements ProfileService {
        // 其他内容
        //......

        @Transactional
        @Override
        public ProfileDto unfollowUser(String name, AuthUserDetails authUserDetails) {
            UserEntity followee = userRepository
    .findByUsername(name)
    .orElseThrow(() -> new AppException(Error.USER_NOT_FOUND));
            UserEntity follower = UserEntity.builder().id(authUserDetails.getId()).build(); // myself

            FollowEntity follow = followRepository
    .findByFolloweeIdAndFollowerId(followee.getId(), follower.getId())
                .orElseThrow(() -> new AppException(Error.FOLLOW_NOT_FOUND));
            followRepository.delete(follow);

            return convertToProfile(followee, false);
        }
    }
```

这里添加的 unfollowUser 方法，用于允许用户取消关注另一个用户，以下是代码的分解。

unfollowUser 方法被 @Transactional 注解标记，这意味着该方法在一个事务中执行。这确保了数据库的原子性更新，也就是要么所有更改都被应用，要么所有更改都不被应用。

unfollowUser 方法有两个参数：一个是 String 类型的表示要取消关注的用户名称，另一个是 AuthUserDetails 对象，表示正在取消关注的已认证用户的详细信息。

unfollowUser 方法首先使用 userRepository.findByUsername 方法从数据库中检索要取消关注的用户，该方法返回一个 Optional<UserEntity>对象。若未找到该用户，则抛出一个包含错误消息 USER_NOT_FOUND 的 AppException。

然后创建一个 UserEntity 对象，表示正在取消关注的已认证用户。

unfollowUser 方法使用 followRepository.findByFolloweeIdAndFollowerId 方法检索代表两个用户之间的关注关系的 FollowEntity 对象，该方法返回一个 Optional<FollowEntity>对象。若未找到关注关系，则抛出一个包含错误消息 FOLLOW_NOT_FOUND 的 AppException。

然后 unfollowUser 方法使用 followRepository.delete 方法从数据库中删除 FollowEntity 对象。

最后，unfollowUser 方法调用 ConvertToProfile 方法将 followee 对象转换为 ProfileDto 对象并返回，其中包含一个布尔标志，表示该用户不再被关注。

总的来说，这段代码展示了如何使用 JPA 仓库与数据库交互。

第 18 章　标签、文章及评论

本章涵盖了标签、文章和评论相关的功能。任务包括获取标签列表、获取文章列表、获取关注用户的文章列表、点赞与取消点赞、文章评论以及对文章进行 CRUD 操作。通过这些功能，用户可以浏览不同标签下的文章，获取关注用户发布的文章，进行点赞和取消点赞操作，以及对文章进行评论和管理。

任务 1　获取标签列表
- 定义获取标签列表的 API 及其功能。
- 设计获取标签列表的 API 规范。
- 实现获取标签列表的 API，包括查询数据库中的标签信息并返回。

任务 2　获取文章列表
- 定义获取文章列表的 API 及其功能。
- 设计获取文章列表的 API 规范。
- 实现获取文章列表的 API，包括查询数据库中的文章信息并返回。

任务 3　获取关注用户的文章列表
- 定义获取关注用户的文章列表的 API 及其功能。
- 设计获取关注用户的文章列表的 API 规范。
- 实现获取关注用户的文章列表的 API，包括查询数据库中关注用户发布的文章信息并返回。

任务 4　点赞与取消点赞
- 定义点赞与取消点赞的 API 及其功能。
- 设计点赞与取消点赞的 API 规范。
- 实现点赞与取消点赞的 API，包括创建和删除点赞记录。

任务 5　文章评论
- 定义文章评论的 API 及其功能。
- 设计文章评论的 API 规范。
- 实现文章评论的 API，包括创建和获取文章评论。

任务 6　对文章进行 CRUD 操作
- 定义对文章进行 CRUD 操作的 API 及其功能。
- 设计对文章进行 CRUD 操作的 API 规范。
- 实现对文章进行 CRUD 操作的 API，包括创建、获取、更新和删除文章。

任务 1　获取标签列表

标签是 RealWorld 博客文章的元数据，用于对文章进行分类和组织。Realworld 博客的功能之一是获取标签列表。

18.1.1　获取标签列表 API 功能

获取标签列表 API 返回博客系统中可用的所有标签的列表，以便用户可以更轻松地找到感兴趣的文章。在响应体中，tags 字段是一个字符串数组，其中包含所有可用标签的名称。客户端可以使用此 API 获取所有标签并显示它们，或者允许用户通过标签浏览文章。此 API 可用于获取当前博客平台上的所有标签列表，以便用户可以更轻松地找到感兴趣的文章。

18.1.2　获取标签列表 API 规范

RealWorld 项目获取标签列表 API 的规范如下。

（1）接口：GET /api/tags。

（2）描述：获取所有标签。

（3）是否需要认证：否。

（4）请求参数：无。

（5）响应参数：

- tags：string 数组，表示文章的所有标签。

（6）响应示例：

```
{
    "tags": [
        "reactjs",
        "angularjs",
        "dragons"
    ]
}
```

18.1.3　获取标签列表 API 实现

与登录和注册功能的实现一样，具体的步骤如下。

1. 在 domain 包中新建多个子包

首先在 domain 包中创建 tag 子包，然后在 tag 子包中同样新建如下子包：controller、dto、entity、repository 和 service。

接下来我们仍将从 controller 层开始，一步步实现 RealWorld 项目中的文章标签列表获取功能，具体的步骤如下。

2. 在 controller 包中创建标签控制器类

新建 TagController.java 文件，并保存在 tag.controller 包中。这个文件的主要内容如下：

```
@RestController
@RequestMapping("/tags")
```

```java
@RequiredArgsConstructor
public class TagController {
    private final TagService tagService;

    @GetMapping
    public TagDto.TagList listOfTags() {
        return TagDto.TagList.builder().tags(tagService.listOfTags()).build();
    }
}
```

TagController 类中只有一个处理 GET 请求的方法 listOfTags，因为客户端对/tags 接口的请求不传参，所以这个方法没有传入参数，与注册和登录相比少了参数处理的代码。该方法只是调用 TagService 的 listOfTags 方法来获取所有标签，并将结果转换为 TagDto.TagList 返回给客户端。

3. 在 service 包中创建标签服务类

新建 TagService.java 文件和 TagServiceImpl.java 文件，并保存在 tag.service 包中。

TagService.java 定义了 TagService 接口，该接口中定义了获取所有标签列表的方法 listOfTags，返回一个 String 类型的列表。

```java
public interface TagService {
    List<String> listOfTags();
}
```

TagServiceImpl.java 实现了 TagService 接口，包含 listOfTags 方法的具体实现。

```java
@Service
@RequiredArgsConstructor
public class TagServiceImpl implements TagService {
    private final TagRepository tagRepository;

    @Override
    public List<String> listOfTags() {
        return tagRepository
            .findAll()
            .stream()
            .map(ArticleTagRelationEntity::getTag)
            .distinct()
            .collect(Collectors.toList());
    }
}
```

这段代码实现了 TagService 接口，其中 listOfTags 方法通过调用 tagRepository 的 findAll 方法获取所有的 ArticleTagRelationEntity 实体，并将其转换为 String 类型的列表。stream 方法将 List<ArticleTagRelationEntity>流化，map 方法将 ArticleTagRelationEntity 实体映射为其标签名称，distinct 方法用于去重，collect 方法将其转换为 List<String>类型的列表返回。

4. 创建 TagDto 类

在前面创建的 tag.dto 包中，新建 TagDto.java 文件，内容如下：

```
public class TagDto {
    @Getter
    @Builder
    @NoArgsConstructor
    @AllArgsConstructor
    public static class TagList {
        List<String> tags;
    }
}
```

TagDto 是一个数据传输对象，其中定义了 TagList 内部类，用于封装标签列表。

TagList 类使用了 @Builder 注解来自动生成构造器，使用 @NoArgsConstructor 和 @AllArgsConstructor 注解自动生成无参和全参构造器，使用 @Getter 注解来自动生成标签列表的 getter 方法。

在该项目中，TagDto 主要用于在 TagController 和 TagServiceImpl 中进行数据传输和处理。

5. 创建 ArticleTagRelationEntity 类

本项目中可以创建一个实体类 ArticleTagRelationEntity，用来映射数据库中的 tags 表。在 tag.entity 包中，新建一个名为 ArticleTagRelationEntity.java 的文件，内容如下：

```
@Getter
@Builder
@NoArgsConstructor
@AllArgsConstructor
@Entity
@Table(name = "tags")
public class ArticleTagRelationEntity extends BaseEntity {
    @Column(name = "tag", nullable = false)
    private String tag;

    @ManyToOne(fetch = FetchType.LAZY)
    @JoinColumn(name = "article", nullable = false)
    private ArticleEntity article;
}
```

该类为实体类，用于映射数据库中的 tags 表。其中：

（1）@Getter 注解表示为类的属性自动生成 getter 方法。

（2）@Builder 注解可以帮助生成 Builder 模式的构造器。

（3）@NoArgsConstructor 和 @AllArgsConstructor 注解分别表示生成无参构造器和全参构造器。

（4）@Entity 注解表示该类为实体类。

（5）@Table(name = "tags") 注解表示该类映射的表名为 tags。

（6）@Column(name = "tag", nullable = false) 注解表示该属性映射到表中的 tag 字段，且不能为空。

（7）@ManyToOne(fetch = FetchType.LAZY) 注解表示该实体关联到 ArticleEntity 实体，它们之间是多对一关系，使用懒加载策略。

（8）@JoinColumn(name = "article", nullable = false)注解表示在关联表中的外键字段名为 article，不能为空。

6. 创建 TagRepository 接口

在本项目中，我们事先创建的 tag.repository 包就是用来存放 TagRepository 接口文件的，它的内容如下：

```
@Repository
public interface TagRepository extends JpaRepository<ArticleTagRelationEntity, Long> {
}
```

在这个代码中，TagRepository 继承了 JpaRepository 接口，并传入了实体类 ArticleTagRelationEntity 和实体类主键的类型 Long。这意味着该接口将会暴露出一组用于执行 CRUD 操作的通用方法，如 save、delete、findById 等。由于我们没有定义任何自定义方法，所以只需要使用 JpaRepository 的默认方法即可实现基本的数据持久化操作。同时，JpaRepository 还支持分页和排序查询等高级功能。

@Repository 注解的作用是将 TagRepository 接口标记为 Spring 的 Bean，以便在其他组件中使用该接口。@Repository 注解通常与 Spring 的依赖注入一起使用，以方便在代码中使用该接口的实现。

任务 2　获取文章列表

RealWorld 博客的功能之一是获取文章列表。这个功能允许用户浏览所有博客文章的标题、作者、发布日期和简短描述，并且可以按照不同的筛选条件来查找特定的文章。

18.2.1　获取文章列表 API 功能

获取文章列表 API 返回了所有文章的列表，并包含有关每篇文章的详细信息。每篇文章都有一个唯一的 slug 作为标识符，以及标题、描述、内容、标签列表、创建时间、最后更新时间、作者信息、是否已被当前用户点赞以及该文章的总点赞数。

此 API 可用于在博客平台上显示文章列表，用户可以选择根据不同的筛选条件和分页查询，以便更好地浏览和阅读感兴趣的文章。

18.2.2　获取文章列表 API 规范

获取文章列表 API 规范如下。

（1）接口：GET /api/articles。

（2）描述：此接口用于获取文章列表，按最近优先进行排序，默认返回全局文章。

（3）是否需要认证：可选。

（4）查询参数：

1）无：对返回结果不进行筛选。

2）?tag=AngularJS：按标签筛选。

3）?author=jake：按作者筛选。

4）?favorited=jake：按点赞用户筛选。

5）?limit=20：按列表长度（默认为 20）筛选。

6）?offset=0：按偏移位置（默认为 0）筛选。

（5）响应参数：

1）articles：文章列表（数组）。

- slug：文章的 slug。
- title：文章的标题。
- description：文章的描述。
- body：文章的正文。
- createdAt：文章的创建时间。
- updatedAt：文章的更新时间。
- tagList：文章的标签列表。
- favorited：当前用户是否已点赞该文章，是布尔值（true 表示已点赞，false 表示未点赞）。
- favoritesCount：该文章被点赞的次数。
- author：文章的作者信息。
  - username：作者的用户名。
  - bio：作者的个人简介。
  - image：作者的头像链接。
  - following：当前用户是否关注了该作者。仅在用户已经登录的情况下返回该字段。

2）articlesCount：文章的总数。

（6）响应状态码：

1）200：请求成功，返回文章列表。

2）401 或 403：请求未被授权或禁止访问（仅当需要身份认证，但用户未登录时）。

3）404：请求的资源不存在。

18.2.3 获取文章列表 API 的实现

获取文章列表 API 的实现

1. 创建 article 包及子包

在项目的 domain 包中创建 article 包，在 article 包中继续创建多个子包：controller、service、dto、entity、model 和 repository。各个子包的作用跟之前任务中的一样，只是这里多了一个 model 子包。

提示：在 Spring Boot 和 JPA 项目中，Dto、Entity 和 Model 有什么区别与联系？

在 Spring Boot 和 JPA 项目中，Entity、DTO 和 Model 是 3 个不同的概念，它们分别用于不同的目的，下面是它们的区别和联系。

- Entity：JPA 规范中的一个概念，它表示一个数据库表中的实体，即一个持久化对象。在 Spring Boot 项目中，Entity 通常与数据库表的结构相对应，每个 Entity 都有一个唯一的标识符。Entity 包含了表中的列以及它们的映射关系，通常由 JPA 注解来定义。Entity 是一种用于持久化的模型，它的属性与数据库表的列一一对应。
- DTO：用于在不同的层之间传输数据。DTO 通常与 Entity 的属性相似，但它们不一定与数据库表的结构一一对应。DTO 通常用于在业务逻辑层和控制器层之间传输数据，以及在不同的微服务之间传输数据。DTO 可以包含多个 Entity 的属性，或者只包含部分属性。DTO 可以用于保护 Entity 的隐私和安全性，以及提高系统性能。

- Model：Model 是 MVC（Model-View-Controller）模式中的一个概念，它用于表示应用程序中的业务逻辑和状态。在 Spring Boot 项目中，Model 通常指代控制器（Controller）中的数据模型，用于向前端传递数据。Model 既可以是 Entity 或 DTO 的实例，也可以是自定义的数据结构。

总的来说，Entity 用于表示持久化对象，DTO 用于在不同层之间传输数据，Model 用于表示业务逻辑和状态。在实际开发中，这些概念可能会有所重叠，了解它们的区别和联系有助于更好地设计和维护应用程序。

2. 创建文章控制器类

新建 ArticlesController.java 文件，并保存在 article.controller 包中。这个文件的主要内容如下：

```
@RestController
@RequestMapping("/articles")
@RequiredArgsConstructor
public class ArticlesController {
    private final ArticleService articleService;

    @GetMapping
    public ArticleDto.MultipleArticle listArticles(
        @ModelAttribute ArticleQueryParam articleQueryParam,
        @AuthenticationPrincipal AuthUserDetails authUserDetails
    ) {
        return ArticleDto
            .MultipleArticle
            .builder()
            .articles(articleService.listArticle(articleQueryParam, authUserDetails))
            .build();
    }
}
```

@ModelAttribute 注解可以用于从请求参数中绑定数据到控制器方法的参数或模型对象中，它可以用于处理查询参数、表单数据等。而之前我们用@PathVariable 注解处理的是 RESTful API 中的路径变量。

这里的 listArticles 方法使用@ModelAttribute 注解标记的 ArticleQueryParam 参数来接收请求参数，使用@AuthenticationPrincipal 注解标记的 AuthUserDetails 参数接收当前用户的身份验证信息。该方法返回一个由 ArticleService 返回的 List<Article>转换后的 ArticleDto.MultipleArticle 对象，这个对象包含了多个 ArticleDto 对象。ArticleDto 是一个 DTO，我们将在稍后创建，它封装了一个文章的数据以便于 API 返回给客户端。

3. 创建文章服务接口和类

（1）新建 ArticleService.java 文件，并保存在 article.service 包中。在 ArticleService.java 文件中创建一个接口 ArticleService，内容如下：

```
public interface ArticleService {
    List<ArticleDto> listArticle(
```

```
        final ArticleQueryParam articleQueryParam,
        final AuthUserDetails authUserDetails
    );
}
```

这个接口声明了一个名为 listArticle 的方法，该方法返回一个 ArticleDto 对象列表。该方法有以下两个参数。

- articleQueryParam：类型为 ArticleQueryParam 的对象，用于指定返回文章列表的筛选或排序条件。
- authUserDetails：类型为 AuthUserDetails 的对象，包含有关发出请求的已认证用户的信息。

该接口的目的是定义一个服务，根据某些条件检索文章列表，并将文章作为 DTO 返回给客户端。AuthUserDetails 参数表明该服务还可以实现某种形式的授权或访问控制，比如限制已认证用户被允许查看的文章等。

（2）新建 ArticleServiceImpl.java 文件，并保存在 article.service 包中。在 ArticleServiceImpl.java 文件中创建一个 ArticleServiceImpl 类，用来实现 ArticleService 接口。这个文件的主要内容如下：

```
@Service
@RequiredArgsConstructor
public class ArticleServiceImpl implements ArticleService {
    private final ArticleRepository articleRepository;

    @Transactional(readOnly = true)
    @Override
    public List<ArticleDto> listArticle(
        ArticleQueryParam articleQueryParam,
        AuthUserDetails authUserDetails
    ) {
        Pageable pageable = null;
        if (articleQueryParam.getOffset() != null) {
            pageable = PageRequest.of(articleQueryParam.getOffset(), articleQueryParam.getLimit());
        }

        List<ArticleEntity> articleEntities;
        if (articleQueryParam.getTag() != null) {
            articleEntities = articleRepository.findByTag(articleQueryParam.getTag(), pageable);
        } else if    (articleQueryParam.getAuthor() != null) {
            articleEntities = articleRepository
                .findByAuthorName(articleQueryParam.getAuthor(), pageable);
        } else if (articleQueryParam.getFavorited() != null) {
            articleEntities = articleRepository
                .findByFavoritedUsername(articleQueryParam.getFavorited(), pageable);
        } else {
            articleEntities = articleRepository.findListByPaging(pageable);
        }
```

```
            return convertToArticleList(articleEntities, authUserDetails);
        }

        private ArticleDto convertEntityToDto(
            ArticleEntity entity, Boolean favorited,
            Long favoritesCount, AuthUserDetails authUserDetails
        ) {
            ProfileDto author = profileService
                    .getProfileByUserId(entity.getAuthor().getId(), authUserDetails);
            return ArticleDto.builder()
                    .slug(entity.getSlug())
                    .title(entity.getTitle())
                    .description(entity.getDescription())
                    .body(entity.getBody())
                    .author(author)
                    .createdAt(entity.getCreatedAt())
                    .updatedAt(entity.getUpdatedAt())
                    .favorited(favorited)
                    .favoritesCount(favoritesCount)
                    .tagList(entity.getTagList()
                    .stream()
                    .map(ArticleTagRelationEntity::getTag)
                    .collect(Collectors.toList())
                    )
                    .build();
        }

        private List<ArticleDto> convertToArticleList(
            List<ArticleEntity> articleEntities,
            AuthUserDetails authUserDetails
        ) {
            return articleEntities.stream().map(entity -> {
                List<FavoriteEntity> favorites = entity.getFavoriteList();
                Boolean favorited = favorites.stream()
                    .anyMatch(favoriteEntity -> favoriteEntity
                    .getUser().getId().equals(authUserDetails.getId())
                );
                int favoriteCount = favorites.size();
                return convertEntityToDto(entity, favorited, (long) favoriteCount, authUserDetails);
            }).collect(Collectors.toList());
        }
    }
```

ArticleServiceImpl 类的主要功能是根据给定的文章查询参数 articleQueryParam 和认证用户 authUserDetails，提供文章列表的查询。其中，查询参数包括文章的作者、标签、点赞用户等信息，可以根据不同的查询参数查询并返回文章列表 List<ArticleDto>。

@Transactional(readOnly = true)注解表明了 listArticle 方法是一个只读事务，不会对数据库进行修改操作。在方法中，根据查询参数 articleQueryParam 的不同，使用 ArticleRepository 中的不同方法查询文章，得到一个 ArticleEntity 的列表。然后，使用 convertToArticleList 方法将 ArticleEntity 列表转换成 ArticleDto 列表，该方法会将每个 ArticleEntity 对象转换成对应的 ArticleDto 对象，并计算出该文章的点赞数和当前用户是否点赞了该文章。

4. 创建 Model 类

（1）新建 FeedParams.java 文件，并保存在 article.model 包中。在 FeedParams.java 文件中创建 Model 类 FeedParams，其内容如下：

```
@Getter
@Setter
@Builder
@AllArgsConstructor
@NoArgsConstructor
public class FeedParams {
    protected Integer offset;
    protected Integer limit;

    @AssertTrue
    protected boolean getValidPage() {
        return (offset != null && limit != null) || (offset == null && limit == null);
    }
}
```

FeedParams 类中定义了两个属性：offset 和 limit，分别表示偏移量和限制数量。该类使用了@AssertTrue 注解来定义一个名为 getValidPage 的布尔型方法，该方法返回值表示 offset 和 limit 的取值是否合法。该方法返回值类型为 boolean，若返回 true，则表示校验通过，否则表示校验失败。具体来说，该方法要求 offset 和 limit 两个属性必须同时为 null 或同时不为 null，否则校验失败。

提示：@AssertTrue 注解来自 javax.validation.constraints.AssertTrue 包。该包是 Java Bean Validation（JSR 303）标准中定义的一部分，其中包含了一些常用的校验注解，如@NotNull、@Size、@Min、@Max 等。这些注解可以用于 Java Bean 的属性或方法上，用于对 Bean 进行校验，确保 Bean 中的数据满足某些预定义的校验规则。

在使用@AssertTrue 注解时，可以将其标注在一个布尔型的方法上，该方法的返回值必须为 true 才能通过校验。通常情况下，这个方法可以用于实现一些复杂的校验逻辑，如需要同时校验多个属性的关系等。如果校验不通过，校验器会抛出相应的异常信息。

（2）新建 ArticleQueryParam.java 文件，并保存在 article.model 包中。在 ArticleQueryParam.java 文件中创建 FeedParams 类的子类 ArticleQueryParam，其内容如下：

```
@Getter
@Setter
@NoArgsConstructor
@AllArgsConstructor
public class ArticleQueryParam extends FeedParams {
    private String tag;
```

```
        private String author;
        private String favorited;
    }
```

ArticleQueryParam 类继承自 FeedParams，并添加了 3 个属性：tag、author 和 favorited，分别表示标签、作者和点赞情况。该类同样使用了@Getter、@Setter、@NoArgsConstructor 和 @AllArgsConstructor 注解来自动生成 getter、setter、带参构造器和无参构造器等方法。该类继承了 FeedParams，自然也继承了 FeedParams 中定义的属性和方法。因此，ArticleQueryParam 类也拥有了 offset 和 limit 属性以及 getValidPage 方法。

综上所述，FeedParams 类定义了偏移量和限制数量两个属性，以及用于校验它们的合法性的方法。ArticleQueryParam 类继承了 FeedParams 类，并添加了标签、作者和点赞情况 3 个属性。这两个类可以用于表示文章查询时的参数，其中 FeedParams 表示分页参数，ArticleQueryParam 表示文章查询条件。

5. 创建 Dto 类

在 article.dto 包中创建 ArticleDto 类，其内容如下：

```
@Getter
@Setter
@AllArgsConstructor
@Builder
public class ArticleDto {
    private String slug;                    // 文章的唯一标识符

    @NotNull
    private String title;                   // 文章的标题
    @NotNull
    private String description;             // 文章的简要描述
    @NotNull
    private String body;                    // 文章的正文
    private List<String> tagList;           // 与文章关联的标签列表

    private LocalDateTime createdAt;        // 文章创建的日期和时间
    private LocalDateTime updatedAt;        // 文章上次更新的日期和时间
    private Boolean favorited;              // 用户是否点赞了该文章
    private Long favoritesCount;            // 文章被点赞的次数
    private ProfileDto author;              // 文章作者

    @Getter
    @Builder
    @NoArgsConstructor
    @AllArgsConstructor
    public static class SingleArticle<T> {
        private T article;
    }

    @Getter
```

```
    @Builder
    @NoArgsConstructor
    @AllArgsConstructor
    public static class MultipleArticle {
        private List<ArticleDto> articles;
    }


    @Getter
    @Builder
    @NoArgsConstructor
    @AllArgsConstructor
    public static class Update {
        private String title;
        private String description;
        private String body;
    }

}
```

这段程序是一个 Java 类，它表示一篇文章的 DTO，下面是它的一些重要部分。

- public static class SingleArticle<T>、public static class MultipleArticle、public static class Update：这些是 ArticleDto 类中的静态嵌套类。

- SingleArticle 和 MultipleArticle 类用于包装一篇或多篇文章的 DTO，而 Update 类表示可以更新的文章字段（即 title、description 和 body）。

总的来说，这个程序定义了一种用于传输文章数据的 Java 类型。ArticleDto 类有许多属性，包括文章标题、正文、标签列表、创建日期、更新日期等。它还包含一些嵌套类，这些类用于包装一篇或多篇文章的 DTO，并定义了可更新的字段。它还使用了一些注解来简化代码的编写。

6. 创建 Entity 类

在 article.entity 包中创建 ArticleEntity 类，其内容如下：

```
@Getter
@Setter
@NoArgsConstructor
@Entity
@Table(name = "articles")
@NamedEntityGraph(name = "fetch-author-tagList", attributeNodes =
    {@NamedAttributeNode("author"), @NamedAttributeNode("tagList")})
public class ArticleEntity extends BaseEntity {
    @Column(nullable = false)
    private String slug;

    @Column(nullable = false)
    private String title;

    @Column(nullable = false)
    private String description;
```

```
        @Column(nullable = false)
        private String body;

        @ManyToOne(fetch = FetchType.LAZY)
        @JoinColumn(nullable = false)
        private UserEntity author;

        @OneToMany(mappedBy = "article", fetch = FetchType.LAZY, cascade = CascadeType.ALL)
        private List<ArticleTagRelationEntity> tagList;

        @OneToMany(mappedBy = "article", fetch = FetchType.LAZY, cascade = CascadeType.ALL)
        private List<FavoriteEntity> favoriteList;

        @Builder
        public ArticleEntity(
            Long id, String slug, String title, String description, String body, UserEntity author
        ) {
            this.id = id;
            this.slug = slug;
            this.title = title;
            this.description = description;
            this.body = body;
            this.author = author;
            this.tagList = new ArrayList<>();
        }
    }
```

ArticleEntity 类是一个实体类，用于表示应用程序中的文章对象。此类有以下需要注意的地方。

- @Entity：这个注解表示 ArticleEntity 类是一个实体类，它与数据库中的表相对应，用于持久化数据。
- @Table(name = "articles")：这个注解指定了 ArticleEntity 与数据库中的哪张表相对应，这里是 articles 表。
- @OneToMany 和@ManyToOne：表示实体类之间的关联关系。例如，一个 ArticleEntity 实体类可以与多个 ArticleTagRelationEntity 实体类和 FavoriteEntity 实体类相对应，因此使用了@OneToMany 注解，而一个 ArticleEntity 实体类只能与一个 UserEntity 实体类相对应，因此使用了@ManyToOne 注解。在多对一关系中，只需要在多的一方使用@ManyToOne 注解来指定与另一个实体的关系，而在另一个实体中则可以使用@OneToMany 注解来指定与多的一方的关系。
  - ➤ mappedBy 属性通常用于表示一对多或多对多关系中的另一个端点的名称，以指定与该关系相关联的属性。mappedBy = "article"意味着被注解的实体（如这里的 ArticleTagRelationEntity 和 FavoriteEntity 实体）中存在一个名为 article 的属性，用于指向与该实体关联的 ArticleEntity 实体。

> ➢ fetch 属性指定了加载关联实体的方式。在这段代码中有 3 处出现了 fetch = FetchType.LAZY，分别表示 ArticleEntity 实体中的 author 属性、tagList 属性和 favoriteList 属性将在需要时（例如，当访问该属性时）才会被加载。这是一种懒加载（Lazy Loading）技术，它可以减少不必要的数据库查询和内存开销。

- @Column：这是一个 JPA 注解，用于指定实体属性与数据库表中列的映射关系，其中 nullable 属性用于表示该列是否允许为空。在 nullable = false 的情况下，该列不允许为空，即在向数据库中插入记录时，该列必须要有值，否则会抛出异常。这样，就可以在创建 ArticleEntity 实体对象时，确保带有@Column 注解的属性（如这里的 slug、title、description 等）的值不为空。若在插入记录时，该属性值为空，则会抛出异常。这种限制可以保证数据库中数据的完整性和一致性，防止数据的不一致性和错误。

- @JoinColumn(nullable = false)：这是一个 JPA 注解，用于指定实体类关系中的外键列是否可以为空。在这个例子中，该注解被用于@ManyToOne 注解中，表示 ArticleEntity 和 UserEntity 实体之间的关联关系中的外键列不能为空，也就是说，每篇文章必须有一个作者。如果不使用@JoinColumn(nullable = false) 注解，那么外键列将默认为可空。这种情况下，如果一篇文章没有对应的作者，那么该外键列将被设置为 null。如果尝试在查询时使用该关系，可能会出现空指针异常或其他错误。因此，使用@JoinColumn(nullable = false) 注解可以提高数据完整性并避免潜在的错误。

- @Builder：为实体类提供了一种方便的创建方式，使用 Builder 模式构建实体对象。

- @NamedEntityGraph：这个注解定义了一个命名的实体图，即"fetch-author-tagList"。该图指定了如何加载与 ArticleEntity 相关联的 author 和 tagList 属性，这些属性使用@NamedAttributeNode 注解指定。命名实体图是一种优化技术，它允许在加载实体时显式地指定想要获取的相关实体的属性，而不是默认情况下加载所有关联实体的所有属性。这可以大大减少查询的负担，提高应用程序的性能。

总体来说，这段代码描述了一个文章实体类，该类具有一些属性，如标题、描述、正文等，并且该实体类与用户实体类和标签关系实体类相关联。使用这些注解可以使这个实体类与数据库表进行映射，并提供了一些方便的方法来操作实体对象。

在 article.entity 包中创建 FavoriteEntity 类，其内容如下：

```
@Getter
@Builder
@NoArgsConstructor
@AllArgsConstructor
@Entity
@Table(name = "favorites")
public class FavoriteEntity extends BaseEntity {
    @ManyToOne(fetch = FetchType.LAZY)
    @JoinColumn(name = "article_id")
    private ArticleEntity article;

    @ManyToOne(fetch = FetchType.LAZY)
    @JoinColumn(name = "user_id")
```

```
        private UserEntity user;
    }
```

7. 创建 Repository 接口

在 article.repository 包中创建 ArticleRepository 接口，用于定义对 ArticleEntity 实体进行持久化操作的方法，内容如下：

```java
public interface ArticleRepository extends JpaRepository<ArticleEntity, Long> {
    @EntityGraph("fetch-author-tagList")
    @Query("SELECT a FROM ArticleEntity a LEFT JOIN FavoriteEntity f ON f.article.id = a.id
WHERE a.slug = :slug")
    Optional<ArticleEntity> findBySlug(@Param("slug") String slug);

    @EntityGraph("fetch-author-tagList")
    @Query("SELECT a FROM ArticleEntity a LEFT JOIN FavoriteEntity f ON f.article.id = a.id
WHERE a.author.id IN :ids ORDER BY a.createdAt DESC")
    List<ArticleEntity> findByAuthorIdInOrderByCreatedAtDesc(@Param("ids") List<Long> ids,
Pageable pageable);

    @EntityGraph("fetch-author-tagList")
    @Query("SELECT a FROM ArticleEntity a LEFT JOIN FavoriteEntity f ON f.article.id = a.id
ORDER BY a.createdAt DESC")
    List<ArticleEntity> findListByPaging(Pageable pageable);

    @EntityGraph("fetch-author-tagList")
    @Query("SELECT a FROM ArticleEntity a LEFT JOIN FavoriteEntity f ON f.article.id = a.id
WHERE a.author.username = :username ORDER BY a.createdAt DESC")
    List<ArticleEntity> findByAuthorName(@Param("username") String username, Pageable pageable);

    @EntityGraph("fetch-author-tagList")
    @Query("SELECT a FROM ArticleEntity a JOIN ArticleTagRelationEntity t ON t.article.id = a.id
LEFT JOIN FavoriteEntity f ON f.article.id = a.id WHERE t.tag = :tag ORDER BY a.createdAt DESC")
    List<ArticleEntity> findByTag(@Param("tag") String tag, Pageable pageable);

    @EntityGraph("fetch-author-tagList")
    @Query("SELECT a FROM ArticleEntity a LEFT JOIN FavoriteEntity f ON f.article.id = a.id
WHERE f.user.username = :username ORDER BY a.createdAt DESC")
    List<ArticleEntity> findByFavoritedUsername(@Param("username") String username, Pageable
pageable);
}
```

ArticleRepository 是一个 JPA 的 Repository 接口，定义了对 ArticleEntity 实体类进行数据库操作的方法。它扩展了 JpaRepository 接口，其中泛型参数分别是实体类类型和实体类 ID 的数据类型，即 JpaRepository<ArticleEntity, Long>，表示该接口是用于对 ArticleEntity 类进行数据库操作的。JpaRepository 是 Spring Data JPA 框架提供的通用接口之一，它包含了许多基本的 CRUD 操作方法。

此外，该接口还定义了一些特定的查询方法，如 findBySlug、findByAuthorIdInOrderBy CreatedAtDesc、findListByPaging 等，这些方法都使用了 @Query 注解，指定了查询语句。这些查询语句可以执行复杂的 SQL 操作，如多表关联查询、排序、分页等，从而满足应用程序的具体需求。

　　此外，这些查询方法都使用了 @EntityGraph 注解，指定了需要提前加载的实体关系图，从而避免了懒加载带来的性能问题。这里使用的是名为 fetch-author-tagList 的实体关系图，它指定了需要提前加载 ArticleEntity 实体类中的 author 和 tagList 属性，以及这两个属性所对应的实体关系。这样，在执行查询时，JPA 会根据这个实体关系图自动加载这些属性，从而避免了额外的 SQL 查询。

任务 3　获取关注用户的文章列表

　　在通常的博客平台上，用户通常可以关注其他用户，以便获取他们关注用户的最新文章。因此，为了实现这种用户关注关系，RealWorld 博客也包含了获取关注用户的文章列表的功能。

　　通过获取关注用户的文章列表，用户可以方便地浏览他们关注的作者的最新文章，并及时了解到他们的更新。这对于用户社交互动、发现新的内容和保持与感兴趣作者的联系都非常有价值。

　　实现这个功能通常需要在用户关注关系的基础上构建，通过查询关注列表和相关作者的文章来获取关注用户的文章列表。这可以通过后端 API 的设计和数据库的查询来实现，同时也需要在前端界面中提供相应的交互和展示方式，以便用户能够方便地查看关注用户的文章列表。

18.3.1　获取关注用户的文章列表 API 功能

　　获取关注用户的文章列表 API 返回由当前用户关注的所有用户创建的最新文章列表，按最近优先进行排序。响应主体中包含文章的详细信息，包括 slug、标题、描述、内容、标签列表、创建时间、最后更新时间、作者信息、是否被当前用户点赞的布尔值以及该文章的总点赞数。

　　此 API 可用于显示由用户关注的其他用户发布的文章列表，以便用户可以跟踪他们关注的用户发布的内容。

18.3.2　获取关注用户的文章列表 API 规范

　　获取关注用户的文章列表 API 规范如下。

　　（1）接口：GET /api/articles/feed。

　　（2）描述：此接口用于获取当前用户的关注列表中作者的文章列表，按最近优先进行排序，默认返回全局文章。

　　（3）是否需要认证：需要。

　　（4）查询参数：

　　1）无：对返回结果不进行筛选。

　　2）?tag=AngularJS：按标签筛选。

3）?author=jake：按作者筛选。

4）?favorited=jake：按点赞用户筛选。

5）?limit=20：按列表长度（默认为 20）筛选。

6）?offset=0：按偏移位置（默认为 0）筛选。

（5）成功响应。

1）状态码：200。

2）响应体：

```
{
    "articles": [                          // 文章列表，每个元素表示一篇文章
      {
        "slug": "string",                  // 文章的唯一标识符
        "title": "string",                 // 文章的标题
        "description": "string",           // 文章的简介
        "body": "string",                  // 文章的正文内容
        "tagList": [                       // 文章的标签列表
          "string"
        ],
        "createdAt": "string",             // 文章的创建时间
        "updatedAt": "string",             // 文章的更新时间
        "favorited": true,                 // 当前用户是否已点赞该文章
        "favoritesCount": 0                // 文章被点赞的次数
        "author": {                        // 文章的作者信息
          "username": "string",            // 作者的用户名
          "bio": "string",                 // 作者的个人简介
          "image": "string",              // 作者的头像图片 URL
          "following": true                // 当前用户是否已关注该作者
        }
      }
    ],
    "articlesCount": 1
}
```

3）响应示例：

```
HTTP/1.1 200 OK
Content-Type: application/json; charset=utf-8

{
    "articles": [
      {
        "slug": "how-to-build-a-blog",
        "title": "How to build a blog from scratch",
        "description": "In this article, we will go over the basic steps for building a blog from scratch
using Java and Spring Boot.",
        "body": "Lorem ipsum dolor sit amet, consectetur adipiscing elit. Sed viverra tortor nec neque
sagittis scelerisque...",
```

```
        "tagList": [
            "Java",
            "Spring Boot",
            "Blog"
        ],
        "createdAt": "2022-03-12T08:00:00Z",
        "updatedAt": "2022-03-12T08:30:00Z",
        "favorited": true,
        "favoritesCount": 5,
        "author": {
            "username": "johndoe",
            "bio": "Software developer",
            "image": "https://example.com/images/johndoe.jpg",
            "following": true
        }
    },
    {

        "slug": "react-tutorial",
        "title": "React tutorial: Getting started with React",
        "description": "This tutorial will introduce you to the basics of React and how to get started with building your first React application.",
        "body": "Lorem ipsum dolor sit amet, consectetur adipiscing elit. Sed viverra tortor nec neque sagittis scelerisque...",
        "tagList": [
            "React",
            "JavaScript"
        ],
        "createdAt": "2022-03-10T09:00:00Z",
        "updatedAt": "2022-03-11T12:00:00Z",
        "favorited": false,
        "favoritesCount": 2,
        "author": {
            "username": "janedoe",
            "bio": "",
            "image": "https://example.com/images/janedoe.jpg",
            "following": false
        }
    }
    ],
    " articlesCount": 2
}
```

在上述示例中，请求头部分包含了用户的认证信息，响应体部分返回了两篇文章的详细信息（包括文章的标题、简介、正文、标签、创建时间、更新时间、被收藏次数等），以及文章作者的相关信息。

（6）错误响应：

1）状态码：401。

2）响应体：

```
{
    "message": "Unauthorized"
}
```

message：错误信息，表示请求未经过授权认证。

18.3.3 获取关注用户的文章列表 API 实现

1. 在 Articles 控制器类中添加方法

打开 domain.article.controller 包中的 ArticlesController 类，在其中添加 feedArticles 方法：

```
@GetMapping("/feed")
public ArticleDto.MultipleArticle feedArticles(
    @ModelAttribute @Valid FeedParams feedParams,
    @AuthenticationPrincipal AuthUserDetails authUserDetails
) {
    return ArticleDto.MultipleArticle.builder()
        .articles(articleService.feedArticles(authUserDetails, feedParams))
        .build();
}
```

这个方法使用@GetMapping 注解来映射 HTTP GET 请求，映射的 URL 路径为/feed。方法签名包含以下两个参数。

- @ModelAttribute @Valid FeedParams feedParams：使用@ModelAttribute 注解表示将 HTTP 请求参数绑定到 Java 对象中，并使用@Valid 注解表示需要进行参数校验。FeedParams 是一个自定义的 Java 对象，用于封装文章筛选条件，包括标签、作者、关键字、偏移量和限制数量等。
- @AuthenticationPrincipal AuthUserDetails authUserDetails：使用@AuthenticationPrincipal 注解表示需要获取当前用户的认证信息，并将其绑定到 AuthUserDetails 对象中。AuthUserDetails 是一个自定义的 Java 对象，用于封装用户认证信息，包括用户名、密码和权限等。

方法返回一个 ArticleDto.MultipleArticle 对象，其中包含了多篇文章的信息。ArticleDto.MultipleArticle 是一个自定义的 Java 对象，用于封装多篇文章的信息，包括文章总数和文章列表等。具体文章信息的获取通过调用 articleService.feedArticles(authUserDetails, feedParams)方法来实现，该方法会根据传入的文章筛选条件和用户认证信息，从数据库中获取符合条件的文章列表，并将其封装为 ArticleDto 对象返回。最终，所有的文章信息会被封装为 ArticleDto.MultipleArticle 对象，并返回给客户端。

2. 在 Articles 服务接口和类中添加方法

（1）打开 domain.article.service 包中的 ArticleService 类，在其中添加一个接口方法 feedArticles：

```
List<ArticleDto> feedArticles(final AuthUserDetails authUserDetails, final FeedParams feedParams);
```

（2）在 ArticleServiceImpl 类中添加 feedArticles 方法的实现：

```
private final FollowRepository followRepository;
```

```
@Override
public List<ArticleDto> feedArticles(AuthUserDetails authUserDetails, FeedParams feedParams) {
    List<Long> feedAuthorIds = followRepository
        .findByFollowerId(authUserDetails.getId())
        .stream()
        .map(FollowEntity::getFollowee)
        .map(BaseEntity::getId).collect(Collectors.toList());
    return articleRepository
        .findByAuthorIdInOrderByCreatedAtDesc(
            feedAuthorIds,
            PageRequest.of(feedParams.getOffset(),
            feedParams.getLimit())
        )
        .stream()
        .map(entity -> {
            List<FavoriteEntity> favorites = entity.getFavoriteList();
            Boolean favorited = favorites
            .stream()
            .anyMatch(favoriteEntity -> favoriteEntity
            .getUser().getId().equals(authUserDetails.getId())
        );
            int favoriteCount = favorites.size();
            return convertEntityToDto(entity, favorited, (long) favoriteCount, authUserDetails);
        })
        .collect(Collectors.toList());
}
```

这段代码用于获取符合给定筛选条件的文章列表，具体实现如下。

首先，通过调用 followRepository 的 findByFollowerId 方法，获取当前用户所关注的所有作者的 ID 列表，并将其封装为 List<Long>类型的列表。

然后，通过调用 articleRepository 的 findByAuthorIdInOrderByCreatedAtDesc 方法，根据作者 ID 列表和偏移量/限制数量等参数，从数据库中获取符合条件的文章数据，并将其封装为 List<ArticleEntity>类型的列表。

接着，对于每篇文章，通过调用实体类的 getFavoriteList 方法，获取所有的收藏信息并进行处理。具体来说，通过 stream API，筛选出当前用户是否收藏了这篇文章，并计算文章的总收藏数。将这些信息封装为 Boolean 类型的 favorited 和 int 类型的 favoriteCount 变量。

最后，通过调用 convertEntityToDto 方法，将每篇文章的信息封装为 ArticleDto 对象，并将所有的 ArticleDto 对象封装为 List<ArticleDto>类型的列表，并返回给调用者。

需要注意的是，feedArticles 方法的返回值类型是 List<ArticleDto>，因此每篇文章都需要转换为 ArticleDto 对象，并且需要处理文章的收藏信息。同时，这个方法需要传入当前用户的认证信息 AuthUserDetails 和文章的筛选条件 FeedParams 作为参数，以便在数据库中获取符合条件的文章数据。

任务 4 点赞与取消点赞

在博客平台中，用户经常有对文章进行点赞和取消点赞的需求。点赞是一种用户表达喜欢或支持文章的方式，而取消点赞则是用户撤销对文章的喜欢或支持。

因此，点赞和取消点赞作为用户与文章互动的一种方式，也被包括在 RealWorld 博客的功能之中。通过实现点赞和取消点赞功能，RealWorld 博客可以提供更丰富的用户互动体验，让用户能够表达对文章的喜爱和支持，并与其他用户进行交流和互动。

18.4.1 点赞与取消点赞 API 功能

当用户单击点赞按钮时，前端向后端发送请求，请求包含当前用户信息和博客文章信息。后端在数据库中记录用户对该文章的点赞状态，并更新文章的点赞数。成功响应后，前端更新页面上的点赞状态和点赞数。

当用户单击取消点赞按钮时，前端向后端发送请求，请求包含当前用户信息和博客文章信息。后端在数据库中删除用户对该文章的点赞记录，并更新文章的点赞数。成功响应后，前端更新页面上的点赞状态和点赞数。

在客户端发送点赞或取消点赞请求时，都需要在 URL 中指定文章的唯一标识符 slug。响应主体中返回文章的详细信息，包括当前用户是否已经点赞该文章的布尔值 favorited 以及该文章的总点赞数 favoritesCount。

点赞与取消点赞 API 可用于允许用户点赞或取消点赞文章，并显示每篇文章的点赞状态和总点赞数。

18.4.2 点赞 API 规范

点赞 API 规范如下。

（1）接口：POST /api/articles/:slug/favorite。

（2）描述：对指定文章点赞。

（3）是否需要认证：需要。

（4）请求参数：无。

（5）成功响应。

1）状态码：200。

2）响应体：一个包含文章点赞信息的 JSON 对象。例如：

```
{
    "article": {
        "id": 170519,
        "slug": "how-to-train-your-dragon",
        "title": "how-to-train-your-dragon",
        "description": "Ever wonder how?",
        "body": "It takes a Jacobian",
        "createdAt": "2022-10-09T13:46:24.264Z",
        "updatedAt": "2022-10-09T13:46:24.264Z",
```

```
        "authorId": 120863,
        "tagList": [
            "rerum",
            "maiores",
            "omnis",
            "quae"
        ],
        "author": {
            "username": "Anah Benešová",
            "bio": null,
            "image": "https://api.realworld.io/images/demo-avatar.png",
            "following": true。  // 当前用户是否关注了文章作者
        },
        // 点赞了该文章的用户列表
        "favoritedBy": [
            {
                "id": 257,
                "email": "clandy@gmail.com",
                "username": "clandy",
                "password":"$2a$10$Lo7jU0i7tQWs1rEmZw.f2ebNfiKzqPVZLRO8iPVmE1V84WGXQj/86",
                "image": "abc.jpg",
                "bio": "my bio",
                "demo": false
            },
            {
                "id": 147157,
                "email": "valeriyl@gmail.com",
                "username": "valeriyl",
                "password": "$2a$10$NhaXldFydT/cod4QfcsBQet77xK4h3Nuv/O6U58T40gEeaml3IuWG",
                "image": "https://api.realworld.io/images/smiley-cyrus.jpeg",
                "bio": null,
                "demo": false
            }
        ],
        "favorited": true,   // 当前用户是否点赞了该文章
        "favoritesCount": 2   //文章的点赞总数
    }
}
```

（6）错误响应：

可能会返回以下错误之一：401、404、422、500。

1）状态码：401。

响应体：

```
{
    "message": "Unauthorized"
}
```

message：错误信息，表示请求未经过授权认证。

2）状态码：404。

响应体：

```
{
    "message": "Article not found"
}
```

message：错误信息，找不到指定的文章。

3）状态码：422。

响应体：

```
{
    "message": "Invalid parameters"
}
```

message：错误信息，请求参数错误，如 slug 参数为空或格式不正确。

4）状态码：500。

响应体：

```
{
    "message": "Internal server err"
}
```

message：错误信息，服务器内部错误，无法处理请求。

18.4.3 取消点赞 API 规范

当用户单击取消点赞按钮时，前端向后端发送请求，请求包含当前用户信息和博客文章信息。后端在数据库中删除用户对该文章的点赞记录，并更新文章的点赞数。成功响应后，前端更新页面上的点赞状态和点赞数。

取消点赞 API 规范如下。

（1）接口：DELETE /api/articles/:slug/favorite。

（2）描述：对指定文章取消点赞。

（3）是否需要认证：需要。

（4）请求参数：无。

（5）其余内容请参考点赞 API 规范。

18.4.4 点赞与取消点赞 API 实现

1. 在 Articles 控制器类中添加方法

打开 domain.article.controller 包中的 ArticlesController 类，在其中添加 favoriteArticle 方法和 unfavoriteArticle 方法：

```
@PostMapping("/{slug}/favorite")
public ArticleDto.SingleArticle<ArticleDto> favoriteArticle(
    @PathVariable String slug,
    @AuthenticationPrincipal AuthUserDetails authUserDetails
) {
    return new ArticleDto.SingleArticle<>(articleService.favoriteArticle(slug, authUserDetails));
}
```

```
@DeleteMapping("/{slug}/favorite")
public ArticleDto.SingleArticle<ArticleDto> unfavoriteArticle(
    @PathVariable String slug,
    @AuthenticationPrincipal AuthUserDetails authUserDetails
) {
    return new ArticleDto.SingleArticle<>(articleService.unfavoriteArticle(slug, authUserDetails));
}
```

2．在 Articles 服务接口和类中添加方法

（1）打开 domain.article.service 包中的 ArticleService 接口，在其中添加两个接口方法：

```
ArticleDto favoriteArticle(final String slug, final AuthUserDetails authUserDetails);
ArticleDto unfavoriteArticle(final String slug, final AuthUserDetails authUserDetails);
```

（2）打开 domain.article.service 包中的 ArticleServiceImpl 类，在其中添加两个方法：

```
@Transactional
@Override
public ArticleDto favoriteArticle(String slug, AuthUserDetails authUserDetails) {
    ArticleEntity found = articleRepository
        .findBySlug(slug)
        .orElseThrow(() -> new AppException(Error.ARTICLE_NOT_FOUND));
    favoriteRepository
        .findByArticleIdAndUserId(found.getId(), authUserDetails.getId())
        .ifPresent(favoriteEntity -> {
            throw new AppException(Error.ALREADY_FAVORITED_ARTICLE);}
        );
    FavoriteEntity favorite = FavoriteEntity.builder()
        .article(found)
        .user(UserEntity.builder().id(authUserDetails.getId()).build())
        .build();
    favoriteRepository.save(favorite);
    return getArticle(slug, authUserDetails);
}


@Transactional
@Override
public ArticleDto unfavoriteArticle(String slug, AuthUserDetails authUserDetails) {
    ArticleEntity found = articleRepository
        .findBySlug(slug)
        .orElseThrow(() -> new AppException(Error.ARTICLE_NOT_FOUND));
    FavoriteEntity favorite = found.getFavoriteList().stream()
        .filter(favoriteEntity -> favoriteEntity.getArticle().getId().equals(found.getId())
                && favoriteEntity.getUser().getId().equals(authUserDetails.getId())).findAny()
        .orElseThrow(() -> new AppException(Error.FAVORITE_NOT_FOUND));
    found.getFavoriteList().remove(favorite);     // cascade REMOVE
    return getArticle(slug, authUserDetails);
}
```

这段代码实现点赞和取消点赞的功能。其中，favoriteArticle 方法用于点赞，unfavoriteArticle 方法用于取消点赞，以下是对代码的详细分析。

- @Transactional：使用事务管理器保证方法执行的原子性，确保点赞和取消点赞操作的一致性。
- articleRepository.findBySlug(slug)：根据 slug 从数据库中查找对应的文章，若不存在，则抛出 ARTICLE_NOT_FOUND 异常。
- favoriteRepository.findByArticleIdAndUserId(found.getId(), authUserDetails.getId())：根据文章 id 和用户 id 查找该用户是否已经点过赞，若已经点过赞，则抛出 ALREADY_FAVORITED_ARTICLE 异常。
- FavoriteEntity favorite：创建一个 FavoriteEntity 对象，表示点赞的信息。
- favoriteRepository.save(favorite)：将点赞信息保存到数据库中。
- getArticle(slug, authUserDetails)：获取指定 slug 的文章，并返回文章的详细信息。
- unfavoriteArticle 方法的实现与 favoriteArticle 类似，不同的是它用于取消点赞，首先从数据库中查找指定 slug 的文章，然后根据文章 id 和用户 id 查找到点赞的 FavoriteEntity 对象，并将其从文章的点赞列表中移除，最后返回该文章的详细信息。

3. Repository

添加 FavoriteRepository 类：

```
@Repository
public interface FavoriteRepository extends JpaRepository<FavoriteEntity, Long> {
    Optional<FavoriteEntity> findByArticleIdAndUserId(Long articleId, Long userId);
}
```

这段代码是一个 JPA Repository 接口，定义了对数据库中 FavoriteEntity 表进行操作的方法。该接口继承了 JpaRepository 接口，因此可以使用其中定义的通用 CRUD 操作方法，如 save、delete、findById 等。

除此之外，该接口还定义了一个自定义的方法 findByArticleIdAndUserId，通过 articleId 和 userId 来查找 FavoriteEntity 实体对象。这个方法返回一个 Optional 对象，代表可能不存在匹配的 FavoriteEntity 记录。

该接口使用了 @Repository 注解，用于告诉 Spring 容器将它识别为一个 Bean，并且需要进行依赖注入。

任务 5　文 章 评 论

18.5.1　文章评论 API 功能

文章评论 API 的作用是允许用户在已发布的文章下面添加评论，以及获取已发布的评论。具体来说，文章评论 API 可以实现以下功能。

1. 添加评论

允许用户在指定的文章下面添加评论，包括评论内容、评论者信息等。该功能可以通过 HTTP POST 请求实现。

2. 获取评论

允许用户获取指定文章下面已经发布的所有评论，包括评论内容、评论者信息等。该功能可以通过 HTTP GET 请求实现。

3. 删除评论

允许文章作者或者管理员删除指定的评论。该功能可以通过 HTTP DELETE 请求实现。

文章评论 API 接口提供了基础的评论功能，并且可以通过扩展实现更复杂的功能，例如更新评论、评论点赞、评论回复等。

18.5.2 文章评论 API 规范

评论列表 API 规范如下。

（1）接口：GET /api/articles/:slug/comments。

（2）描述：获取指定文章的评论列表。

（3）是否需要认证：可选。

（4）请求参数：文章的唯一标识符 slug，必填。

（5）响应格式：

```
{
  "comments": [
    {
      "id": 123,
      "createdAt": "2023-04-23T10:20:30Z",
      "updatedAt": "2023-04-23T10:20:30Z",
      "body": "这是一条评论",
      "author": {
        "username": "user1",
        "bio": "这是 user1 的简介",
        "image": "https://example.com/user1.png",
        "following": false
      }
    },
    ...
  ]
}
```

追加评论 API 规范如下。

（1）接口：POST /api/articles/:slug/comments。

（2）描述：对指定文章发表评论 。

（3）是否需要认证：需要。

（4）请求参数：

1）slug：文章的唯一标识符，必填。

2）comment.body：评论的内容，必填。

（5）响应格式：

```
{
  "comment": {
```

```
        "id": 123,
        "createdAt": "2023-04-23T10:20:30Z",
        "updatedAt": "2023-04-23T10:20:30Z",
        "body": "这是一条评论",
        "author": {
          "username": "user1",
          "bio": "这是 user1 的简介",
          "image": "https://example.com/user1.png",
          "following": false
        }
    }
}
```

删除评论 API 规范如下。

（1）接口：DELETE /api/articles/:slug/comments/:id。

（2）描述：删除指定文章的指定评论。

（3）是否需要认证：需要。

（4）请求参数：

1）slug：文章的唯一标识符，必填。

2）id：评论的唯一标识符，必填。

（5）响应格式：

```
{
    "message": "删除成功"
}
```

18.5.3 文章评论 API 的实现

1. controller 的实现

文章评论 API 的实现

```java
@PostMapping("/{slug}/comments")
public CommentDto.SingleComment addCommentsToAnArticle(
        @PathVariable String slug,
        @RequestBody @Valid CommentDto.SingleComment comment,
        @AuthenticationPrincipal AuthUserDetails authUserDetails
) {
    return CommentDto.SingleComment.builder()
            .comment(commentService
            .addCommentsToAnArticle(slug, comment.getComment(), authUserDetails)
            )
            .build();
}


@DeleteMapping("/{slug}/comments/{commentId}")
public void deleteComment(
        @PathVariable("slug") String slug,
        @PathVariable("commentId") Long commentId,
        @AuthenticationPrincipal AuthUserDetails authUserDetails
```

```
        ) {
            commentService.delete(slug, commentId, authUserDetails);
        }


        @GetMapping("/{slug}/comments")
        public CommentDto.MultipleComments getCommentsFromAnArticle(
            @PathVariable String slug,
            @AuthenticationPrincipal AuthUserDetails authUserDetails
        ) {
            return CommentDto.MultipleComments.builder()
                    .comments(commentService.getCommentsBySlug(slug, authUserDetails))
                    .build();
        }
```

上面的代码包含了添加评论、删除评论和获取评论列表 3 个接口。其中：

- @PostMapping("/{slug}/comments")表示添加评论接口，使用 POST 请求，请求参数中包含博客文章的 slug 和一个 CommentDto.SingleComment 类型的评论对象。
- @DeleteMapping("/{slug}/comments/{commentId}")表示删除评论接口，使用 DELETE 请求，请求参数中包含博客文章的 slug 和评论的 ID。
- @GetMapping("/{slug}/comments")表示获取评论列表接口，使用 GET 请求，请求参数中包含博客文章的 slug。

这些接口都需要验证用户身份，通过@AuthenticationPrincipal 注解将 AuthUserDetails 对象注入方法中，以获取当前登录用户的信息。通过调用 CommentService 中的对应方法实现相关功能。

2. service

（1）CommentService.java 的内容如下：

```
public interface CommentService {
    CommentDto addCommentsToAnArticle(
        final String slug,
        final CommentDto comment,
        final AuthUserDetails authUserDetails
    );
    void delete(final String slug, final Long commentId, final AuthUserDetails authUserDetails);
    List<CommentDto> getCommentsBySlug(final String slug, final AuthUserDetails authUserDetails);
}
```

上面的代码是一个名为 CommentService 的接口，其中定义了以下 3 个抽象方法。

- addCommentsToAnArticle 方法用于添加一条评论到指定文章，需要传入文章 slug、评论对象 comment 以及当前登录用户的认证信息 authUserDetails，并返回添加成功后的评论对象。
- delete 方法用于删除指定文章下的一条评论，需要传入文章 slug、评论 ID 以及当前登录用户的认证信息 authUserDetails，无返回值。
- getCommentsBySlug 方法用于获取指定文章下的所有评论，需要传入文章 slug 以及当，前登录用户的认证信息 authUserDetails，并返回评论对象列表，其类型为 List<CommentDto>。

（2）CommentServiceImpl. java 的内容如下：

```java
@Service
@RequiredArgsConstructor
public class CommentServiceImpl implements CommentService {
    private final ArticleRepository articleRepository;
    private final CommentRepository commentRepository;
    private final ProfileService profileService;

    @Transactional
    @Override
    public CommentDto addCommentsToAnArticle(String slug, CommentDto comment,
AuthUserDetails authUserDetails) {
        ArticleEntity articleEntity = articleRepository
            .findBySlug(slug)
            .orElseThrow(() -> new AppException(Error.ARTICLE_NOT_FOUND));
        CommentEntity commentEntity = CommentEntity.builder()
            .body(comment.getBody())
            .author(UserEntity.builder()
                    .id(authUserDetails.getId())
                    .build())
            .article(articleEntity)
            .build();
        commentRepository.save(commentEntity);

        return convertToDTO(authUserDetails, commentEntity);
    }

    @Transactional
    @Override
    public void delete(String slug, Long commentId, AuthUserDetails authUserDetails) {
        Long articleId = articleRepository
            .findBySlug(slug)
            .map(BaseEntity::getId)
            .orElseThrow(() -> new AppException(Error.ARTICLE_NOT_FOUND));

        CommentEntity commentEntity = commentRepository.findById(commentId)
                .filter(comment -> comment.getArticle().getId().equals(articleId))
                .orElseThrow(() -> new AppException(Error.COMMENT_NOT_FOUND));

        commentRepository.delete(commentEntity);
    }

    @Override
    public List<CommentDto> getCommentsBySlug(String slug, AuthUserDetails authUserDetails) {
        Long articleId = articleRepository
            .findBySlug(slug)
```

```
            .map(BaseEntity::getId)
            .orElseThrow(() -> new AppException(Error.ARTICLE_NOT_FOUND)));

        List<CommentEntity> commentEntities = commentRepository.findByArticleId(articleId);
        return commentEntities
            .stream()
            .map(commentEntity -> convertToDTO(authUserDetails, commentEntity))
            .collect(Collectors.toList());
    }

    private CommentDto convertToDTO(
        AuthUserDetails authUserDetails,
        CommentEntity commentEntity
    ) {
        ProfileDto author = profileService
            .getProfileByUserId(commentEntity.getAuthor().getId(), authUserDetails);
        return CommentDto.builder()
                .id(commentEntity.getId())
                .createdAt(commentEntity.getCreatedAt())
                .updatedAt(commentEntity.getUpdatedAt())
                .body(commentEntity.getBody())
                .author(author)
                .build();
    }
}
```

CommentServiceImpl 是一个用于评论文章的服务实现类，主要包括添加评论、删除评论和获取文章评论的方法。

- 在 CommentServiceImpl 类上，使用了@Service 注解将该类标记为 Spring 的服务类，并使用了@RequiredArgsConstructor 注解为类自动生成构造函数，以便注入该类需要的依赖。
- 该类的构造函数注入了 ArticleRepository、CommentRepository 和 ProfileService 这 3 个依赖。
- 在 addCommentsToAnArticle 方法中，将文章 slug、评论、用户认证信息作为参数，并通过 ArticleRepository 查询对应的文章，构建评论实体，并保存到 CommentRepository 中，最后将评论实体转换为评论数据传输对象返回。
- 在 delete 方法中，将文章 slug、评论 ID、用户认证信息作为参数，并通过 ArticleRepository 查询对应的文章，然后从 CommentRepository 中查询要删除的评论实体，确保该评论实体属于该文章，并删除该评论实体。
- 在 getCommentsBySlug 方法中，将文章 slug、用户认证信息作为参数，并通过 ArticleRepository 查询对应的文章，然后从 CommentRepository 中查询对应文章的评论列表，并将评论实体转换为评论数据传输对象返回。

3. dto

编写 CommentDto.java，内容如下：

```
@Getter
@Builder
@NoArgsConstructor
@AllArgsConstructor
public class CommentDto {
    private Long id;
    private LocalDateTime createdAt;
    private LocalDateTime updatedAt;
    @NotNull
    private String body;
    private ProfileDto author;

    @Getter
    @Builder
    @NoArgsConstructor
    @AllArgsConstructor
    public static class SingleComment {
        CommentDto comment;
    }

    @Getter
    @Builder
    @NoArgsConstructor
    @AllArgsConstructor
    public static class MultipleComments {
        List<CommentDto> comments;
    }
}
```

这是一个包含 3 个类的 DTO：CommentDto、SingleComment 和 MultipleComments。

- CommentDto 是一个具有评论信息的 DTO，包含 id、创建时间、更新时间、评论内容和作者信息。其中，author 是一个 ProfileDto 类型的对象，包含了评论作者的详细信息。
- SingleComment 是一个简单的 DTO，它包含一个 CommentDto 对象，用于表示单个评论。
- MultipleComments 是一个 DTO，用于表示多个评论，它包含一个 List<CommentDto> 类型的对象，即一个评论列表。

4. entity

编写 CommentEntity.java，内容如下：

```
@Getter
@Builder
@NoArgsConstructor
@AllArgsConstructor
@Entity
@Table(name = "comments")
@NamedEntityGraph(name = "fetch-author", attributeNodes = @NamedAttributeNode("author"))
public class CommentEntity extends BaseEntity {
    @Column(nullable = false)
```

```
        private String body;

        @ManyToOne(fetch = FetchType.LAZY)
        @JoinColumn(name = "author_id", nullable = false)
        private UserEntity author;

        @ManyToOne(fetch = FetchType.LAZY)
        @JoinColumn(name = "article_id", nullable = false)
        private ArticleEntity article;
    }
```

这段代码定义了一个名为CommentEntity的JPA实体类,用于映射到数据库中的comments表。该实体类包含了 body、author 和 article 这 3 个属性,分别对应数据库表中的 body、author_id 和 article_id 这 3 个字段。其中,author 和 article 属性都使用了@ManyToOne 注解,表示它们与另外两个实体类 UserEntity 和 ArticleEntity 之间存在多对一的关系。在这里,author 属性关联到 UserEntity 实体类的 id 字段,而 article 属性则关联到 ArticleEntity 实体类的 id 字段。

此外, CommentEntity 实体类还使用了 @NamedEntityGraph 注解来定义一个名为 fetch-author 的实体图,用于在检索 CommentEntity 实体时,同时将其关联的 author 属性一并检索出来,以避免懒加载导致的额外数据库查询。

5. repository

编写 CommentRepository.java,内容如下:

```
@Repository
public interface CommentRepository extends JpaRepository<CommentEntity, Long> {
    @EntityGraph("fetch-author")
    List<CommentEntity> findByArticleId(Long articleId);
}
```

这是一个 Spring Data JPA 的 Repository 接口,用于管理评论实体(CommentEntity)对象的持久化操作。这个接口继承了 JpaRepository,因此可以直接使用 JpaRepository 中定义好的常用数据操作方法,如 save、delete、findById 等。

在这个接口中,定义了一个名为 findByArticleId 的方法,该方法根据文章的 ID(articleId)查询对应的所有评论实体。在这个方法上还添加了一个@EntityGraph 注解,这个注解表示查询结果会关联查询出对应评论实体的作者(即 UserEntity 实体)。这样可以减少查询数据库的次数,提高查询性能。

任务 6　对文章进行 CRUD 操作

RealWorld 博客项目的文章 CRUD 接口是整个项目的核心功能之一,它提供了创建、读取、更新和删除文章的能力,使用户可以方便快捷地操作文章。

18.6.1　相关 API 功能

1. 创建文章

在创建文章时,需要向后端 API 发送一个 POST 请求,并将文章的标题、内容、标签等信息作为参数传递给后端。后端接收到请求后,需要将文章的信息存储到数据库中,并返回创建的文章的 ID 和其他相关信息给客户端。

2. 读取文章

在读取文章时，需要向后端 API 发送一个 GET 请求，并指定要读取的文章的 ID。后端接收到请求后，需要从数据库中读取对应 ID 的文章，并返回文章的信息给客户端。

3. 更新文章

在更新文章时，需要向后端 API 发送一个 PUT 请求，并指定要更新的文章的 ID，同时将文章的新信息作为参数传递给后端。后端接收到请求后，需要从数据库中读取对应 ID 的文章，更新文章的信息，并将更新后的文章信息返回给客户端。

4. 删除文章

在删除文章时，需要向后端 API 发送一个 DELETE 请求，并指定要删除的文章的 ID。后端接收到请求后，需要从数据库中删除对应 ID 的文章，并返回删除操作的结果给客户端。

18.6.2　相关 API 规范

1. 获取指定文章详情的 API 规范

获取指定文章详情的 API 规范如下。

（1）接口：GET /api/articles/:slug。

（2）描述：此接口用于根据文章的 slug 获取文章详情。

（3）是否需要认证：不需要。

（4）请求传参：

1）路径参数：

● slug（string 类型）：表示文章的唯一标识符。

2）查询参数：无。

（5）响应参数：

articles：文章列表（object 类型）。

● slug：文章的 slug（string 类型）。

● title：文章的标题（string 类型）。

● description：文章的描述（string 类型）。

● body：文章的正文（string 类型）。

● tagList：文章的标签列表（array 类型，元素为 string 类型）。

● createdAt：文章的创建时间（string 类型，格式为 ISO 8601 标准时间格式）。

● updatedAt：文章的更新时间（string 类型，格式为 ISO 8601 标准时间格式）。

● favorited：该文章是否被当前用户点赞（boolean 类型）。

● favoritesCount：该文章被多少个用户点赞（integer 类型）。

● author：文章的作者信息（object 类型）。

　　➤ username：作者的用户名（string 类型）。

　　➤ bio：作者的个人简介（string 类型）。

　　➤ image：作者的头像链接（string 类型）。

　　➤ following：当前用户是否关注了该作者（boolean 类型）。仅在用户已经登录的情况下返回该字段。

- articlesCount：文章的总数。

（6）响应状态码：

1）200：请求成功，返回文章列表。

2）401 或 403：请求未被授权或 Forbidden（仅当需要身份认证，但用户未登录时）。

3）404：请求的资源不存在。

2. 创建新文章的 API 规范

创建新文章的 API 规范如下。

（1）接口：POST /api/articles。

（2）描述：此接口用于创建一篇新文章。

（3）是否需要认证：需要。需添加 Authorization 请求头，值为 token <token>。

（4）请求传参：

1）路径参数：无。

2）查询参数：无。

3）请求体参数：article（object 类型）。

- title：文章的标题（string 类型）。
- description：文章的简介（string 类型）。
- body：文章的正文（string 类型）。
- tagList：文章的标签列表（array 类型，元素为 string 类型）。

（5）响应参数：

article：文章详情（object 类型）。

- slug：文章的唯一标识符（string 类型）。
- title：文章的标题（string 类型）。
- description：文章的描述（string 类型）。
- body：文章的正文（string 类型）。
- tagList：文章的标签列表（array 类型，元素为 string 类型）。
- createdAt：文章的创建时间（string 类型，格式为 ISO 8601 标准时间格式）。
- updatedAt：文章的更新时间（string 类型，格式为 ISO 8601 标准时间格式）。
- favorited：该文章是否被当前用户点赞（boolean 类型）。
- favoritesCount：该文章被多少个用户点赞（integer 类型）。
- author：文章的作者信息（object 类型）。
  - ➢ username：作者的用户名（string 类型）。
  - ➢ bio：作者的个人简介（string 类型）。
  - ➢ image：作者的头像链接（string 类型）。
  - ➢ following：当前用户是否关注了该作者（boolean 类型）。仅在用户已经登录的情况下返回该字段。

（6）响应状态码：

1）200：请求成功，返回文章。

2）401 或 403：请求未被授权或禁止访问（仅当需要身份认证，但用户未登录时）。

3）404：请求的资源不存在。

3. 更新指定文章的 API 规范

更新文章的 API 规范如下。

（1）接口：PUT /api/articles/:slug。

（2）描述：此接口用于更新指定的文章。

（3）是否需要认证：需要。需添加 Authorization 请求头，值为 token <token>。

（4）请求传参：

1）路径参数：slug。

2）查询参数：无。

3）请求体参数：

- article（object 类型），可选更新字段如下。
  - ➢ title：文章的标题（string 类型），会导致 slug 随着更新。
  - ➢ description：文章的简介（string 类型）。
  - ➢ body：文章的正文（string 类型）。

（5）响应参数：

article：更新后的文章详情（object 类型）。

- slug：文章的 slug（string 类型）。
- title：文章的标题（string 类型）。
- description：文章的描述（string 类型）。
- body：文章的正文（string 类型）。
- tagList：文章的标签列表（array 类型，元素为 string 类型）。
- createdAt：文章的创建时间（string 类型，格式为 ISO 8601 标准时间格式）。
- updatedAt：文章的更新时间（string 类型，格式为 ISO 8601 标准时间格式）。
- favorited：该文章是否被当前用户点赞（boolean 类型）。
- favoritesCount：该文章被多少个用户点赞（integer 类型）。
- author：文章的作者信息（object 类型）。
  - ➢ username：作者的用户名（string 类型）。
  - ➢ bio：作者的个人简介（string 类型）。
  - ➢ image：作者的头像链接（string 类型）。
  - ➢ following：当前用户是否关注了该作者（boolean 类型）。仅在用户已经登录的情况下返回该字段。

（6）响应状态码：

- 200：请求成功，返回文章。
- 401 或 403：请求未被授权或禁止访问（仅当需要身份认证，但用户未登录时）。
- 404：请求的资源不存在。

4. 删除指定文章的规范

（1）接口：DELETE /api/articles/:slug。

（2）描述：此接口用于删除指定的文章。

（3）是否需要认证：需要。需添加 Authorization 请求头，值为 token <token>。

（4）请求传参：

1）路径参数：slug。

2）查询参数：无。

（5）响应参数：

1）成功：不返回任何实体内容。

2）失败：空对象。

（6）响应状态码：

1）204：删除请求成功，但是不需要返回任何实体内容。

2）401 或 403：请求未被授权或禁止访问（仅当需要身份认证，但用户未登录时）。

3）404：请求的资源不存在。

18.6.3　相关 API 的实现

1．为 article 控制器类添加方法

在 domain.article.controller 包中找到 ArticlesController 类，添加 4 个用于 CRUD 的方法，分别如下：

```
public class ArticlesController {
    //属性
    // ......

    // 其他方法
    // ......

    @PostMapping
    public ArticleDto.SingleArticle<ArticleDto> createArticle(
        @Valid @RequestBody ArticleDto.SingleArticle<ArticleDto> article,
        @AuthenticationPrincipal AuthUserDetails authUserDetails) {
      return new ArticleDto.SingleArticle<>(
        articleService.createArticle(article.getArticle(), authUserDetails)
        );
    }

    @GetMapping("/{slug}")
    public ArticleDto.SingleArticle<ArticleDto> getArticle(
        @PathVariable String slug,
        @AuthenticationPrincipal AuthUserDetails authUserDetails
    ) {
        return new ArticleDto.SingleArticle<>(articleService.getArticle(slug, authUserDetails));
    }

    @PutMapping("/{slug}")
    public ArticleDto.SingleArticle<ArticleDto> createArticle(
        @PathVariable String slug,
        @Valid @RequestBody ArticleDto.SingleArticle<ArticleDto.Update> article,
        @AuthenticationPrincipal AuthUserDetails authUserDetails
    ) {
```

```
                    return new ArticleDto
                        .SingleArticle<>(articleService.updateArticle(slug, article.getArticle(), authUserDetails));
            }

            @DeleteMapping("/{slug}")
            public void deleteArticle(
                @PathVariable String slug,
                @AuthenticationPrincipal AuthUserDetails authUserDetails
            ) {
                articleService.deleteArticle(slug, authUserDetails);
            }
        }
```

2. 为 article 服务类添加方法

（1）在 ArticleService 接口中添加 4 个方法声明，分别对应控制器调用的用于 CRUD 的方法。添加之后的代码如下：

```
        public interface ArticleService {
            // 其他方法
            // ......

            ArticleDto createArticle(final ArticleDto article, final AuthUserDetails authUserDetails);
            ArticleDto getArticle(final String slug, final AuthUserDetails authUserDetails);
            ArticleDto updateArticle(final String slug, final ArticleDto.Update article, final AuthUserDetails
        authUserDetails);
            void deleteArticle(final String slug, final AuthUserDetails authUserDetails);
        }
```

这 4 个方法的作用如下。

- createArticle：创建一篇文章，需要传入一个 ArticleDto 类型的参数和一个 AuthUserDetails 类型的参数，返回一个 ArticleDto 类型的结果。
- getArticle：获取一篇文章，需要传入一个字符串类型的参数和一个 AuthUserDetails 类型的参数，返回一个 ArticleDto 类型的结果。
- updateArticle：更新一篇文章，需要传入一个字符串类型的参数、一个 ArticleDto.Update 类型的参数和一个 AuthUserDetails 类型的参数，返回一个 ArticleDto 类型的结果。
- deleteArticle：删除一篇文章，需要传入一个字符串类型的参数和一个 AuthUserDetails 类型的参数，无返回值。

其中，每个方法都需要传入一个 AuthUserDetails 类型的参数，用于进行权限控制。

（2）实现 ArticleService 接口。在 ArticleService 接口的实现类 ArticleServiceImpl 中实现上面的 4 个方法，代码如下：

```
        @Service
        @RequiredArgsConstructor
        public class ArticleServiceImpl implements ArticleService {
            private final ArticleRepository articleRepository;
            private final FollowRepository followRepository;
            private final FavoriteRepository favoriteRepository;
```

```
        private final ProfileService profileService;

        @Transactional
        @Override
        public ArticleDto createArticle(ArticleDto article, AuthUserDetails authUserDetails) {
            String slug = String.join("-", article.getTitle().split(" "));
            UserEntity author = UserEntity.builder()
                    .id(authUserDetails.getId())
                    .build();
            ArticleEntity articleEntity = ArticleEntity.builder()
                    .slug(slug)
                    .title(article.getTitle())
                    .description(article.getDescription())
                    .body(article.getBody())
                    .author(author)
                    .build();
            List<ArticleTagRelationEntity> tagList = new ArrayList<>();
            for (String tag: article.getTagList()) {
                tagList.add(ArticleTagRelationEntity.builder().article(articleEntity).tag(tag).build());
            }
            articleEntity.setTagList(tagList);

            articleEntity = articleRepository.save(articleEntity);
            return convertEntityToDto(articleEntity, false, 0L, authUserDetails);
        }

        @Override
        public ArticleDto getArticle(String slug, AuthUserDetails authUserDetails) {
            ArticleEntity found = articleRepository
                .findBySlug(slug)
                .orElseThrow(() -> new AppException(Error.ARTICLE_NOT_FOUND));
            List<FavoriteEntity> favorites = found.getFavoriteList();
            Boolean favorited = favorites
                .stream()
                .anyMatch(favoriteEntity -> favoriteEntity
                    .getUser().getId().equals(authUserDetails.getId())
                );
            int favoriteCount = favorites.size();
            return convertEntityToDto(found, favorited, (long) favoriteCount, authUserDetails);
        }

        @Transactional
        @Override
        public ArticleDto updateArticle(String slug, ArticleDto.Update article, AuthUserDetails authUserDetails) {
            ArticleEntity found = articleRepository
                .findBySlug(slug)
```

```
                    .filter(entity -> entity
                        .getAuthor().getId()
                        .equals(authUserDetails.getId())
                    )
                    .orElseThrow(() -> new AppException(Error.ARTICLE_NOT_FOUND));
                if (article.getTitle() != null) {
                    String newSlug = String.join("-", article.getTitle().split(" "));
                    found.setTitle(article.getTitle());
                    found.setSlug(newSlug);
                }
                if (article.getDescription() != null) {
                    found.setDescription(article.getDescription());
                }
                if (article.getBody() != null) {
                    found.setBody(article.getBody());
                }
                articleRepository.save(found);
                return getArticle(slug, authUserDetails);
            }
            @Transactional
            @Override
            public void deleteArticle(String slug, AuthUserDetails authUserDetails) {
                ArticleEntity found = articleRepository
                    .findBySlug(slug)
                    .filter(entity -> entity.getAuthor().getId().equals(authUserDetails.getId()))
                    .orElseThrow(() -> new AppException(Error.ARTICLE_NOT_FOUND));
                articleRepository.delete(found);
            }
        }
```

ArticleServiceImpl 类实现了 ArticleService 接口。该类提供了创建、获取、更新和删除文章的服务。下面对代码进行详细分析。

- createArticle 方法：用于创建一篇新文章。它接收两个参数：article 和 authUserDetails，articleDto 包含文章的信息，authUserDetails 包含用户的认证信息。该方法首先将文章标题中的空格替换为连字符，并构建了一个 UserEntity 对象作为文章的作者，接着使用 ArticleEntity.builder()创建一个新的 ArticleEntity 对象，并将其保存到数据库中。最后，该方法将 ArticleEntity 对象转换为 ArticleDto 对象并返回。

- getArticle 方法：用于获取一篇文章。它接收两个参数：文章的 slug 和用户的认证信息。该方法首先从数据库中查找指定 slug 的文章，然后获取该文章的点赞列表，并检查当前用户是否已经点赞该文章。最后，该方法将 ArticleEntity 对象转换为 ArticleDto 对象并返回。

- updateArticle 方法：用于更新一篇文章。它接收 3 个参数：文章的 slug、ArticleDto.Update 对象和用户的认证信息。该方法首先从数据库中查找指定 slug 的文章，并验证当前用户是否是该文章的作者。然后，它根据传入的 ArticleDto.Update 对象更新文章的标题、描述和正文，并将更新后的文章保存到数据库中。最后，该方法调用 getArticle 方法获取更新后的文章并返回。

● deleteArticle 方法：用于删除一篇文章。它接收两个参数：文章的 slug 和用户的认证信息。该方法首先从数据库中查找指定 slug 的文章，并验证当前用户是否是该文章的作者。然后，它删除该文章并返回。

为什么更新和删除要分两步完成呢？以删除方法为例，首先调用 articleRepository.findBySlug(slug)方法查询文章实体对象，然后通过 Java 8 中的 Optional.filter()方法筛选出该文章是否属于当前用户，若是则执行 articleRepository.delete(found)方法删除该文章。

在实际应用中，查询和删除可能需要在不同的数据库表中进行，因此需要分为两步来操作。此外，这种方式还可以防止误删数据，例如，如果不进行权限验证，就可能会误删其他作者的文章。

另外，即使查询和删除都在同一个表中进行，也不能直接进行一次性操作。因为在并发环境下，其他事务可能正在访问同一行数据，如果直接进行一次性操作可能会导致数据不一致性问题。因此，在事务中，先查询需要删除的数据，然后进行删除操作，可以保证数据的一致性。

在更新数据时，JPA 提供了以上两种方式。

直接使用 JPA 提供的更新方法进行更新，例如使用 CrudRepository 的 save 方法或@Modifying 和@Query 注解来执行 JPQL 更新语句，这种方式直接操作数据库，可以有效地提高更新效率。但是，这种方式可能会丢失某些数据的变更历史，因此需要谨慎使用。

先查询出数据保存到对象，更新对象后再通过 JPA 提供的 save 方法进行保存，这种方式更加安全可靠，可以保留所有数据的变更历史，但是需要多次数据库访问，会降低更新效率。

在按条件更新时，如果需要保留所有数据的变更历史，建议使用第二种方式，即先查询出数据保存到对象，更新对象后再保存到数据库。这种方式可以使用 JPA 提供的查询方法或者 JPQL 查询语句来查询数据，并通过 JPA 提供的 save 方法来更新数据。

例如，假设需要更新一个 User 实体类的某些属性，可以先使用 JPA 提供的查询方法查询出符合条件的实体，然后更新相应的属性，最后通过 JPA 提供的 save 方法将更新后的实体保存到数据库中。具体代码示例如下：

```
User user = userRepository.findById(userId).orElseThrow(() -> new RuntimeException("User not found"));
user.setName("newName");
userRepository.save(user);
```

第四部分 RealWorld 项目打包和部署

本部分将重点介绍 RealWorld 项目的打包和部署过程，包括浏览器跨域访问资源的实现，无论是对于跨域问题还是项目的打包和部署，本部分内容都将为读者提供实用的解决方案和技术知识。帮助读者将项目实际应用到生产环境中。

本部分包括全书的最后两章：

- 第 19 章 跨域
- 第 20 章 打包和部署

第 19 章　跨　　域

本章介绍了跨域问题及其解决方案。任务包括前端跨域问题分析、基于反向代理的跨域实践以及基于 CORS（跨域资源共享）的跨域实践。通过理解跨域的概念和浏览器对跨域的限制，读者将学习如何实现跨域资源访问，并掌握基于反向代理和 CORS 的跨域解决方案。

任务 1　前端跨域问题分析
- 解释什么是跨域，包括同源策略和浏览器对跨域的限制。
- 探讨如何实现跨域资源访问，介绍常用的跨域解决方案。

任务 2　基于反向代理的跨域实践
- 分析开发环境下的跨域问题，并介绍基于反向代理的解决方案。
- 讨论生产环境下的跨域问题，并介绍如何配置反向代理来解决跨域。

任务 3　基于 CORS 的跨域实践
- 介绍 CORS 的概念和原理。
- 演示如何在 Spring Boot+Spring Security 项目中配置 CORS，以允许跨域访问。

任务 1　前端跨域问题分析

19.1.1　什么是跨域

浏览器从一个域名的网页去请求另一个域名的资源时，域名、端口和协议中任意有一个不同，都是跨域（cross-origin）。

图 19-1 是 MDN 官网上的一幅图，它展示了浏览器与 Web 服务端之间的同域和跨域交互过程。这里有两个域：domain-a.com 和 domain-b.com。主页（main page）来自 domain-a.com 域，在这个静态网页中，还包含了指向 layout.css 和 image.png 的链接，它们与首页一样，都来自 domain-a.com，在主页中还包含了两个来自 domain-b.com 域的资源：image.png 和 webfont.eot，浏览器对这两个资源的访问就属于跨域访问。

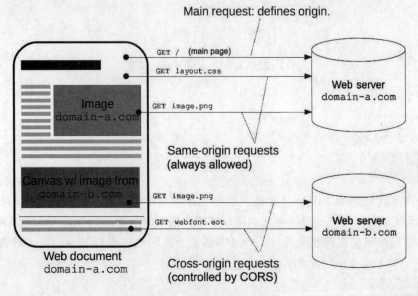

图 19-1　同域和跨域交互图

19.1.2　浏览器对跨域的限制

依据浏览器的同源策略，浏览器总是允许访问同域（same-origin）资源。比如图 19-1 中，主页对同域 layout.css 和 image.png 的访问总是被浏览器允许的。但是主页对不同域 image.png 和 webfont.eot 的访问通常会被浏览器拒绝。幸运的是，浏览器也给留了一个口子，这就是 CORS 机制。

19.1.3　如何实现跨域资源访问

1. 反向代理

将网页部署到 nginx 服务器上，该网页上的资源链接使用相对路径表示，都指向 nginx 服务器，如图 19-2 所示。nginx 服务器根据路径转发请求到真正的服务器，再把得到的结果返回给浏览器，所以在浏览器看来，这些资源都来自 nginx 服务器，属于同域资源，所以允许访问。

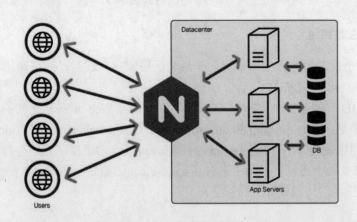

图 19-2　反向代理示意图

2. W3C 提出的 CORS 标准

CORS 是一个 W3C 标准，全称是"跨域资源共享"。CORS 是一种机制，它使用额外的 HTTP 头来告诉浏览器让运行的 Web 应用被准许访问来自不同源服务器上的指定资源。

它允许浏览器向跨域服务器，发出XMLHttpRequest请求，从而克服了 AJAX 只能同源使用的限制。CORS 需要浏览器和服务器同时支持。目前，所有浏览器都支持该功能，IE 浏览器不能低于 IE 10。

整个 CORS 通信过程，都是浏览器自动完成，不需要用户参与。对于开发者来说，CORS 通信与同源的 AJAX 通信没有差别，代码完全一样。浏览器一旦发现 AJAX 请求跨源，就会自动添加一些附加的头信息，有时还会多出一次附加的请求，但用户不会有感觉。

因此，实现 CORS 通信的关键是服务器。只要服务器实现了 CORS 接口，就可以跨源通信。

3. CORS 基本流程

对于简单请求，浏览器直接发出 CORS 请求。具体来说，就是在头信息之中，增加一个 Origin 字段。

下面是一个例子，浏览器发现这次跨源 AJAX 请求是简单请求，就自动在头信息之中，添加一个 Origin 字段。

```
GET /cors HTTP/1.1
Origin: http://192.168.2.173:8088
Host: api.alice.com
Accept-Language: en-US
Connection: keep-alive
User-Agent: Mozilla/5.0...
```

可以在浏览器开发者工具的网络选项卡中，查看请求头中的 Origin 字段信息，如图 19-3 所示。

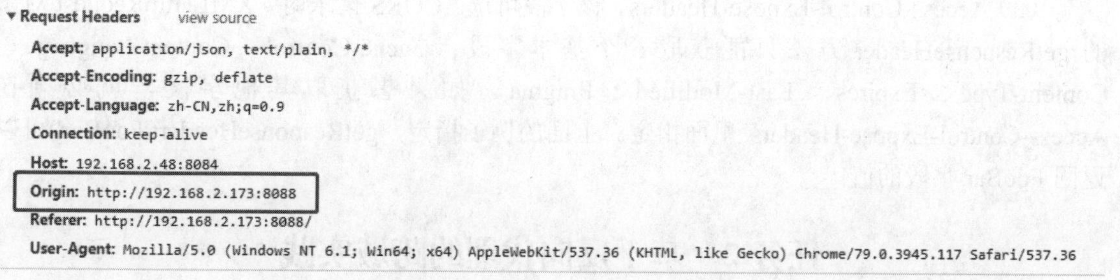

▼ **Request Headers**　　view source
Accept: application/json, text/plain, */*
Accept-Encoding: gzip, deflate
Accept-Language: zh-CN,zh;q=0.9
Connection: keep-alive
Host: 192.168.2.48:8084
Origin: http://192.168.2.173:8088
Referer: http://192.168.2.173:8088/
User-Agent: Mozilla/5.0 (Windows NT 6.1; Win64; x64) AppleWebKit/537.36 (KHTML, like Gecko) Chrome/79.0.3945.117 Safari/537.36

图 19-3　查看 Origin 字段信息

上面的头信息中，Origin 字段用来说明本次请求来自哪个源（协议+域名+端口）。服务器根据这个值，决定是否同意这次请求。

如果 Origin 指定的源不在许可范围内，服务器会返回一个正常的 HTTP 回应。浏览器发现，这个回应的头信息没有包含 Access-Control-Allow-Origin 字段（详见下文），就知道出错了，从而抛出一个错误，被 XMLHttpRequest 的 onerror 回调函数捕获。注意，这种错误无法通过状态码识别，因为 HTTP 回应的状态码有可能是 200。

如果 Origin 指定的域名在许可范围内，服务器返回的响应会多出几个头信息字段。

```
Access-Control-Allow-Origin: http://192.168.2.173:8088
Access-Control-Allow-Credentials: true
Access-Control-Expose-Headers: FooBar
Content-Type: text/html; charset=utf-8
```

服务器响应头如图 19-4 所示。

```
▼ Response Headers        view source
Access-Control-Allow-Credentials: true
Access-Control-Allow-Origin: http://192.168.2.173:8088
Cache-Control: no-cache, no-store, max-age=0, must-revalidate
Content-Type: application/json;charset=UTF-8
Date: Tue, 11 Feb 2020 12:06:26 GMT
Expires: 0
Pragma: no-cache
Transfer-Encoding: chunked
Vary: Origin
X-Content-Type-Options: nosniff
X-XSS-Protection: 1; mode=block
```

图 19-4　服务器响应头

上面的头信息之中，有 3 个与 CORS 请求相关的字段，都以 Access-Control-开头。

（1）Access-Control-Allow-Origin。该字段是必需的。它的值要么是请求时 Origin 字段的值，要么是一个*，表示接收任意域名的请求。

（2）Access-Control-Allow-Credentials。该字段可选。它的值是一个布尔值，表示是否允许发送 Cookie。默认情况下，Cookie 不包括在 CORS 请求之中。设为 true，即表示服务器明确许可，Cookie 可以包含在请求中，一起发给服务器。这个值也只能设为 true，如果服务器不要浏览器发送 Cookie，删除该字段即可。

（3）Access-Control-Expose-Headers。该字段可选。CORS 请求时，XMLHttpRequest 对象的 getResponseHeader 方法只能获取 6 个基本字段：Cache-Control、Content-Language、Content-Type、Expires、Last-Modified、Pragma。如果想获取其他字段，就必须在 Access-Control-Expose-Headers 里面指定。上面的例子指定，getResponseHeader('FooBar')可以返回 FooBar 字段的值。

任务 2　基于反向代理的跨域实践

19.2.1　开发环境跨域

开发环境跨域往往是在前端进行。这里以 Vite 构建的 Vue 3 项目为例，看看如何配置开发服务器的反向代理实现跨域访问。

在 vite.config.js 文件中设置开发服务器的反向代理功能：

```
import { fileURLToPath, URL } from 'url'
import vue from '@vitejs/plugin-vue'
import { defineConfig } from 'vite'
```

```
import analyzer from 'rollup-plugin-analyzer'

// https://vitejs.dev/config/
export default defineConfig({
  resolve: {
    alias: {
      src: fileURLToPath(new URL('./src', import.meta.url)),
    },
  },
  plugins: [
    vue(),
    analyzer({ summaryOnly: true }),
  ],
  server: {
    proxy: {
      '/flag': {
        target: 'http://localhost:8080',
        changeOrigin: true,
        rewrite: path => path.replace(/^\/flag/, '')
      }
    }
  }
})
```

当我们从浏览器访问 http://localhost:5173 时，将打开 index.html 网页，从这里发出的 AJAX 请求，如 http://localhost:5173/flag/api/×××，将被代理到 http://localhost:8080/api/×××，从而达到了跨域请求访问的目的。

19.2.2　生产环境跨域

项目开发完成，打包部署到生产环境后，就脱离了 Vue 提供的开发环境，也就没有开发服务器可用了，所以反向代理得另找服务器实现。目前 nginx 是一个最佳选择，它作为静态资源托管服务器非常高效，同时它还有强大的负载均衡和反向代理等功能。

nginx 的跨域留到后面的打包部署环节进行讲解。

任务 3　基于 CORS 的跨域实践

19.3.1　CORS

CORS 允许浏览器向跨源服务器，发出 XMLHttpRequest 请求，从而克服了 AJAX 只能同源使用的限制。

它通过服务器增加一个特殊的 Header[Access-Control-Allow-Origin]来告诉客户端跨域的限制，如果浏览器支持 CORS，并且判断 Origin 通过，就会允许 XMLHttpRequest 发起跨域请求。

CORS Header 实例：

```
CORS Header：
Access-Control-Allow-Origin: http://www.xxx.com
Access-Control-Max-Age：86400
Access-Control-Allow-Methods：GET, POST, OPTIONS, PUT, DELETE
Access-Control-Allow-Headers: content-type
Access-Control-Allow-Credentials: true
```

上述各个 CORS Header 的含义解释如表 19-1 所示。

表 19-1   CORS Header 含义解释

CORS Header	含义
Access-Control-Allow-Origin	允许 http://www.xxx.com 域（自行设置，这里只做示例）发起跨域请求
Access-Control-Max-Age	设置在 86400 秒内不需要再发送预校验请求
Access-Control-Allow-Methods	设置允许跨域请求的方法
Access-Control-Allow-Headers	设置允许跨域请求包含 content-type 头字段
Access-Control-Allow-Credentials	设置允许 Cookie

19.3.2   Spring Boot+Spring Security 配置 CORS

在 Spring Boot 应用程序中，可以通过配置 CorsFilter 属性来实现跨域请求处理。但是，在使用 Spring Security 的应用程序中，安全过滤器链处理请求的方式与 CorsFilter 不同。当请求到达 Spring Security 安全过滤器链时，首先进行认证和授权检查，然后在响应中添加安全相关的 HTTP 响应头，最后再添加 CORS 相关的响应头。因此，在 Spring Boot+Spring Security 项目中，需要针对 Spring Security 进行特殊的配置，以确保它能够正确地添加 CORS 响应头并遵守 CORS 规范。

在 Spring Security 项目中，这个 CORS 需要在 Spring Security 的配置类中进行配置，因此，需要在继承自 WebSecurityConfigurerAdapter 的子类中进行配置。具体来说，需要创建一个 CorsConfigurationSource 的 Bean，并将其注册到 HttpSecurity 中。修改后的 WebSecurityConfigurerAdapter 子类的代码如下所示：

```
import org.springframework.web.cors.CorsConfiguration;
import org.springframework.web.cors.CorsConfigurationSource;
import org.springframework.web.cors.UrlBasedCorsConfigurationSource;
import java.util.Arrays;
// 其他 import

@Configuration
@EnableWebSecurity
public class WebSecurityConfiguration extends WebSecurityConfigurerAdapter {
    private final JWTAuthFilter jwtAuthFilter;
    public WebSecurityConfiguration(JWTAuthFilter jwtAuthFilter) {
        this.jwtAuthFilter = jwtAuthFilter;
    }
```

```java
@Bean
public PasswordEncoder passwordEncoder() {
    return new BCryptPasswordEncoder();
}
@Override
protected void configure(HttpSecurity http) throws Exception {
    http
        .csrf().disable()
        .cors()
        .and()          // Enable CORS
        .formLogin().disable()
        .authorizeRequests()
            .antMatchers("/users/**").permitAll()
            .antMatchers("/h2-console/**").permitAll()
            .anyRequest().authenticated()
        .and()
        .exceptionHandling()
        .authenticationEntryPoint(new HttpStatusEntryPoint(HttpStatus.UNAUTHORIZED))
        .and()
        .addFilterBefore(jwtAuthFilter, UsernamePasswordAuthenticationFilter.class)
        .headers().frameOptions().sameOrigin();
}
@Bean
public CorsConfigurationSource corsConfigurationSource() {
    CorsConfiguration configuration = new CorsConfiguration();
    // 只允许来自指定 origin 的请求跨域访问，如 http://localhost:5173
    //configuration.setAllowedOrigins(Arrays.asList("http://localhost:5173"));
    // 允许来自任意 origin 的请求跨域访问
    configuration.setAllowedOriginPatterns(Arrays.asList("*"));
    configuration.setAllowedMethods(Arrays.asList("GET", "POST", "PUT", "DELETE"));
    configuration.setAllowedHeaders(Arrays.asList("*"));
    configuration.setAllowCredentials(true);
    UrlBasedCorsConfigurationSource source = new UrlBasedCorsConfigurationSource();
    source.registerCorsConfiguration("/**", configuration);
    return source;
}
}
```

这个配置会覆盖 Spring Boot 配置的 CORS。

第 20 章　打包和部署

本章主要涵盖了打包和部署相关的内容。任务包括 Vue 3 项目打包、安装配置 MySQL 数据库、Spring Boot 项目打包、Vue 3 项目部署和 Spring Boot 项目部署。通过完成这些任务，读者将掌握如何对 Vue 3 和 Spring Boot 项目进行打包，并了解如何配置和部署这些项目，确保项目能够成功运行和访问。

任务 1　Vue 3 项目打包
- 解释了为什么需要对 Vue 3 项目进行打包。
- 介绍了如何进行 Vue 3 项目的打包，包括使用命令行工具执行打包操作。

任务 2　安装配置 MySQL 数据库
- 指导如何添加 MySQL 依赖到项目中。
- 解释了如何修改配置文件以连接 MySQL 数据库。

任务 3　Spring Boot 项目打包
- 说明了如何将 Spring Boot 项目打包为可执行的 jar 文件。
- 提供了将 Spring Boot 项目打包为 war 文件的方法。

任务 4　Vue 3 项目部署
- 引导准备工作，包括服务器和 nginx 的使用。
- 详细介绍了 Vue 3 项目的部署过程，包括将打包后的文件部署到服务器和配置 nginx 来处理请求。

任务 5　Spring Boot 项目部署
- 比较了两种部署方式：jar 文件和 war 文件。
- 提供了使用 jar 文件进行部署和运行 Spring Boot 项目的步骤。

任务 1　Vue 3 项目打包

在项目部署上线前还有一个必须要做的工作就是打包，它的一个重要任务就是把我们单页开发中的.vue 文件最终编译为浏览器识别的格式。

20.1.1　Vue 3 项目为什么要打包

Vue.js 极大地提高了开发效率，但是 Vue.js 框架本身并不被浏览器识别。因此，Vue 3 项目需要通过打包过程将其最终产出转化为 HTML、CSS 和 JavaScript 代码。

在打包过程中，各种源代码文件（包括.vue 文件）会被编译、压缩和优化，生成最终的 HTML、CSS 和 JavaScript 文件。这些文件通常会被放置在一个或多个目录中，以便在服务器上进行静态文件的托管。

常用的打包工具如 Vite、Webpack、Parcel 和 Rollup 等，用于前端项目的打包。它们可以处理模块化的 JavaScript 代码，将多个文件合并为一个或多个输出文件，并对代码进行优化、压缩和混淆等操作。

通过打包处理，前端项目的代码就可以在浏览器中被正确加载和解析，从而呈现出预期的效果和功能。打包工具的作用是将 Vue.js 等前端框架的源代码进行处理和转换，使其能够被浏览器理解和运行。

20.1.2　Vue 3 项目如何打包

打包 Vue 项目，使用以下命令：

```
npm run build
```

执行以上命令，输出结果如下：

```
> build
> vite build


vite v4.0.3 building for production...
✓ 106 modules transformed.
rendering chunks (12)...-----------------------------
Rollup File Analysis

-----------------------------
bundle size:      526.973 KB
original size:    881.547 KB
code reduction: 40.22 %
module count:      69
// 省略部分中间过程
dist/index.html                                              1.08 kB
dist/assets/Article-44850e62.css                            0.08 kB │ gzip:  0.08 kB
dist/assets/Profile-eb0c7730.css                            0.09 kB │ gzip:  0.09 kB
dist/assets/_plugin-vue_export-helper-c27b6911.js           0.09 kB │ gzip:  0.10 kB
dist/assets/useProfile-bf1529c8.js                          0.64 kB │ gzip:  0.36 kB
dist/assets/Login-b5397ab1.js                               1.80 kB │ gzip:  0.98 kB
dist/assets/Register-bbc077bd.js                            2.01 kB │ gzip:  1.01 kB
dist/assets/Profile-c8b61e68.js                             2.17 kB │ gzip:  1.07 kB
dist/assets/EditArticle-f0a05ec7.js                         2.41 kB │ gzip:  1.12 kB
dist/assets/Settings-f8d3760b.js                            2.61 kB │ gzip:  1.08 kB
dist/assets/index-89e40d4a.js                               3.41 kB │ gzip:  1.66 kB
dist/assets/runtime-dom.esm-bundler-0e8fd4ad.js             6.15 kB │ gzip:  2.85 kB
dist/assets/router-ddb0e9ae.js                             15.29 kB │ gzip:   5.86 kB
dist/assets/Article-050e8671.js                            49.43 kB │ gzip: 16.30 kB
dist/assets/vue-router-a02264e6.js                         79.52 kB │ gzip: 31.07 kB
```

执行完成后，会在项目根目录下生成一个 dist 目录，如图 20-1 所示。该目录一般包含 index.html 文件及 assets 目录，assets 目录包含了静态文件 js、css 以及图片目录 images（如果有图片的话）。

图 20-1　前端打包结果

从浏览器中访问 index.html，页面可能是空白的，要正常显示则需要修改下 index.html 文件中 js、css 文件路径。

我们打开 dist/index.html 文件，看到 css 和 js 文件路径是绝对路径：

```html
<head>
  <!-- ... -->
  <link rel="icon" href="/favicon.ico" />
  <script type="module" crossorigin src="/assets/index-89e40d4a.js"></script>
  <link rel="modulepreload" crossorigin href="/assets/vue-router-a02264e6.js">
  <link rel="modulepreload" crossorigin href="/assets/runtime-dom.esm-bundler-0e8fd4ad.js">
  <link rel="modulepreload" crossorigin href="/assets/router-ddb0e9ae.js">
  <link rel="modulepreload" crossorigin href="/assets/_plugin-vue_export-helper-c27b6911.js">
</head>
```

我们把 js、css 文件路径修改为相对路径：

```html
<head>
  <!-- ... -->
  <link rel="icon" href="favicon.ico" />
  <script type="module" crossorigin src="assets/index-89e40d4a.js"></script>
  <link rel="modulepreload" crossorigin href="assets/vue-router-a02264e6.js">
  <link rel="modulepreload" crossorigin href="assets/runtime-dom.esm-bundler-0e8fd4ad.js">
  <link rel="modulepreload" crossorigin href="assets/router-ddb0e9ae.js">
  <link rel="modulepreload" crossorigin href="assets/_plugin-vue_export-helper-c27b6911.js">
</head>
```

这样在浏览器中刷新下页面就可以看到效果了。

任务 2　安装配置 MySQL 数据库

我们在开发阶段使用了 H2 数据库，首要原因是其轻量级和嵌入式的特点。H2 可以以嵌入式模式运行，无须安装和配置数据库服务器，只需要将其作为一个库引入项目中即可。这样可以极大地提高开发效率和方便性，同时也降低了环境搭建的难度和成本。

但是，在生产环境中，使用 H2 数据库并不是一个很好的选择。H2 主要是为了开发和测试而设计的，其性能和可靠性并不如 MySQL 等大型数据库。生产环境需要一个更加稳定和可靠的数据库系统，以保证系统的稳定性和可靠性。因此，我们通常会将生产环境中的数据库切换到更加成熟和稳定的 MySQL 或其他大型数据库系统。

如果生产环境中已经安装好了 MySQL 数据库，并且有正确的连接信息和权限，那么不需要再安装 MySQL。但如果没有安装 MySQL，需要先安装 MySQL 数据库，并在部署之前配置好数据库。这通常需要在服务器上进行，具体步骤取决于所用操作系统和部署环境。在安装 MySQL 之后，需要在应用程序配置文件中更新数据库连接信息。

20.2.1　添加 MySQL 依赖

修改 Gradle 依赖：在 build.gradle 文件中，将 H2 的依赖移除，并添加如下的 MySQL 依赖。

```
dependencies {
    // ...其他依赖...
    runtimeOnly 'mysql:mysql-connector-java:8.0.26'
}
```

在 Gradle 中，runtimeOnly 是一个依赖配置，用于声明在运行时需要用到的依赖库，但不会在编译时和打包时包含这些依赖。所以在生产环境中使用 MySQL 前，需要手动安装 MySQL Connector，并将其添加到类路径中，才能正常运行应用程序。

如果想在打包时包含 MySQL Connector 的依赖，可以将依赖配置改为 implementation，例如：

```
dependencies {
    // ...其他依赖...
    implementation 'mysql:mysql-connector-java:8.0.26'
}
```

这样在打包时就会将 MySQL Connector 的依赖包含在内。implementation 表示编译时需要用到的依赖库，但不会传递到依赖该项目的其他项目中。

20.2.2　修改配置文件

在之前的 application.yaml 文件中，我们并没有对 H2 数据库进行任何设置，默认情况下如果没有指定数据库驱动和连接信息，Spring Boot 会自动引入 H2 数据库的依赖并使用 H2 数据库。但是，在生产环境中，当我们要使用其他数据库，如 MySQL 时，就必须在 application.yaml 文件中配置 MySQL 数据库，如下所示：

```
spring:
    datasource:
        url: jdbc:mysql://localhost:3306/your_database_name
        username: your_username
        password: your_password
        driver-class-name: com.mysql.cj.jdbc.Driver
    jpa:
        database-platform: org.hibernate.dialect.MySQL8Dialect
        hibernate:
            ddl-auto: update
```

在完成以上修改后，需要进行测试，确保应用程序能够正常连接 MySQL 数据库并运行。如果测试失败，需要检查数据库配置和连接是否正确，并进行必要的更改。

任务 3　Spring Boot 项目打包

项目开发完成后，需要部署到生产环境才能发挥它的作用和价值，但是生产环境与开发环境有很大的差异，需要打包后再进行部署，因为打包过程会将项目的所有依赖以及运行环境一并打包，形成一个可执行的部署包，这样才能在目标环境中运行。

Spring Boot 应用程序有两种运行方式：以 jar 包方式运行和以 war 包方式运行。这就决定了打包方式也有相应的两种。两种方式应用场景不一样，各有优缺点。

下面对两种打包方式进行讲解。

20.3.1　Spring Boot 项目打包为 jar

打开命令行工具，进入 RealWorld 博客项目根目录后运行下面的命令，即可快速打包 Spring Boot 应用。

```
./gradlew clean build
```

这个命令会使 Gradle 执行所有单元测试、打包应用程序和构建可执行 JAR 文件，并将输出存储在 build/libs 目录中，如图 20-2 所示。

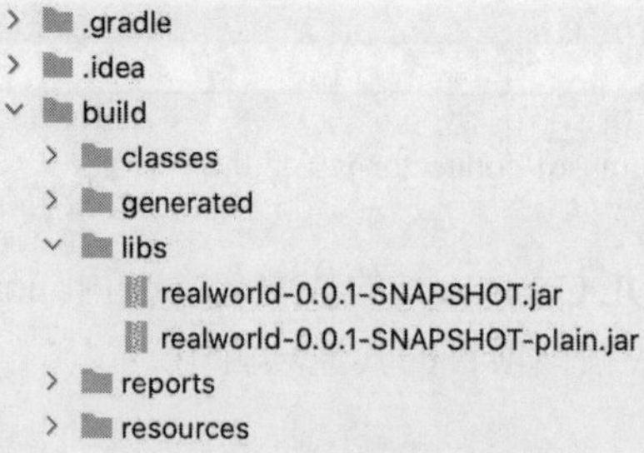

```
> .gradle
> .idea
v build
    > classes
    > generated
    v libs
        realworld-0.0.1-SNAPSHOT.jar
        realworld-0.0.1-SNAPSHOT-plain.jar
    > reports
    > resources
```

图 20-2　后端打包结果

build/libs 目录中有两个 .jar 文件，realworld-0.0.1-SNAPSHOT.jar 是打包后的可执行 jar 文件，它包含了项目所有的依赖和资源文件，可以通过命令 java -jar realworld-0.0.1-SNAPSHOT.jar 启动应用。realworld-0.0.1-SNAPSHOT-plain.jar 是一个没有依赖的普通 jar 文件，只包含了项目中的类文件和资源文件，不包含任何依赖，需要在运行时手动加上依赖才能使用。一般来说，我们不会直接使用 realworld-0.0.1-SNAPSHOT-plain.jar，而是使用含有依赖的 realworld-0.0.1- SNAPSHOT.jar 作为部署包。默认情况下，Spring Boot 的打包插件会将嵌入式的 Tomcat 打包到生成的 JAR 包中，以便在没有外部 Web 服务器的情况下直接运行应用程序。

20.3.2　Spring Boot 项目打包为 war

也可以选择将 Spring Boot 打包为 war，然后放置于 Tomcat 的 Webapps 目录下加载运行，接下来我们就详细描述下打包为 war 的过程。

首先，在 build.gradle 文件中修改默认的打包方式，显式指定打包方式为 war。

```
plugins {
    id 'war'
    id 'org.springframework.boot' version '2.6.7'
}
// ...
// 添加 war 插件配置
war {
    baseName = 'realworld'
    version = '0.0.1-SNAPSHOT'
    archiveName = 'realworld.war'
    // 排除内置 Tomcat
    exclude('tomcat-embed-core-*.*.*.jar', 'tomcat-embed-websocket-*.*.*.jar')
}
// ...
// 在 dependencies 中将 Tomcat 作为 providedCompile
dependencies {
    // ...
    providedCompile 'org.springframework.boot:spring-boot-starter-tomcat'
    // ...
}
```

由于 Spring Boot 内置了 Tomcat，所以我们在打包时需要排除内置的 Tomcat，这样可以避免内置 Tomcat 和 war 包部署运行的 Tomcat 产生冲突。同时在 dependencies 中将 Tomcat 作为 providedCompile 依赖，这样在编译时会使用 Tomcat，但在打包时会排除它，以便在运行时使用外部的 Web 容器。

接着，还需要让启动类继承 SpringBootServletInitializer 类并重写 configure 方法，这是为了告诉 Tomcat 当前应用的入口在哪。

```
@SpringBootApplication
public class RealWorldApplication extends SpringBootServletInitializer {
    public static void main(String[] args) {
        SpringApplication.run(RealworldApplication.class, args);
    }

    @Override
    protected SpringApplicationBuilder configure(SpringApplicationBuilder application) {
        return application.sources(RealWorldApplication.class);
    }
}
```

通过继承 SpringBootServletInitializer 类并覆盖 configure 方法，可以为 Spring Boot 应用程序提供一个 war 包部署的入口。

最后，即可同样使用./gradlew clean build 命令打包应用了，此命令将会生成 war 文件，位于项目根目录的 build/libs/ 目录下，文件名为 realworld.war。将该文件放置于 Tomcat 的 Webapps 目录下运行即可。

任务 4   Vue 3 项目部署

Vue 3 项目打包后，就可以部署到服务器了。使用 Vue.js 做前后端分离项目时，通常前端是单独部署，用户访问的也是前端项目地址，因此前端开发人员很有必要熟悉一下项目部署的流程与各类问题的解决办法。

本书使用 nginx 服务器部署前端项目。

20.4.1   准备工作——服务器和 nginx 的使用

1. 准备一台服务器

以 Ubuntu 系统为例，其余 Linux 发行版的操作都差不多。如果只是想体验一下，可以尝试各大厂的云服务器免费试用套餐，如腾讯云、阿里云的免费试用，本文相关操作就是在阿里云上完成的。不过如果想时常练练手，那么可以购买一台云服务器。

2. nginx 安装和启动

轻装简行，这部分不做过多赘述，正常情况下仅需下面几个指令：

```
# 安装
sudo apt install nginx
# 安装完成后进行检查
nginx -v
# 启动
sudo service nginx start
```

启动后，正常情况下，如图 20-3 所示，直接访问"http://服务器 ip"或"http://域名"应该就能看到 nginx 服务器的默认页面了，如果访问不到，有可能是云服务器默认的 http 服务端口（80 端口）没有对外开放，在服务器安全组配置一下即可。

图 20-3   nginx 启动成功

3. 配置 nginx

修改 nginx 配置，让 nginx 服务器托管我们创建的文件。在 Linux 系统下的配置文件通常会存放在/etc 目录下，nginx 的配置文件就在/etc/nginx 文件夹，打开文件/etc/nginx/nginx.conf，内容如下：

```
server {
    listen 80;
    server_name localhost;

    root /var/www/html;              # 网站根目录
    index index.html index.htm;

    location / {
        try_files $uri $uri/ =404;
    }
}
```

可以看到默认情况下，nginx 托管的网站根目录是/var/www/html，输入"http://服务器 ip"会根据 index 的配置值在此处按顺序寻找默认访问的文件，比如 index.html、index.htm 之类。

我们可以更改 root 的值来修改 nginx 服务托管的文件夹。

（1）创建文件夹/www，并创建 index.html，写入"RealWorld"字符串。

（2）修改 root 值为/www。

```
server {
    listen 80;
    server_name localhost;

    root /www;              # 网站根目录
    # 其余部分略

}
```

（3）检查配置是否正确，命令如下：

```
sudo nginx -t
```

检查结果如图 20-4 所示，如果看到"ok"和"successful"就表明语法正确，测试通过。

```
root@iZ2vc6mpwg7vt9k4wii8ucZ:/usr/share/nginx/html# nginx -t
nginx: the configuration file /etc/nginx/nginx.conf syntax is ok
nginx: configuration file /etc/nginx/nginx.conf test is successful
root@iZ2vc6mpwg7vt9k4wii8ucZ:/usr/share/nginx/html#
root@iZ2vc6mpwg7vt9k4wii8ucZ:/usr/share/nginx/html#
```

图 20-4　检查 nginx 配置

（4）重新加载 nginx 配置，命令如下：

```
sudo nginx -s reload
```

再次访问页面，发现页面内容已经变成了 RealWorld，如图 20-5 所示。

图 20-5　配置修改成功

4. 设置反向代理

反向代理的设置如下：

```
server {
    // ......
    location /flag/ {
        rewrite ^/flag/(.+) /$1 break;
        include uwsgi_params;
        proxy_pass http://localhost:8080;
    }
}
```

设置完成后，同样需要重新加载 nginx 配置。当我们从浏览器访问 http://localhost 时，将打开 index.html 网页，从这里发出的 AJAX 请求，如 http://localhost/flag/api/xxx，将被代理到 http://localhost:8080/api/xxx，从而达到了跨域请求访问的目的。

20.4.2　Vue 3 项目部署

1. 同步到远程服务器

我们使用 nginx 部署 Vue 项目，实质上就是将 Vue 项目打包后的内容同步到 nginx 指向的文件夹。之前的步骤已经介绍了怎样配置 nginx 指向我们创建的文件夹，剩下的问题就是怎么把打包好的文件同步到服务器上指定的文件夹里，比如同步到之前步骤中创建的/www。

同步文件可以在 git-bash 或 powershell 使用 scp 指令，如果是 Linux 环境开发，还可以使用 rsync 指令。

```
scp -r dist/* root@47.108.6.233:/www
```

或

```
rsync -avr --delete-after dist/* root@47.108.6.233:/www
```

注意这里以及后续步骤是使用 root 账号进行远程同步的，应该根据自己的具体情况替换 root 和 ip（ip 替换为自己的服务器 IP）。

为了方便，可以在 package.json 脚本中加一个 push 命令，以使用 npm 为例：

```
"scripts": {
    "build": "vite build",
    "push": "npm run build && scp -r dist/* root@117.78.4.26:/www"
},
```

这样，使用 npm push 命令就可以将打包和部署完成了。

为了避免每次执行都要输入 root 密码，我们可以将本机的 SSH Key 同步到远程服务器的 authorized_keys 文件中。

2. 同步 SSH Key

（1）生成 SSH Key。打开终端工具执行 ssh-keygen 命令可以生成 SSH Key。生成过程如图 20-6 所示，首先提示将生成一个公钥/私钥的 RSA 密钥对。下一行提示输入密钥的路径和文件名，默认路径为用户家目录下的.ssh，比如这里的/Users/gaspar/.ssh/，默认文件名为 id_rsa。可以直接按 Enter 键接收此默认值，也可指定其他值。

```
○ gaspar@gaspars-Mac-mini vue3-realworld-example-app % ssh-keygen
Generating public/private rsa key pair.
Enter file in which to save the key (/Users/gaspar/.ssh/id_rsa):
Created directory '/Users/gaspar/.ssh'.
Enter passphrase (empty for no passphrase): ▮
```

图 20-6　生成 SSH Key

接着提示输入一个密码，用于对私钥进行加密。如果选择设置密码，那么每次使用该密钥时，例如连接到远程服务器时，都需要输入密码。如果不想设置密码，只需按 Enter 键留空即可。

（2）同步 Ssh Key 到远程服务器，使用下面的 ssh-copy-id 命令同步。

ssh-copy-id -i ～/.ssh/id_rsa.pub　user@remote_host

其中 user 是远程主机的用户名，remote_host 对应远程主机的 ip 地址。执行该命令后，系统会提示输入远程主机的密码，以便将公钥复制到远程主机的~/.ssh/authorized_keys 文件中。完成后，就可以使用 SSH 无需密码登录到远程主机了。

当然也可以手动复制本地~/.ssh/id_rsa.pub（注意是 pub 结尾的公钥）文件内容追加到服务器~/.ssh/authorized_keys 的后面（从命名可以看出该文件可以存储多个 SSH Key）。

注意：如果文件夹创建用户不是远程登录用户，或许会存在同步文件失败的问题，此时需要远程服务器修改文件夹的读写权限（命令为 chmod）。

创建一个测试项目试一下，使用一条指令即可实现打包、文件上传。

访问一下，果然看到了我们熟悉的页面，如图 20-7 所示。

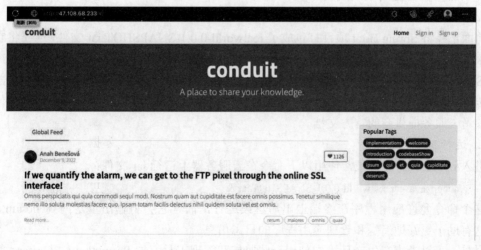

图 20-7　前端部署成功

至此，常规情况下发布 Vue 项目就介绍完了。

任务 5　Spring Boot 项目部署

Spring Boot 项目的打包方式决定了部署方式。

打包为 jar，因为自带 Web 容器，可以避免由于 Web 容器的差异造成不同环境结果不一致问题。一个 jar 包就是全部，直接上传到云服务器运行即可。借助容器化，还可以进行大规模的部署。但是缺少统一管理，往往达不到生产要求。

打包为 war，部署相对麻烦，需要在云服务器安装配置 Web 容器，但好处是可以根据客户不同的需求制定不同的部署方案，比如有些客户比较看重管理功能，要求数据源和 Tomcat 相关配置必须由管理员进行管理，那么选择 war 包方式部署就比较好。

下面只介绍 jar 方式的部署和运行。

假设云服务器操作系统为 Ubuntu 或 Centos。

1. 在云服务器上安装 JDK 11

- 进入/opt 目录下：cd /opt。
- 在/opt 目录下新建 java 文件夹：mkdir java。
- 将下载好的 jdk 压缩包 jdk-11.0.17_linux-x64_bin.tar.gz 复制到/opt/java 文件下。
- 进入/opt/java 目录对 jdk 压缩包进行解压：tar -zxvf jdk-11.0.17_linux-x64_bin.tar.gz。
- 配置环境变量：vi /etc/environment。

添加以下内容：

```
JAVA_HOME=/opt/java/jdk-11.0.17
CLASSPATH=$JAVA_HOME/lib/
PATH=$PATH:$JAVA_HOME/bin
```

- 让环境变量生效：source /etc/environment。
- 检查 JDK 是否安装成功：java -version。

2. 上传 jar 文件到云服务器

前面已经将 Spring Boot 项目打包成了 realworld-0.0.1-SNAPSHOT.jar 文件，现在将它上传到云服务器。在云服务器上创建/opt/realworld 目录，使用工具如 scp 或者 rsync 将 realworld-0.0.1-SNAPSHOT.jar 文件上传到云服务器的/opt/realworld 目录。这个过程与 Vue 3 项目部署时的上传方式一样，这里不再赘述。当然也可以使用云服务提供商的文件上传方式，具体使用方法请参考云服务提供商的官方文档。

3. 运行 jar

进入/opt/realworld 目录，使用以下命令在云服务器上运行 jar 文件：

```
nohup java -jar realworld-0.0.1-SNAPSHOT.jar &
```

这个命令允许应用程序在终端退出后继续运行，而且它会将输出重定向到 nohup.out 文件，这有助于更好地追踪和管理应用程序的日志信息。

另外，可以考虑在生产环境中使用一些监控和管理工具，如 Prometheus、Grafana 等，以便实时监测应用程序的性能和状态。也可以考虑创建一个启动脚本，以便更方便地管理应用程序的启动和停止。这可以是一个简单的 Bash 脚本，也可以是一个系统服务脚本（如 systemd 或 init.d 脚本）。

最后，应该结合实际需求进行微调，确保满足特定场景和最佳实践。在生产环境中，安全性、可维护性和可伸缩性都是需要考虑的关键因素。